职业教育产教融合培养创新人才成果教材

UG NX 综合建模与 3D 打印

主　编　张　伟　张海英
副主编　巫红燕　董一佳　张奎晓
参　编　吕炜帅　夏伶勤　何莎莎

机械工业出版社

本书以 UG NX11.0 软件作为平台,从 3D 打印工程实践应用出发,介绍了 3D 数字化建模的方法和技巧,书中内容同样适合 UG NX10.0、UG NX9.0、UG NX8.0 等低版本及 UG NX12.0 高版本软件。本书在内容的安排上采用"由浅入深,循序渐进"的原则,逐步介绍 3D 打印建模基础、二维草图设计、三维零件设计、装配设计、曲面及曲面体设计、注射模具设计、逆向造型设计、熔融沉积型 3D 打印建模与打印要点。本书包含多个典型实例,注重实用性和技巧性,操作步骤清晰明确,配合 PPT、微课视频等多媒体资源,使教与学更有效率。学生可以从零基础开始,实现 3D 数字化建模从入门到精通。

本书可作为高等职业院校机械类相关专业的教材,也可作为从事机械设计的工程技术人员的参考和培训用书。

为便于教学,本书配有电子课件、微课视频、案例模型,选用本书作为教材的教师可登录 www.cmpedu.com 网站,注册后免费下载。

图书在版编目(CIP)数据

UG NX 综合建模与 3D 打印/张伟,张海英主编. —北京:机械工业出版社,2020.12(2023.12 重印)

职业教育产教融合培养创新人才成果教材

ISBN 978-7-111-66868-8

Ⅰ.①U… Ⅱ.①张… ②张… Ⅲ.①计算机辅助设计-应用软件-高等职业教育-教材②立体印刷-印刷术-高等职业教育-教材 Ⅳ.①TP391.72 ②TS853

中国版本图书馆 CIP 数据核字(2020)第 215474 号

机械工业出版社(北京市百万庄大街 22 号 邮政编码 100037)

策划编辑:黎 艳 责任编辑:黎 艳 赵文婕

责任校对:张晓蓉 封面设计:张 静

责任印制:刘 媛

涿州市般润文化传播有限公司印刷

2023 年 12 月第 1 版第 3 次印刷

184mm×260mm · 22.5 印张 · 630 千字

标准书号:ISBN 978-7-111-66868-8

定价:65.00 元

电话服务	网络服务
客服电话:010-88361066	机 工 官 网:www.cmpbook.com
010-88379833	机 工 官 博:weibo.com/cmp1952
010-68326294	金 书 网:www.golden-book.com
封底无防伪标均为盗版	机工教育服务网:www.cmpedu.com

　　3D 打印技术将虚拟的智能数字化与实际的产品生产衔接在一起。由于与传统的去除材料加工技术不同，因此 3D 打印又称为增材制造（Additive Manufacturing，AM），是新材料应用与数字化技术紧密结合的先进制造技术。3D 数字化建模通过计算机进行设计或获取三维数字化模型，是 3D 打印的基础。目前主要有基于三维设计软件的直接建模和基于扫描仪的逆向建模两种方式获取三维数字化模型。其中，基于扫描仪的逆向建模适合已有实体的三维数字化，而基于三维设计软件的直接建模既可以根据已有实物的图样或测量尺寸建模，也可以从零开始进行三维模型设计。本书主要介绍 UG NX11.0 软件的 3D 数字化建模的方法和技巧，同样适合 UG NX10.0、UG NX9.0、UG NX8.0 等低版本及 UG NX12.0 高版本软件。

　　UG NX 软件是一款功能强大的三维 CAD/CAM/CAE 软件系统，其功能涵盖了从产品概念设计、三维模型设计、动态模拟与仿真、工程图输出，到生产加工成产品的全过程，应用范围涉及航空航天、汽车、造船、通用机械等多个领域。本书详细介绍了 UG NX 软件的草图设计、零件设计、装配设计、曲面设计、注射模设计、逆向设计等部分的操作方法和流程；此外，还介绍了 3D 打印切片软件 Cura 的设置方法以及针对有支撑、无支撑、薄壁物体的 3D 设计与打印要点。本书运用了"互联网+"技术，在部分知识点附近设置了二维码，读者只需使用智能手机进行扫描，便可在手机上观看相关的多媒体内容，方便读者理解相关知识，进行更深入地学习。

　　本书建议学时数为 54 学时，教师也可根据课程标准，对书中的内容进行适当的取舍。

　　本书由张伟、张海英任主编，巫红燕、董一佳、张奎晓任副主编，参加编写的人员还有吕炜帅、夏伶勤、何莎莎。

　　由于编者水平有限，书中难免有不足和疏漏之处，恳请广大读者批评指正。

编　者

CONTENTS

目 录

01 第1章

3D 打印建模基础

3D 打印技术是集 CAD（Computer Aided Design）技术、数据处理技术、数控技术等多种光-机-电技术以及材料科学、计算机软件科学于一体的综合性高新技术。3D 打印技术将虚拟的智能数字化技术与实际的产品生产衔接在一起，被看作是第三次工业革命的开端。3D 数字化建模即通过计算机来设计或获取三维数字化模型，是 3D 打印技术的基础。本章介绍 3D 打印技术的原理、工艺、应用、发展过程以及 UG NX 软件基础等内容。

【学习目标】

1）了解 3D 打印技术的原理。
2）了解 3D 打印技术的特点。
3）了解 3D 打印技术的工艺分类。
4）熟悉 3D 打印技术的应用现状。
5）了解 3D 打印技术的发展趋势。

1.1 3D 打印概述

1.1.1 3D 打印技术的原理

3D 打印技术也称增材制造技术、快速成型技术，是一种基于"增材"理念的制造技术。在材料加工领域，按照处理方式的不同，从原理上可分为减材制造、等材制造和增材制造三种，如图 1-1 所示，传统的车削、铣削、刨削、磨削等加工技术属于典型的减材制造工艺，而铸造、锻造等加工技术属于等材制造工艺，焊接、熔覆等加工技术属于增材制造工艺。

a) 减材制造(铣削)　　　　b) 等材制造(铸造)　　　　c) 增材制造(熔覆)

图 1-1　减材、等材和增材三种制造工艺

3D 打印技术是将零件的 CAD 模型数据进行计算机处理，并结合特定的材料添加方法及数控技

术,快速制造出三维实体模型,而无须传统的刀具和夹具。其原理如图 1-2 所示,即先在计算机上建立零件的三维 CAD 模型,然后利用切片软件将模型按一定的厚度分层"切片",将零件三维数据信息离散成一系列二维轮廓信息,根据每层的轮廓信息生成数控代码,采用特定的材料及添加方法(如光固化、选择性激光烧结、熔融沉积等),得到与零件在该层截面形状一致的薄片,重复这一过程,逐层叠加,最终堆积出三维实体零件或近形件。

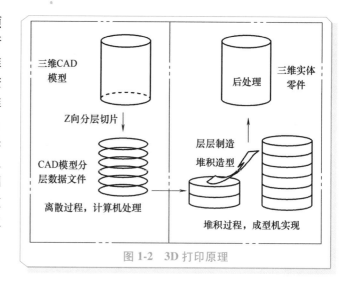

图 1-2 3D 打印原理

1.1.2 3D 打印技术的特点

1. 3D 打印技术的优点

与传统制造技术相比,3D 打印技术有以下优点。

1) 3D 打印技术可根据 CAD 模型数据(可通过图样或原型产品的反求得到)直接制造出模型的塑料件或金属件,不采用刀具和模具,没有刀具磨损的问题,可成型一些传统难加工材料的零件。

2) 由于采用分层制造技术,所以不受工件几何形状的限制,理论上可以制造出任意形状的零件,特别适用于一些复杂形状零件及模具的快速制造。

3) 3D 打印技术的自动化程度高,可实现产品的设计、制造和性能检测过程的一体化,有利于及时发现产品的设计错误和功能缺陷,缩短了新产品的研发时间。

2. 3D 打印技术的缺点

作为一门新兴技术,3D 打印技术现阶段也存在以下缺点。

1) 3D 打印技术的效率还不够高。3D 打印技术采用分层切片,理论精度和速度互相制约,即切片越薄,对成型精度越高,所需要的打印时间越长;反之,切片越厚,打印时间越短,但是成型精度降低。这一劣势在打印大型零件或大批量零件时,愈加明显。以模具打印为例,在模具研发阶段,采用 3D 打印技术进行模具的直接打印,可减少开模时间,并方便修改,此时采用 3D 打印技术无疑是有益的。但是模具一旦定型,需要大批量生产时,3D 打印技术从效率和成本上都不如传统的加工方式。

2) 3D 打印技术的材料和设备价格较高。目前桌面级 3D 打印机的售价较低,但工业级 3D 打印设备和材料的价格仍然较高,如工业级的喷墨砂型 3D 打印机一般都百万元人民币以上,高端机型售价甚至近千万元人民币;金属 SLM 打印系统目前的售价也在五百万元人民币左右,所用的 3D 打印金属粉末售价也较高,这就限制了 3D 打印技术在中、小型企业的应用。

3) 3D 打印件的性能较低。非金属 3D 打印机的成型材料一般为 ABS 塑料、纸、石蜡、树脂等非金属材料或复合材料,成型件致密度以及强度、硬度等力学性能较差。因此,上述成型件一般只能用于原型展示等对使用性能要求不高的场合。在实际应用中,更多地需要具有高性能的实用金属材料零件,这就推进了以制造金属材料成型件为主要目标的 3D 打印技术的发展。然而,一般认为,金属 3D 打印件除使用钛合金等特殊材料的打印件外,大部分的强度、硬度略高于铸件,低于锻件,并且容易产生内部缺陷,对工艺要求高,成型零件难以满足恶劣工况要求,这些均限制了其广泛应用。

1.1.3　3D 打印技术的工艺分类

3D 打印技术发展到现在，已经出现了几十种不同的工艺方法。按照打印材料的不同，可以分为金属、非金属以及上述两者的复合物等。

1. 非金属材料 3D 打印技术

以成型非金属产品为主的 3D 打印技术有光固化技术（Stereo Lithography Apparatus，SLA）技术、选择性激光烧结技术（Selective Laser Sintering，SLS）、叠层实体制造技术（Laminated Object Manufacturing，LOM）、熔融沉积成型技术（Fused Deposition Modeling，FDM）、三维印刷技术（Three Dimensional Printing，3DP）等。

（1）光固化技术（SLA）　光固化技术又称立体光刻技术、立体印刷技术等，属于冷加工。如图 1-3 所示，其原理是以液态光敏树脂为材料，以紫外激光为光源，使材料在室温下发生光聚合反应，从而完成材料的逐层打印，堆叠成型。

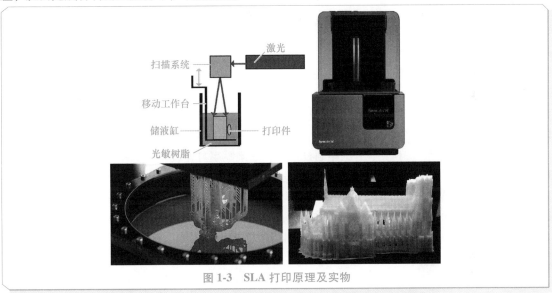

图 1-3　SLA 打印原理及实物

该工艺的优点是成型精度高，成型件表面质量较好，可打印形状复杂的空心零件，可用于消失模铸造等间接制模。其缺点是打印件需要支撑，打印件长期放置易变色，同时液态光敏树脂的价格较高，并且有一定的毒性，在打印过程中需要做好防护措施。

（2）熔融沉积成型技术（FDM）　熔融沉积成型技术的原理类似于挤牙膏，属于热加工，材料是丝材，以热塑性塑料 ABS 或 PLA 最为常见。如图 1-4 所示，丝材在加热头内受热熔化为黏流态，由加热头将熔融材料沿着零件的界面轮廓挤出后冷却成型。

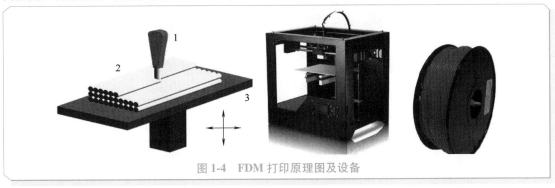

图 1-4　FDM 打印原理图及设备

　　该工艺的优点是成本低，使用维护简单，清洁无污染，打印速度较快。桌面熔融沉积 3D 打印机价格便宜，可大批量使用机器同时打印，再组装为大型 3D 打印件。FDM 成型件的强度高于 SLA 成型，但是精度一般不高。

　　（3）选择性激光烧结技术（SLS）　选择性激光烧结技术又称选区激光烧结技术、粉末选择性激光烧结技术等。如图 1-5 所示，其工艺过程是在工作台上铺一层粉末材料，激光束在计算机的控制下，对成型粉末进行选择性烧结，一层烧结后，工作台下降一个分层厚度，铺粉装置铺上一层新粉，再次进行激光选择性烧结，新的烧结层与上一层牢牢黏结在一起，这样层层烧结，最终得到所需的成型件。

图 1-5　SLS 打印原理及实物

　　SLS 技术属于热加工，材料一般为 ABS、PS 等高分子塑料粉末，也可采用石蜡、覆膜砂陶瓷粉、低熔点金属粉末等。当成型材料为陶瓷粉、金属粉时，一般需要加热、渗蜡或渗铜等后处理，以增加成型件的强度和精度。与 SLA、FDM 成型件相比较，SLS 成型件的强度和精度较高。

　　（4）三维印刷技术（3DP）　三维印刷技术又称三维喷墨打印技术。如图 1-6 所示，其成型原理与喷墨打印机的原理类似，首先在成型仓上均匀地铺上一层粉末，喷头在计算机的控制下，将液态的黏结剂喷射在指定的区域上，等黏结剂固化后，成型仓下降一个分层厚度，再铺一层粉末进行喷射黏结，如此循环，最终除去未黏结的粉末材料，获得所需要的实体模型。3DP 成型件常采用陶瓷粉末、塑料粉末作为材料，也可以采用金属粉末。

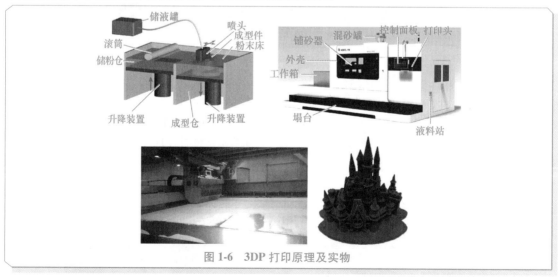

图 1-6　3DP 打印原理及实物

　　该工艺的优点在于打印速度快，无须支撑，而且能够打印彩色产品；缺点是粉末黏结件强度不够高，表面质量不如 SLS、SLA 等成型件高，精度不高。当前，该工艺在砂型铸造领域应用较广，可直接打印大型铸造模具。打印时，将石英砂和固化剂混合搅拌后，送入储粉仓，平铺在成型工作台上，用刮板刮平，喷头喷射呋喃树脂，与固化剂反应后固化，并将石英砂包裹，层层打印，最终得到砂铸模具。其成型速度快，材料成本低，适合大型铸造企业。

2. 金属材料 3D 打印技术

如图 1-7 所示，金属材料 3D 打印技术有多种形式，从能量源来分，有激光、电子束、电弧等；从结构形式来分，有送粉、铺粉、送丝等；根据成型方法的不同，可分为间接金属成型技术和直接金属成型技术两种。

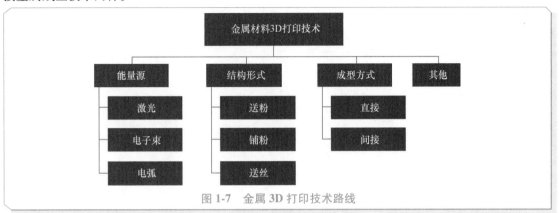

图 1-7　金属 3D 打印技术路线

间接金属成形技术又可分为两类：一类是根据非金属原型翻制金属型，如石墨电极放电加工成型、熔模铸造工艺等；另一类如 SLS 工艺，采用非金属或低熔点金属作为黏结剂将难熔金属粉末黏结在一起构成复合疏松件，再浸渗铜、锡等金属，得到相对致密的成型件。使用间接金属成型技术虽然可以获得金属零件，但增加了生产的中间环节，延长了生产周期，降低了零件精度，零件强度较低，使用领域有限。

直接金属成型技术以各种高能束为热源，以各种熔点的金属粉末作为材料进行金属零件（工模具）的直接制造。由于不存在原型制造或复合疏松件制造等中间步骤，零件成型时间大大缩短，零件的强度、致密度也大幅度提高，因此直接金属成型技术已成为快速成型领域研究的新热点。按照热源种类及材料供给方式的不同，直接金属成型技术可分为选择性激光熔化技术（Selective Laser Melting，SLM）、电子束熔融成型技术（Electron Beam Melting process，EBM）、金属丝材熔焊技术（Metal Wire Melting Welding，MWMW）、激光直接金属堆积技术（Direct Metal Deposition，DMD）。

（1）选择性激光熔化技术（SLM）　选择性激光熔化技术又称直接激光熔化技术，如图 1-8 所示。它是在 SLS 基础上发展来的，其成型原理与 SLS 相似，不同的是它采用高功率的激光束直接将金属粉末熔化，可直接获得致密的金属零件，而不需要渗铜等后处理工序。应用选择性激光熔化技术的新型商用机器是美国 DTM 公司生产的 Sinterstation 2500，可制造 330mm×381mm×432mm 的成型件，在汽车和航空制造业中有很多用途。它采用在 Z 轴的动态聚焦技术，使激光光斑在大零件的边缘也能保持较小的尺寸和形状，使整个成型件有较高的精度。

图 1-8　SLM 技术的成型原理

SLM 技术的成型精度较高，不需要支撑，但成型需要在平面上进行，依靠粉末之间的导热传热，如果铺粉较厚，则底部的粉末会因熔化不完全而影响结合性。因此单层厚度有限，影响了成型的效率。成型件埋在粉末之中，热量散失较慢，当激光的功率高时，成型件变形较大。由于成形件的尺寸受成形室的限制，因此 SLM 技术一般比较适合成型中小型、低熔点的金属零件。

（2）电子束熔融成型技术（EBM） 如图 1-9 所示，EBM 技术采用高能真空电子束作为热源，逐层熔融金属粉末成型，目前也已经有比较成熟的成型系统出售，如瑞典 Arcam 公司的 EBM S-12 直接金属成型系统。

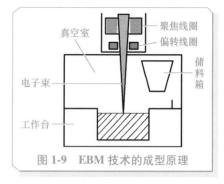

图 1-9 EBM 技术的成型原理

EBM 技术具有能量密度高（电子束的能量密度与激光相近）、成分纯净、质量好等优点，成型材料范围广，除了可成型常规材料，还可用于难熔化金属（如钽、铌、钼）、化学性质活泼的金属（如钛、锆等）以及异种金属（铜和不锈钢、铜与硬质合金、铬和钼、铜铬和铜钨等）的成型。目前 Arcam 公司已经开发了针对普通零件成型的低合金钢和针对模具制造的 H13 工具钢粉末材料，并积极开展针对生物工程的生物适应性金属材料的研究工作。

EBM 成型必须在真空环境中进行，需要采用 X 射线屏蔽措施，这就降低了可操作性。真空隔离的操作环境，虽然可以避免成型材料的污染与氧化，但不利于连续堆积成型过程的散热，容易导致熔融金属的过热流淌以及成型后零件的整体收缩变形，难以保证成型件的加工精度。

（3）金属丝材熔焊成形技术（MWMW） 如图 1-10 所示，MWMW 技术与 FDM 技术成型原理类似，不同的是 MWMW 技术所采用的成型材料是金属丝材，各种焊接工艺是其成型的工艺基础。自 20 世纪 80 年代至今，已有多项采用焊接工艺成型金属零件的专利得到注册，其中所采用的热源有电弧和激光束等多种，其中以电弧热熔融金属丝材直接成型金属零件的研究较多，如美国肯塔基大学、南卫理公会大学和英国诺丁汉大学的学者都较早开展了这方面的研究。采用焊接堆积成型时，金属丝作为电弧的一个电极跟随焊炬一起运动，金属丝熔化后作为填充材料覆盖在基体表面上，通过控制焊炬和金属丝的运动轨迹，可得到需要的填充形状，如此层层堆积，可获得三维成型金属件。

图 1-10 基于弧焊的金属丝材熔焊原理

金属丝材熔焊设备结构简单，成本相对较低，但成型材料需要做成丝材，同时丝材和焊炬之间的相对位置控制起来比较困难，不利于曲面成型；成型过程中的电弧飞溅难以避免，成型件表面质量和加工精度不高。

（4）激光直接金属堆积成型技术（DMD） 激光直接金属堆积成型技术又称激光近形制造（LENS）、直接激光制造（DLF）、激光熔覆成型（LCF）、激光金属成型（LMF）技术等，尽管工艺名称、设备和成型件性能指标有所不同，但它们的基本原理和工艺方法却相差不大，都是通过实时送粉、逐层激光熔凝、多道搭接、多层堆积，最终得到三维实体金属零件或近形件。因此，可将其统称为激光直接金属堆积（Direct Metal Deposition，DMD）成型技术。

该技术最早由美国密歇根大学 J. Mazumder 领导的科研团队提出，是一种基于同轴送粉激光熔覆的成型技术。如图 1-11 所示，粉末在载气流的带动下，沿着与激光束同轴的环形圆锥喷嘴喷出，在空气中"飞行"一段时间后汇聚注入熔池；当激光束移开后，液态金属凝固、冷却，形成一定厚度的覆层，通过控制激光束的运行轨迹可以得到不同形状的覆层；重复上述过程并通过多道搭接、多层堆积，最终可得到一定形状的三维实体金属零件或仅需少量后续加工的近形件。

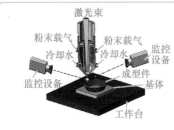

图 1-11　激光直接金属堆积成型零件

　　DMD 采用同轴送粉，更加接近自由成型；采用高功率激光器，可成型难熔、难加工金属零件，应用潜力大，但由于粉末输送是动态的，需要激光、粉末和气体的协调控制，工艺参数较多（如激光功率、扫描速度、光斑尺寸、搭接率、送粉速度、载气体流量等），对制件的精度和性能影响很大，因此工艺难度较高。

　　（5）增减材复合成型技术（IDMF）　增材制造是一种高效的制造方式，但在满足产品的几何尺寸精度和表面质量要求方面，该工艺的效果不太理想，而传统的数控机床属于减材加工，具有高精准度和易于切削加工等优点。减材制造与增材制造的特点具有很强的互补关系。将数控加工与增材制造进行有机集成，以实现增减材制造工艺的复合，能够大大提高生产率，降低生产成本，拓宽原料加工范围，提高产品质量。

　　增减材复合成型技术的工艺流程是首先借助于计算机生成的 CAD 模型，并将其按一定的厚度分层，从而将零件的三维数据信息转换为一系列的二维或三维轮廓几何信息，层面几何信息融合沉积参数和加工参数生成增材制造加工路径数控代码，最终成型三维实体零件。然后针对成型的三维实体零件进行测量与特征提取，并与 CAD 模型进行对照寻找误差区域后，基于减材制造对零件进行进一步加工修正，直至满足产品设计要求。

　　由此在同一台机床上可实现"加减法"的加工，是现有的数控切削加工和 3D 打印技术组合的混合型方案。这样，对于传统切削加工无法实现的特殊几何构型或特殊材料的零件，近净成型的阶段可由增材制造承担，而后期的精加工与表面处理由传统的减材加工承担。在同一台机床上完成所有加工工序，不仅避免了原本在多平台加工时工件的夹持与取放所带来的累积误差，提高加工精度与生产率，同时也节省了生产空间，降低了制造成本。

　　图 1-12 所示为德国德玛吉公司的 LASERTEC 65 3D 复合加工中心，具有激光沉积成型的增材制造功能，是现有的数控切削加工和增材制造功能加以组合的混合型设备方案。该设备由数控加工中心、沉积制造部分、送料系统、软件控制系统以及辅助系统等组成。利用该设备制造不锈钢涡轮机壳，耗时仅约 6h，具有广阔的应用前景。

图 1-12　增减材复合成型设备及零件

1.1.4 3D 打印技术的应用现状

1. 3D 打印技术在铸造行业的应用

铸造是将金属液体浇注到铸型中，经冷却凝固、清整处理后得到有预定形状、尺寸和性能的铸件（零件或毛坯）的工艺过程。铸造是现代制造业中取得成型毛坯的应用广泛的方法。据统计，在机床、重型机械、矿山机械、水电设备中，铸件质量约占设备总质量的85%。作为世界铸造大国，我国铸件的年生产能力可达 15000000t 以上。近年来，随着 3D 打印技术的发展，以 SLA、SLS、3DP 等为代表的 3D 打印技术在铸造行业得到了高速发展，大大推动了我国铸造行业的发展。当前，3D 打印技术在铸造行业的应用主要集中于熔模铸造和砂型铸造。

（1）3D 打印技术在熔模铸造中的应用 熔模铸造又称熔模精密铸造、精密铸造或失蜡铸造，是一种近净形的液态金属成型工艺。图 1-13 所示熔模铸造是在可熔（溶）性模的表面重复浸涂数层耐火浆料，经过逐层撒砂、干燥和硬化后，用火焰、蒸汽或热水等加热方法将其中的熔模去除而制成整体型壳，然后进行液态金属浇注而获得铸件的一种铸造方法。由于用这种方法所得到铸件的尺寸精确、棱角清晰、表面光滑、接近于零件的最终形状，因此是一种近净形铸造工艺方法。

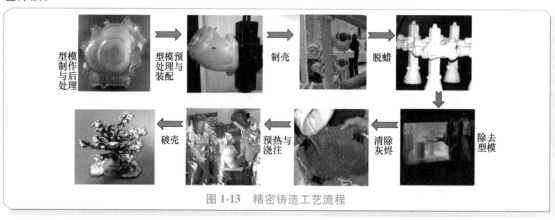

图 1-13 精密铸造工艺流程

如图 1-14 所示，采用 SLA 技术打印出铸件的树脂模型，经抛光、挂浆、沾砂、制壳后，加热至900℃左右气化熔模，得到浇注模具。采用电炉加热不锈钢，当不锈钢将被加热到 1612℃，而模具加热到 1300℃的时候进行浇注。待金属液冷却后，进行剥离、切割、抛光，最终得到所需的精密铸件。

（2）3D 打印技术在砂型铸造中的应用 砂型铸造是使用型砂构成铸型并进行浇注的方法，通常指在重力作用下的砂型铸造过程。传统砂型铸造，用模具（木模、金属模）制作砂型和砂芯，制造周期长，不适合单件、小批量生产。如图 1-15 所示，喷墨砂型 3D 打印技术采用 3DP 打印机直接将模具

图 1-14 熔模铸造铸件

三维模型打印为实体，可直接进行浇注得到铸件。对终端客户来说，能减少制造原型的高昂投入，允许多次设计的反复更改，缩短研发周期，快速投向市场；对铸造企业来说，有助于获得更多的生产订单，适应市场需求，节约能源。因此，喷墨砂型 3D 打印技术目前在铸造企业正在得到快速

推广和应用。

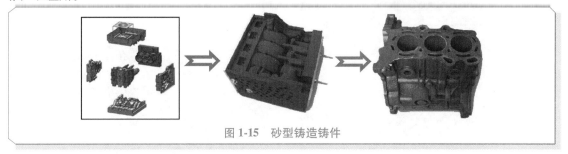

图 1-15　砂型铸造铸件

2. 3D 打印技术在注射模具行业的应用

采用 3D 打印技术，如 SLM、DMD、EBM 等，对各种金属材料，如模具钢、钛合金、铝合金以及钴铬钼合金、铁镍合金等粉末材料直接烧结成型。与以前传统工艺相比，3D 打印技术不受工艺限制，无须任何模具，可快速完成任意复杂的造型，适合制作细节要求高的工件，成型的工件有非常好的精度和强度，适用于注射模具及异形热流道系统。如图 1-16 所示，相对于传统的模具，其最大的优势是可以自由打印冷却水道，可大大增强冷却性能，提高注射生产率。据统计，3D 打印金属随形、异形水路模具带来的效益有：模具设计时间减少 75%，制造端人力可以节省 50%，注射模具生产周期可节省 14%，制造费用节省 16%。

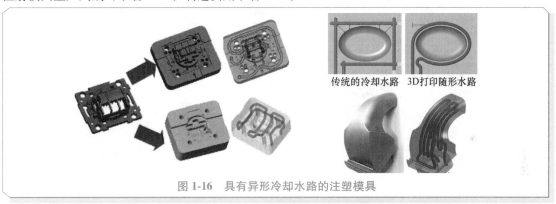

传统的冷却水路　3D 打印随形水路

图 1-16　具有异形冷却水路的注塑模具

3. 3D 打印技术在工业设计中的应用

3D 打印技术可成型任意形状复杂的产品，一个桌面级 3D 打印机就可以满足设计者或概念开发小组制造模型的需要，其在工业设计中的作用越来越重要。如图 1-17~图 1-19 所示，个性化的零件、笔筒、手机外壳、卡通玩具等，都可以用 3D 打印机打印出来。另一方面，工业零件通过设计优化可最大化发挥 3D 打印技术的潜力，如图 1-20 所示。

4. 3D 打印技术在航空航天领域中的应用

航空航天领域是 3D 打印技术的重要应用领域之一。如图 1-21 所示，航空发动机的许多零件都可用金属 3D 打印技术来制造。

图 1-17　工业零件概念设计

图 1-18　卡通玩具造型设计（来自杭州先临三维科技股份有限公司）

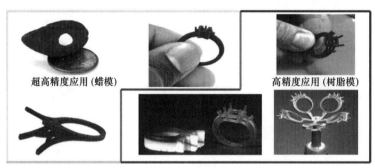

超高精度应用 (蜡模)　　　　高精度应用 (树脂模)

图 1-19　珠宝首饰造型设计

图 1-20　空中客车集团的 3D 打印摩托车　　　图 1-21　利用 3D 打印技术制造的航空发动机零件

　　北京航空航天大学王华明教授团队将激光直接制造技术用于国产 C919 大型客机复杂整体构件的制造（图 1-22 和图 1-23 所示），制造时间大幅度缩短，构件成本不到欧洲锻造模具费的 1/10，该技术荣获了 2012 年国家技术发明奖一等奖。

图 1-22　钛合金主承力构件加强框　　　　图 1-23　C919 大型客机中央翼缘条

5. 3D 打印技术在建筑行业中的应用

　　2013 年，荷兰建筑设计师设计了全球第一座 3D 打印建筑物 Landscape House，如图 1-24 所示，结构上特别模拟了莫比乌斯环。莫比乌斯环（Mbius strip/Mbius band），是一种拓扑学结构，只有一个面（表面）和一个边界。

图 1-24　莫比乌斯环建筑

意大利发明家 Enrico Dini 设计出来的 D-Shape 打印机，可以使用砂砾层、无机黏结剂打印出一幢两层小楼，如图 1-25 所示。为了保持建筑物结构的稳定性，Dini 建议只用它打印整体结构，外部则使用钢纤维混凝土来填充。

图 1-25　3D 打印建筑物

6. 3D 打印技术在生物医疗中的应用

生物领域是 3D 打印技术未来发展和应用的重要领域之一。普通的 3D 打印技术多采用塑料作为材料，而打印人体骨架常采用钛合金或陶瓷材料，打印人体器官则采用一种来自细胞的胶状物质，如图 1-26 所示。

从实用性上看，虽然 3D 打印技术尚不能完成整个肢体的打印，但打印人体骨架的技术比较成熟，如图 1-27 所示，其成本较低廉，打印全程只需要几个小时。

图 1-26　SLM 成型多孔组织结构的颅骨植入物

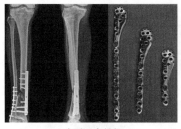

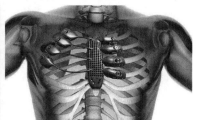

a) 内置固定骨板　　　　b) 胸骨+肋骨的一体式植入物

图 1-27　3D 打印人体骨架

相对于打印人体骨架，使用 3D 打印技术打印牙齿的应用更成熟和广泛。由于牙齿的个性化特点，传统的齿科手术，如义齿、牙冠、牙桥等都需要人工逐个完成，存在产量低、效率低、质量不稳定等缺陷，而 3D 打印技术依靠数字化建模，能很好地满足个性化需求，生产周期更短、成本更低、舒适度更高，并且品质有保障，如图 1-28 所示。

在打印人体器官方面，目前科学家已经使用生物 3D 打印技术成功打印出耳朵、肾脏、血管、皮肤、骨骼等器官模型。如利用 3D 打印技术和含有牛耳活细胞的凝胶材料造出一种新型人工耳，如图 1-29 所示。普通的人工耳的材料密度和泡沫聚苯乙烯差不多，质感与真耳相差较大；如果用病人的肋骨组织以手术方式重塑外耳，不仅难度大，还给

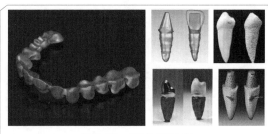

图 1-28　3D 打印牙齿

病人带来很大痛苦，因此很难制成既美观又实用的人造耳。为造出新型人工耳，研究人员先用快速旋转 3D 相机拍摄数名儿童耳朵信息，将信息输入计算机形成 3D 图像，然后按照图像用 3D 打印机打印出一个固体模具，并在其中注入一种高密度胶原蛋白凝胶，其中含有能生成软骨的牛耳细胞。此后数周内，软骨逐渐增多并取代凝胶，3 个月后软骨会形成柔韧的外耳，替代最初用于塑形的胶原蛋白支架。

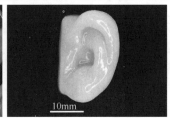

图 1-29　3D 打印人耳

此外，如图 1-30 所示，科学家利用 3D 打印技术打印了一颗人类的心脏。该心脏样本是由塑料制成的，是患有不寻常并发症病人心脏的精确解剖副本。该心脏副本对于练习复杂手术来说是非常理想的对象，它使得手术外科医生能够看清他们要进行手术的精确解剖情景。

图 1-30　3D 打印心脏

7. 3D 打印技术在食品行业中的应用

3D 打印技术在食品行业的应用也很广泛，目前在巧克力、蛋糕等食品加工中都有使用 3D 打印技术的应用，如图 1-31 所示。

图 1-31　3D 打印在食品行业的应用

8. 3D 打印技术在服装行业中的应用

如图 1-32 所示，模特身穿专门为其量身定做的通过 3D 打印技术制作的，体现时尚感与个性化的服装。

1.1.5　3D 打印技术的发展趋势

3D 打印技术的发展趋势包括以下几方面。

1. 连续液面光固化技术（CLIP）

业内知名的初创科技公司 Carbon 3D 公司研发的连续液面光固化技术，大大提升了光固化 3D 打印的速度。该技术的原理如图 1-33 所示，其核心是使用了一种既透明又透气的特殊窗口。该窗口同时允许光线和氧气通过。由于氧气会阻止固化过程的发生，因此在窗

图 1-32　3D 打印服装

口上方池底的树脂中溶解了氧气，形成了一个不会固化的"死区"。液池下方的投影装置，让紫外线按照打印件每一层剖面的形状照射液面。在光固化的"死区"上方，树脂固化后，打印的物体就呈现出来了。当打印的某一层完成后，打印平台会向上升起，在刚刚生成的一层树脂下方再连续生出新层。

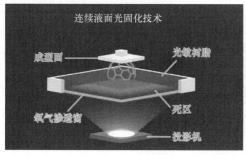

图 1-33　连续液面光固化技术

CLIP 技术的优点在于它能够连续工作，打印完成一件产品只需要几分钟。而传统光固化成型技术采用的树脂材料黏性大，并且在固化过程中其黏性进一步加强，由于易粘连，打印每一层都要花费时间等待和处理粘连的部分。因此，相比传统的光固化 3D 打印技术，CLIP 的工作效率提高了 25~100 倍，而且用它打印的制件是通过连续固化生长得到的，比 3D 层状堆叠的结构更加坚固。

2. 金属 3DP 打印技术

通用电气集团增材制造子公司（GE Additive）公布了基于 3DP 技术的全新金属 3D 打印机原型机，如图 1-34 所示。该 3DP 金属打印机在打印过程中将不锈钢、镍和铁等粉末合金与液体黏结剂混合，黏结剂喷射到的部分金属粉末黏合为一个整体，逐层打印出整个模型形状。打印完成后去除松散的金属粉末，再进行高温烧制增强金属黏合强度。

图 1-34　3DP 金属打印机

采用这种方式的 3D 打印件强度将超过 SLS、SLM 等金属 3D 打印件，并且对金属粉末原材料的形状要求也没有那么高。

3. 3D 打印集成显示屏技术

普林斯顿大学研究小组已经能用 3D 打印机打印出量子点 LED，如图 1-35 所示，该研究小组计划将打印出来的量子点 LED 与隐形眼镜结合起来，有望创造出一种集成显示屏、能发射彩色光束的新型隐形眼镜设备。

图 1-35　3D 打印量子点 LED 屏

由于隐形眼镜本体由硬质塑料构成，并且覆盖其上的 LED 屏幕需外部电源支持，因此还不能佩戴在眼睛上。不过，该尝试确实表明，3D 打印技术可用来创造结构、形状复杂的电子设备。

4. 生物 3D 打印技术

生物 3D 打印是 3D 打印技术未来最引人瞩目的应用领域。如前所述，3D 打印当前在牙齿、头盖骨、支架等人体医疗植入物制造方面的应用已经比较普遍，但在生物细胞和器官的打印方面还处于探索阶段。英国研究人员首次用 3D 打印机（图 1-36）打印出胚胎干细胞，干细胞鲜活且保有发展为其他类型细胞的能力。这种技术可制造人体组织以测试药物，乃至直接在人体内打印生物细胞，制造器官，以协助战胜疾病。

图 1-36　胚胎干细胞 3D 打印机

1.2　UG NX 软件概述

UG NX 软件是一个 CAD/CAM/CAE 高度集成的系统，该软件具有强大的草图绘制、实体造型、曲面造型、虚拟装配、模拟仿真及生成工程图等功能，可应用于产品的整个开发过程。

1.2.1　软件工作界面

打开 UG NX11.0 软件，在"文件"选项卡上单击"新建"按钮，弹出图 1-37 所示对话框，选择"模型"选项卡，在"名称"文本框输入名称，在"文件夹"文本框输入存储路径，单击"确定"按钮，弹出图 1-38 所示的主工作界面。

主工作界面主要由标题栏、功能区、绘图区、部件导航区等部分组成。其中，功能区有"文件""主页""装配""曲线""分析""视图""渲染""工具""应用模块""注塑模向导"（需要另外安装）等选项卡。

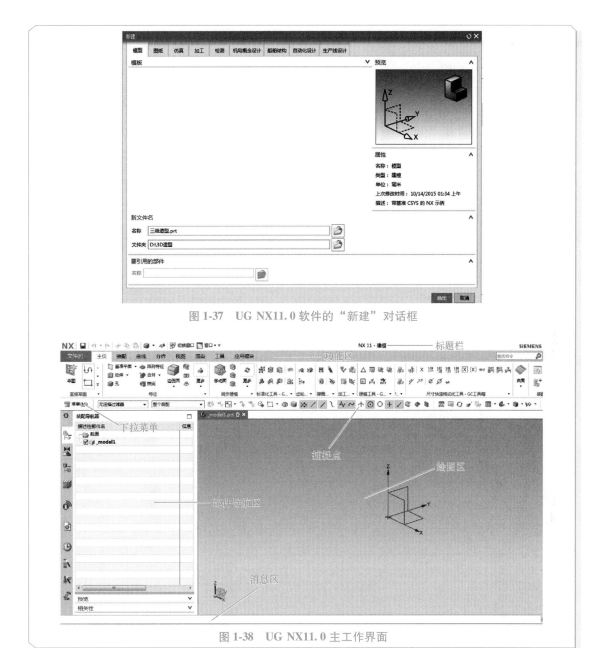

图 1-37　UG NX11.0 软件的"新建"对话框

图 1-38　UG NX11.0 主工作界面

1. 文件管理

"文件"选项卡中包括"新建""打开""插入""保存""导出"等常见文件管理命令，如图 1-39 所示。

2. 主页

"主页"选项卡如图 1-40 所示，有"直接草图""特征""同步建模""标准化工具"等多个常用快捷工具模块，单击每个模块右下方的黑色小三角形，可调整模块显示内容。

此外，单击"直接草图"下方的"菜单"，可弹出图 1-41 所示的菜单命令，用户可选择各种命令进行相关操作。

单击"菜单"下方的齿轮状按钮，弹出图 1-42 所示的快捷菜单，单击"销住"将其左侧的"√"去掉，则部件导航区自动隐藏。

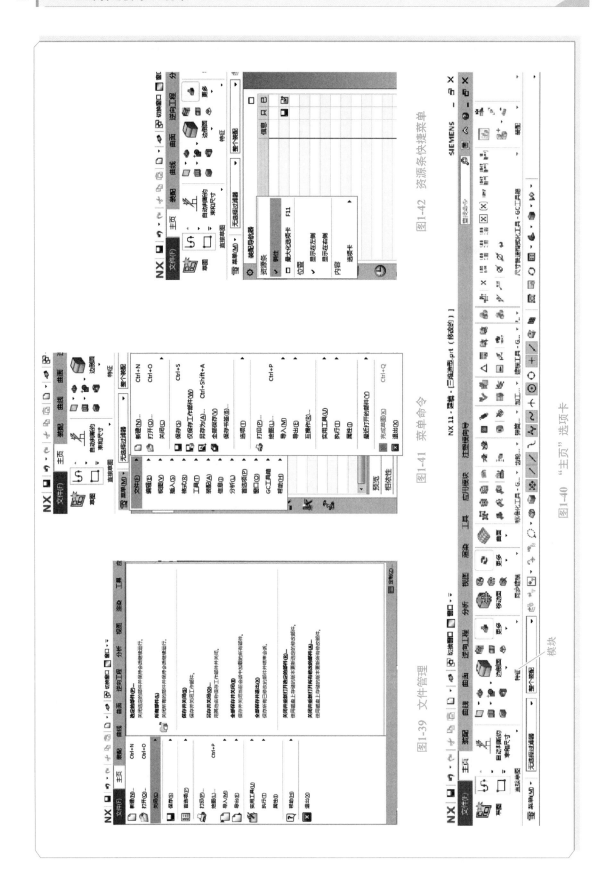

图1-39 文件管理

图1-40 "主页"选项卡

图1-41 菜单命令

图1-42 资源条快捷菜单

3. 装配

"装配"选项卡如图 1-43 所示。具体装配操作在后续项目中将会详细介绍。

图 1-43　"装配"选项卡

4. 曲线

"曲线"选项卡如图 1-44 所示，包括"直接草图""曲线""派生曲线""编辑曲线"多个模块。

图 1-44　"曲线"选项卡

5. 曲面

"曲面"选项卡如图 1-45 所示，包括"曲面""曲面操作""编辑曲面"等模块。

图 1-45　"曲面"选项卡

6. 逆向工程

"逆向工程"选项卡如图 1-46 所示，包括"对齐""构造""小平面体操作""分析"等模块。

图 1-46　"逆向工程"选项卡

7. 分析

"分析"选项卡如图 1-47 所示，包括"测量""面形状"两个模块。

图 1-47　"分析"选项卡

8. 视图

"视图"选项卡如图 1-48 所示。使用"视图"选项卡上的各命令按钮有利于用户快捷地找到合适的编辑角度，简化操作步骤。

图 1-48　"视图"选项卡

1.2.2　软件基本设置

1. 对象首选项

选择"菜单"→"首选项"→"对象"命令，弹出"对象首选项"对话框，如图 1-49 所示。该对话框主要用于设置对象的属性，如颜色、线型和线宽等（新的设置只对以后设置的对象有效，对以前创建的对象无效）。

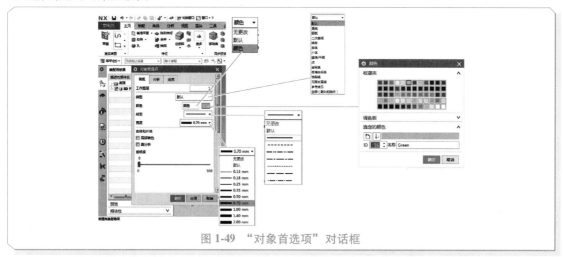

图 1-49　"对象首选项"对话框

图 1-49 所示的"对象首选项"对话框中包括"常规""分析""线宽"三个选项卡，以下主要介绍"常规"选项卡。

1)"工作图层"文本框：用于设置新对象的工作图层。当输入图层号后，以后创建的对象将存储在该图层中。

2)"类型"下拉列表：设置对象的类型。

3)"颜色"下拉列表：设置对象的颜色。

4)"线型"下拉列表：设置对象的线型。

5)"宽度"下拉列表：设置对象显示的线宽。

6)"实体和片体"选项区域：选择实体或片体。

7)"局部着色"复选框：确定实体和片体是否局部着色。

8)"面分析"复选框：确定是否在面上显示该面的分析效果。

9)"透明度"滑块：可通过移动滑块来改变物体的透明度。

2. 用户界面首选项

选择"文件"→"首选项"→"用户界面"命令或选择"菜单"→"首选项"→"用户界面"命令，系统弹出图 1-50 所示的"用户界面首选项"对话框，主要有"布局""主题""资源条""触控""角色""选项""工具"等模块，主要用来设置窗口位置、数值精度和宏选项等。

3. 选择首选项

选择"文件"→"首选项"→"选择"命令或选择"菜单"→"首选项"→"选择"命令，系统弹出"选择首选项"对话框，如图 1-51 所示，主要设置光标预选对象后，选择球大小、高亮显示的对象、尺寸公差和矩形选取方式等选项。主要选项的功能说明如下。

1)"鼠标手势"下拉列表：设置用鼠标选择范围时的形状，有套索、矩形和圆三种类型。

2)"选择规则"下拉列表：设置矩形框选择的方式。"内侧"用于选择矩形框内部的对象；"外侧"用于选择矩形框外部的对象；"交叉"用于选择与矩形框相交的对象；"内部/交叉"用于选择矩形框内部和相交的对象;"外部/交叉"用于选择矩形框外部和相交的对象。

图 1-50 "用户界面首选项"对话框   图 1-51 "选择首选项"对话框

3)"高亮显示滚动选择"复选框:设置预选对象是否高亮显示。当勾选该复选框,选择球接触到对象时,系统会以高亮的方式显示,以提示可供选取。复选框下方的"滚动延迟"用于设置预选对象时,高亮显示延迟的时间。

4)"延迟时快速拾取"复选框:设置确认选择对象的有关参数。勾选该复选框,在选择多个可能的对象时,系统会自动判断。复选框下方的"延迟"用来设置出现确认光标的时间。

5)"选择半径"下拉列表:设置选择球的半径大小,包括小、中和大三种半径方式。

6)"公差"文本框:设置链接曲线时,彼此相邻的曲线端点间允许的最大间隙。尺寸链公差的值越小,选取得越精确;公差值越大,就越不精确。

7)"方法"下拉列表:设置自动链接所采用的方式。"简单"用于选择彼此首尾相连的曲线串;"WCS"用于在当前 XY 坐标平面上选择彼此首尾相连的曲线串;"WCS 左侧"用于在当前 XY 坐标平面上,从链接开始点至结束点沿左侧路线选择彼此首尾相连的曲线链;"WCS 右侧"用于在当前 XY 坐标平面上,从链接开始点至结束点沿右侧路线选择彼此首尾相连的曲线链。

第 2 章

二维草图设计

二维草图的设计是创建许多特征的基础，例如在创建拉伸、回转和扫掠等特征时，都需要先绘制特征的截面形状，其中扫掠特征还需要通过绘制草图以定义扫掠轨迹。

【学习目标】

1）掌握各种曲线的绘制技巧。
2）掌握曲线偏置、分割等操作的方法。
3）掌握创建草图的方法。
4）掌握编辑草图的方法。
5）掌握草图约束的方法。

2.1 文件操作

为了学生能够正常使用 UG NX11.0 软件，同时也为了方便教学，在学习和使用 UG NX11.0 软件之前，需要对软件进行一些必要的设置，了解并掌握 UG NX11.0 软件的基础功能。

2.1.1 创建用户文件夹

在学习并使用 UG NX11.0 软件时，应该注重文件的管理。使用 UG NX11.0 软件存储的文件名称和存储路径中可以有汉字，但是版本低于 UG NX6.0 的软件无法识别路径中包含汉字的文件，从而导致文件无法正常打开。

2.1.2 创建新的文件

单击"文件"选项卡下面的"新建"按钮或选择"文件"→"新建"命令，打开图 2-1 所示的"新建"对话框。在该对话框中首先需要修改文件的名称，然后选择要保存文件的路径，最后在"单位"下拉列表中选择度量单位，有"毫米"和"英寸"两种单

图 2-1 "新建"对话框

位，一般选择"毫米"。若有特殊需要，可以在"模板"对话框中选择适当的模板类型，默认使用
"模型"模板。完成以上设置后，单击对话框右下角的"确定"按钮完成新文件的创建。

2.1.3　保存当前文件

　　单击"文件"选项卡下面的"保
存"按钮或选择"文件"→"保存"命
令，可对文件进行保存，此时保存的
文件默认存储在"新建"对话框设定
的目录中。如果选择"文件"→"保
存"→"另存为"命令，则此时会打开
"另存为"对话框，如图 2-2 所示。在
该对话框中可以更改默认的保存路径
和文件名，输入完成后单击"OK"按
钮即可完成文件的另存为操作。

2.1.4　打开已有的文件

　　选择"文件"→"打开"命令，出现图 2-3 所示的"打开"对话框，在该对话框中，用户可
以查找保存在此计算机上的所有文件，选择需要打开的文件后，系统会在对话框右侧的"预
览"框中呈现该文件的部分内容，如果没有出现预览图像，可以勾选"预览"复选框以此打开
预览功能，最后单击"OK"按钮打开文件。在查找文件时，用户可以通过单击需要打开的文
件，也可以直接在对话框底部的"文件名"和"保存类型"文本框中输入相应的关键字来快速
查找文件。

2.1.5　关闭当前文件

　　单击"文件"选项卡下的"关闭"按钮，在子菜单中选择"所有部件"命令即可关闭当前的
工作文件，如图 2-4 所示。

图 2-3　"打开"对话框　　　　　　　　　　图 2-4　关闭文件

2.2　草图工作环境

2.2.1　草图环境的常用术语

本节介绍在 UG NX11.0 软件的草图环境中经常使用到的术语。

对象：指在二维草图中出现的任何几何图像（如直线、中心线、圆弧、圆、椭圆、样条曲线、点或坐标系等）。

尺寸：指对象大小或对象之间位置的量度。

约束：指定义对象几何关系或对象间的位置关系。给定对象约束后，约束符号将出现在对象旁边，在"约束"模块中可以单击"显示草图约束"按钮来显示或隐藏符号。

参数：指草图中的辅助元素。

过约束：指两个或多个约束可能会互相矛盾或多余。此时，约束符号将变成红色，必须删除某个约束以解决此问题。

2.2.2　进入与退出草图环境

在 UG NX11.0 软件中绘制草图可以在两种模式下进行，一种是直接草图，另一种是在任务环境中绘制草图。如图 2-5 所示，在"菜单栏"中选择"插入"→"草图"或"在任务环境中绘制草图"等命令，"草图"即为直接草图，其与"主页"选项卡下"直接草图"模块中的"草图"按钮一致，这种模式可用的草图命令有限，一般选择"在任务环境中绘制草图"命令，此时系统会出现图 2-6 所示的"创建草图"对话框，选择合适的平面后，单击"确定"按钮，系统进入草图环境。平面可以是基准面，也可以是实体的表面。

图 2-5　"在任务环境中绘制草图"命令　　　　图 2-6　"创建草图"对话框

图 2-6 所示的"创建草图"对话框由两部分构成，分别是"草图类型"和"草图 CSYS"选项区域。"草图类型"下拉列表中有"在平面上"和"基于路径"两种选项。

1. 草图类型

在平面上：选择该选项后，用户可以在绘图区选择任意平面为草图平面（系统默认该选项）。

基于路径：选择该选项后，系统在用户指定的曲线上建立一个与该曲线垂直的平面，作为草图平面。

显示快捷方式：选择该选项后，"在平面上"和"基于路径"两个选项将会以命令的形式显示。

2. 草图 CSYS

平面方法：设置采用哪种方法选择草图平面，有"自动判断"和"新平面"两个选项。如选择"自动判断"选项，则系统将自动判断用户单击选择的平面；如选择"新平面"选项，则创建一个新的基准面。选择后，系统会更新此对话框，并且需要指定平面和矢量。

参考：指定草绘平面的方向，有"水平"和"竖直"两个选项。选择"水平"选项，用户可以定义参考平面与草图平面的位置关系为水平；选择"垂直"选项，用户可以定义参考平面与草图平面的位置关系为垂直。

指定 CSYS：选择绘制二维草图的坐标系。

单击"确定"按钮后，进入二维草图绘制环境。草图绘制完成以后，单击"直接草图"模块中的"完成草图"按钮即可退出草图环境。

2.2.3 草图环境中的设置与菜单功能

1. 草图环境的设置

如图 2-7 所示，进入草图环境以后，在"菜单栏"中选择"任务"→"草图设置"命令。此时系统出现"草图设置"对话框，如图 2-8 所示，在该对话框中可设置草图的显示参数和默认名称前缀等参数。主要选项及其功能说明如下。

图 2-7 进入"草图设置"对话框   图 2-8 "草图设置"对话框

尺寸标签：控制草图标注文本的显示方式。

文本高度：控制草图尺寸数值的文本高度。在标注尺寸时，可以根据图形大小适当控制文本高度，以便于观察。

2. 草图环境中的菜单功能

在草图环境下，"菜单"中的命令将发生改变。此节具体介绍其中的"插入"和"编辑"命令。

（1）插入（图 2-9）

1）基准/点：指创建一个点。

2）曲线：指创建轮廓线、直线、圆弧、圆、圆角、倒斜角、矩形、多边形、艺术样条曲线、拟合样条曲线、椭圆、二次曲线等。

3）来自曲线集的曲线：指创建偏置曲线、阵列曲线、镜像曲线、交点、派生直线或将现有的共面曲线和点添加到草图中。

4）配方曲线：指创建选定对象的相交曲线，在草图上创建其他几何体的投影。

5）尺寸：指创建自动判断、水平、竖直、平行、垂直、角度、直径、半径、周长尺寸等。

6）几何约束：指添加草图约束。

7）设为对称：指将两个点或曲线约束相对于草图中的中心线对称。

（2）编辑（图2-10）

1）撤销列表：指撤销前面的操作。

2）重做：指重新制作。

3）剪切：指剪切选定对象并将其放到剪贴板上。

4）复制：指将选定的对象复制到剪贴板上。

5）复制显示：指复制图形窗口的对象到剪贴板上。

6）粘贴：指从剪贴板粘贴对象。

7）删除：指删除选定的对象。

8）选择：指编辑选取优先选项和过滤器。

9）对象显示：指编辑选定对象的显示方式。

10）显示和隐藏：指隐藏或取消隐藏选定的对象。

11）交换：指变换操作选定的对象。

12）移动对象：指移动或旋转选定的对象。

13）属性：指显示选定对象的属性。

14）设置：指编辑尺寸和草图。

15）曲线：指编辑大多数曲线类型的参数。

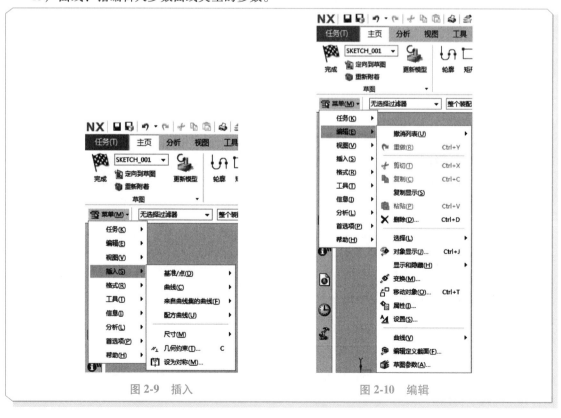

图2-9　插入　　　　　　　　　图2-10　编辑

16）编辑定义截面：指重新编辑或定义截面。

17）草图参数：指编辑驱动活动草图尺寸的表达式。

2.3　草图的绘制

1. 草图绘制概述

要绘制草图，应先从草图环境的功能区选择一个绘图命令（由于功能区中各命令按钮简明而快捷，因此推荐优先使用），然后可通过在绘图区选取点来创建对象。在绘制对象的过程中，当移动鼠标指针时，系统会自动确定可添加的约束并将其显示，绘制对象后，用户还可以对其继续添加约束。

本节主要介绍利用"曲线"模块来创建草图对象。草图环境中提供了很多模块方便用户使用，常用的模块主要有"曲线"和"约束"模块。

草图环境中使用鼠标的说明如下。

1）绘制草图时，可以在绘图区单击以确定点，单击鼠标中键中止当前操作或退出当前命令。

2）当不处于草图绘制状态时，单击可选取多个对象；选择对象后，右击将弹出带有常用草图命令的快捷菜单。

3）滚动鼠标中键，可以缩小或放大模型（该功能对所有模块都适用）。向前滚动鼠标中键，模型被缩小；向后滚动鼠标中键，模型被放大。

4）按住鼠标中键的同时移动鼠标，可旋转模型（该功能对所有模块都适用）。

5）先按键盘上的〈Shift〉键，并按住鼠标中键，同时移动鼠标可移动模型（该功能对所有模块都适用）。

2. 绘制直线

1）进入草图环境以后，选择 XY 平面作为草图平面。

说明：进入草图工作环境以后，如果创建新草图，则必须先选取草图平面。

2）在"菜单栏"中选择"曲线"→"直接草图"→"直线"命令。

3）定义直线的起始点，在系统"请选择的第一点"的提示下，在绘图区中的任意位置单击，以确定直线的起始点，此时可看到一条"橡皮筋"形状线附着在鼠标指针上。

说明：系统"请选择的第一点"的提示在消息区。

4）定义直线的终止点。在"请选择的第二点"的提示下，在绘图区中的另一位置单击，以确定直线的终止点，系统便在两点间创建一条直线（在终点处再次单击，在直线的终点处出现另一条"橡皮筋"形状线）。

5）单击鼠标中键，结束直线的创建。

3. 绘制圆弧

在"菜单栏"中选择"曲线"→"直接草图"→"圆弧"命令。

方法一：三点定圆弧，即通过确定圆弧的两个端点和弧上的一个附加点来创建一段三点圆弧。其操作步骤如下。

1）选择方法。通过单击"三点定圆弧"命令选择方法。

2）定义端点。在"选择圆弧的起点"的提示下，在绘图区中的任意位置单击，以确定圆弧的起点；在"选择圆弧的终点"的提示下，在另一位置单击，以放置圆弧的终点。

3）定义附加点。在系统的提示下移动鼠标，圆弧呈变化状态，在绘图区另一位置单击以确定圆弧。

4）单击鼠标中键，结束圆弧的创建。

方法二：由中心点和端点定圆弧。其操作步骤如下。

1）选择方法。通过单击"中心和端点定圆弧"命令选择方法。

2）定义圆心。在系统"选择圆弧的中心点"的提示下，在绘图区中的任意位置单击，以确定圆弧中心点。

3）定义圆弧的起点。在系统"选择圆弧的起点"的提示下，在绘图区中的任意位置单击，以确定圆弧的起点。

4）定义圆弧的终点。在系统"选择圆弧的终点"的提示下，在绘图区中的任意位置单击，以确定圆弧的终点。

5）单击鼠标中键，结束圆弧的创建。

4. 绘制圆

在"菜单栏"中选择"曲线"→"直接草图"→"圆"命令。

方法一：由中心点和半径定圆，通过选取中心点和圆上一点来创建圆。其操作步骤如下。

1）选择方法。通过选择"点直径"命令选择方法。

2）定义圆心。在系统"选择圆的中心点"的提示下，在某位置单击以放置圆的中心点。

3）定义圆的半径。在系统"在圆上选择一个点"的提示下，拖动鼠标至另一位置，单击以确定圆的大小。

4）单击鼠标中键，结束圆的创建。

方法二：三点定圆，即通过确定圆上的三个点来创建圆。

5. 绘制圆角

在"菜单栏"中选择"曲线"→"直接草图""圆角"命令。创建圆角的一般操作步骤如下。

1）双击草图，单击"建立草图"按钮，在"菜单栏"中选择"曲线"→"直接草图"→"圆角"命令，弹出"圆角"对话框，在对话框中单击"修剪"按钮。

2）单击圆角的两条边定义圆角曲线。

3）定义圆角半径。拖动鼠标至适当位置，单击确定圆角的大小（或者在动态输入框中输入圆角半径，以确定圆角的大小）。

4）单击鼠标中键，结束圆角的创建。

6. 绘制矩形

在"菜单栏"中选择"曲线"→"直接草图"→"矩形"命令，系统弹出"矩形"对话框，如图 2-11 所示，可以在草图平面绘制矩形。在绘制草图时，使用该命令可省去绘制四条线段的时间，共有三种绘制矩形的方法，下面将分别介绍。

图 2-11 "矩形"对话框

方法一：单击"按两点"按钮通过选取两对角点来创建矩形，其一般操作步骤如下。

1）选择方法：单击"按两点"按钮。

2）定义第一个角点。在绘图区某位置单击，放置矩形的第一个角点。

3）定义第二个角点。再次在绘图区另一位置单击，放置矩形另一个角点。

4）单击鼠标中键，结束矩形的创建。

方法二：单击"按三点"按钮，通过选取三个顶点来创建矩形，其一般操作步骤如下。

1）选择方法：单击"按三点"按钮。

2）定义第一个顶点。在绘图区某位置单击，放置矩形的第一个顶点。

3）定义第二个顶点。在图形区另一位置单击，放置矩形的第二个顶点（第一个顶点与第二个顶点之间的距离即为矩形的宽度），此时矩形呈"橡皮筋"形状变化。

4）定义第三个顶点。再次在绘图区单击，放置矩形的第三个顶点（第二个顶点和第三个顶点之间的距离即为矩形的高度）。

5）单击鼠标中键，结束矩形的创建。

方法三：单击"从中心"按钮，通过选取中心点、一条边的中点和顶点来创建矩形，其一般操作步骤如下。

1）选择方法：单击"从中心"按钮。

2）定义中心点。在绘图区某位置单击，放置矩形的中心点。

3）定义第二个点。在绘图区另一位置单击，放置矩形的第二个点（一条边的中点）。此时矩形呈"橡皮筋"形状变化。

4）定义第三个点。再次在绘图区单击，放置矩形的第三个点。

5）单击鼠标中键，结束矩形的创建。

7. 绘制轮廓线

轮廓线包括直线和圆弧。

在"菜单栏"中选择"曲线"→"直接草图"→"轮廓线"命令，弹出图 2-12 所示"轮廓"对话框。操作过程参照前面直线和圆弧的绘制，此处不再赘述。

图 2-12　"轮廓"对话框

8. 绘制派生直线

在"菜单栏"中选择"曲线"→"直接草图"→"派生直线"命令，可绘制派生直线，其一般操作步骤如下。

1）定义参考直线。单击选取图 2-13a 所示的直线作为参考直线。

2）定义派生直线的位置。拖动鼠标至另一位置单击，确定派生直线位置。

3）单击鼠标中键，结束派生直线的创建，结果如图 2-13b 所示。

9. 样条曲线

样条曲线是指利用给定的若干个点拟合出的多项式曲线，样条曲线采用的是近似的拟合方法，但可以很好地满足工程需求，因此得到了较广泛的应用。单击"曲线"选项卡→"直接草图"模块→"艺术样条"按钮，弹出图 2-14 所示的"艺术样条"对话框。

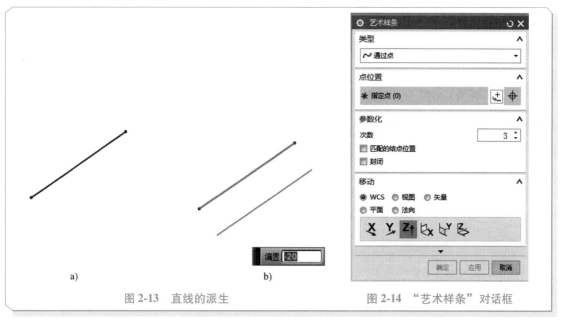

图 2-13　直线的派生　　　　　　　　图 2-14　"艺术样条"对话框

2.4 草图的编辑

1. 直线的操作

UG NX11.0 软件提供了对象操作功能，可方便地旋转、拉伸和移动对象。

直线的转动和拉伸的操作流程如图 2-15 所示，把鼠标指针移到直线端点，按住鼠标左键的同时移动鼠标，此时直线以远离鼠标指针的那个端点为圆心转动，达到绘制意图后，松开鼠标左键。

直线的移动的操作流程如图 2-16 所示，在绘图区把鼠标指针移到直线上，按住鼠标左键的同时移动鼠标，此时会看到直线随着鼠标移动，达到绘制意图后，松开鼠标左键。

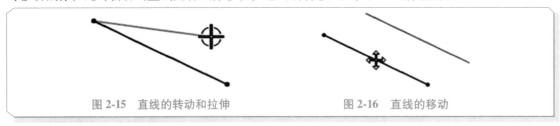

图 2-15　直线的转动和拉伸　　　　图 2-16　直线的移动

2. 圆的操作

圆的缩放的操作流程如图 2-17 所示，把鼠标指针移到圆的边线上，按住鼠标左键的同时移动鼠标，此时会看到圆在变大或缩小的过程中，达到绘制意图后，松开鼠标左键。

圆的移动的操作流程如图 2-18 所示，把鼠标指针移到圆心上，按住鼠标左键的同时移动鼠标，此时会看到圆随着指针一起移动，达到绘制意图后，松开鼠标左键。

图 2-17　圆的缩放　　　　图 2-18　圆的移动

3. 圆弧的操作

改变圆弧的半径的操作流程如图 2-19 所示，把鼠标指针移到圆弧上，按住鼠标左键的同时移动鼠标，此时会看到圆弧半径变大或变小，达到绘制意图后，松开鼠标左键。

改变圆弧的位置的操作流程如图 2-20 所示，把鼠标指针移到圆弧的某个端点上，按住鼠标左键的同时移动鼠标，此时会看到圆弧以另一端点作为固定点旋转，并且圆弧的包角也在变化，达到绘制意图后，松开鼠标左键。

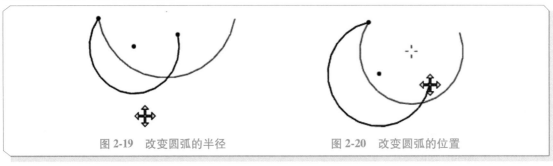

图 2-19　改变圆弧的半径　　　　图 2-20　改变圆弧的位置

圆弧的移动的操作流程如图 2-21 所示，把鼠标指针移到圆心上，按住鼠标左键的同时移动鼠标，此时圆弧随着指针一起移动，达到绘制意图后，松开鼠标左键。

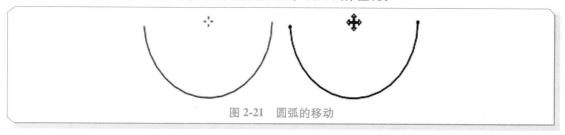

图 2-21   圆弧的移动

4. 样条曲线的操作

改变样条曲线形状的操作流程如图 2-22 所示，把鼠标指针移到样条曲线的某个端点或定位点上，按住鼠标左键的同时移动鼠标，此时样条曲线拓扑形状（曲率）不断变化，达到绘制意图后，松开鼠标左键。

样条曲线移动的操作流程如图 2-23 所示，把鼠标指针移到样条曲线上，按住鼠标左键的同时移动鼠标，此时样条曲线随着鼠标移动，达到绘制意图后，松开鼠标左键。

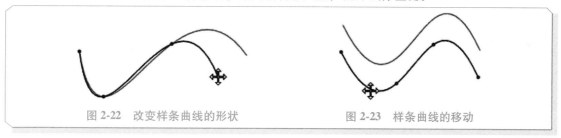

图 2-22   改变样条曲线的形状   图 2-23   样条曲线的移动

5. 制作拐角

"制作拐角"命令是通过将两条曲线延伸或修剪到公共交点来创建拐角。此命令应用于直线、圆弧、开放式二次曲线和开放式样条等，其中开放式样条仅限于修剪。

制作拐角的一般操作步骤如下。

1）在"菜单栏"中选择"编辑"→"曲线"→"制作拐角"命令，系统弹出图 2-24 所示的"制作拐角"对话框。

2）单击图 2-25a 所示的两条直线，设置为要制作拐角的两条曲线。

3）单击鼠标中键，完成制作拐角的创建，如图 2-25b 所示。

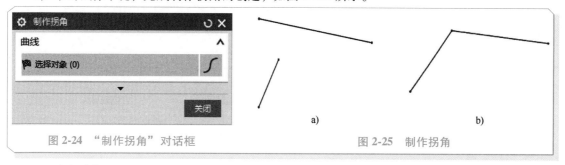

图 2-24   "制作拐角"对话框   图 2-25   制作拐角

6. 删除对象

1）在绘图区单击或框选要删除的对象（框选时要框住整个对象），此时可看到选中的对象变成蓝色。

2）按〈Delete〉键，所选对象即被删除。

说明：要删除所选的对象，还有下面四种方法。

1）在绘图区右击，在系统弹出的快捷菜单中选择"删除"命令。

2）在"菜单栏"中选择"编辑"→"删除"命令。

3）单击"主页"工具栏→"草图曲线"→"编辑曲线"的"删除曲线"按钮，弹出"删除曲线"对话框，选择需要删除的曲线，单击"确定"按钮。

4）按〈Ctrl+D〉组合键。

注意： 如要恢复已删除的对象，可用〈Ctrl+Z〉组合键来完成。

7. 复制对象

1）在绘图区单击或框选要复制的对象（框选时要框住整个对象）。

2）复制对象。在"菜单栏"中选择"编辑"→"复制"命令，将对象复制到剪贴板。

3）粘贴对象。在"菜单栏"中选择"粘贴"命令，弹出图 2-26 所示的"粘贴"对话框。

4）定义变换类型。在"粘贴"对话框中的"运动"下拉列表中选择"动态"选项，将图 2-27a 所示的复制对象移动到合适的位置单击以放置。

5）单击"确定"按钮，完成粘贴，结果如图 2-27b 所示。

图 2-26 "粘贴"对话框   图 2-27 对象的复制、粘贴

8. 快速修剪

1）选择命令。在"菜单栏"中选择"编辑"→"曲线"→"快速修剪"命令，系统弹出图 2-28 所示的"快速修剪"对话框。

2）定义修剪对象。依次单击图 2-29a 所示的需要修剪的部分。

3）单击鼠标中键，完成对象的修剪，结果如图 2-29b 所示。

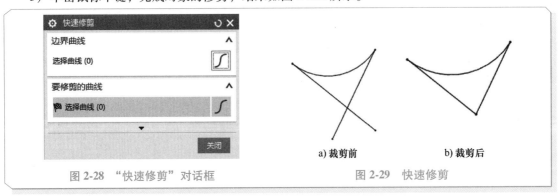

图 2-28 "快速修剪"对话框   图 2-29 快速修剪

9. 快速延伸

1）在"菜单栏"中选择"编辑"→"曲线"→"快速延伸"命令。

2）选择图 2-30a 中所示的曲线，将曲线延伸到下一个边界，如图 2-30b 所示。

说明：在延伸时，系统自动选择最近的曲线作为延伸边界。

10. 镜像

镜像是选取一条直线为对称中心，将所选取的对象以这条对称中心为轴进行复制，生成新的草图对象。镜像生成的对象与原对象形成一个整体，并且保持相关性。"镜像"命令在绘制对称图形时是十分快捷的。下面以图 2-31 所示示例来介绍"镜像"命令的一般操作步骤。

1）打开文件，如图 2-31a 所示。

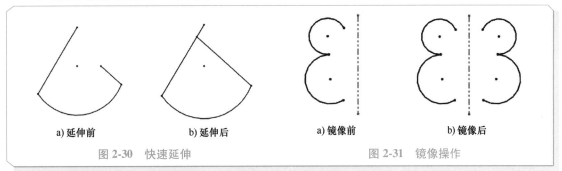

a) 延伸前　　　　b) 延伸后　　　　a) 镜像前　　　　b) 镜像后

图 2-30　快速延伸　　　　　　图 2-31　镜像操作

2）双击草图，单击"草图"按钮，系统进入草图环境。

3）在"菜单栏"中选择"插入"→"来自曲线集的曲线"→"镜像曲线"命令，系统弹出"镜像曲线"对话框，如图 2-32 所示。

4）定义镜像对象。在"镜像曲线"对话框中单击"选择曲线"按钮，选取图形区中需要镜像的草图曲线。

5）定义中心线。单击"镜像曲线"对话框中的"选择中心线"按钮，选择图 2-31a 所示的竖直轴线作为镜像中心线。

注意：选择的镜像中心线不能是镜像对象的一部分，否则无法完成镜像操作。

图 2-32　"镜像曲线"对话框

6）单击"应用"按钮，完成镜像操作。如果没有其他对象的镜像操作，直接单击"确定"按钮，结果如图 2-31b 所示。

图 2-32 所示的"镜像曲线"对话框中各选项的功能说明如下。

选择中心线：选择存在的直线或轴作为镜像的中心线。选择草图中的直线作为镜像中心线时，所选的直线会变成参考线，暂时失去作用。如果要将其转化为正常的草图对象，可用"约束"模块中的"转换至/自参考对象"功能。

选择曲线：选择一个或多个要镜像的草图对象。在选取镜像中心线后，用户可以在草图中选取要进行"镜像"操作的草图对象。

11. 偏置曲线

偏置曲线是对当前草图中的曲线进行偏移，从而产生与源曲线相关联、形状相似的新的曲线。可偏移的曲线包括基本绘制的曲线、投影曲线以及边缘曲线等。创建图 2-33 所示的偏置曲线的具体步骤如下。

a) 参照曲线　　　　b) 延伸相切的曲线　　　　c) 带圆角的曲线

图 2-33　偏置曲线的创建

1) 打开文件。

2) 双击草图，单击"草图"按钮，进入草图环境。

3) 在"菜单栏"中选择"插入"→"来自曲线集的曲线"→"偏置曲线"命令，系统弹出图 2-34 所示的"偏置曲线"对话框。

4) 定义偏置曲线。在绘图区选择图 2-33a 所示的草图。

5) 定义偏置参数。在"距离"文本框中输入偏置距离值 15，取消勾选"创建尺寸"复选框。

6) 定义端盖选项。在"端盖选项"下拉列表中选择"延伸端盖"选项。

7) 定义近似公差。接受"公差"文本框中默认的偏置曲线公差值。

8) 定义偏置对象。单击"应用"按钮，完成指定曲线的偏置操作。还可以对其他对象进行相同的操作，完成后单击"确定"按钮，完成所有曲线的偏置操作。

说明：如果在"端盖选项"下拉列表中选择"圆弧帽形体"选项，则偏置后的结果如图 2-33c 所示。

图 2-34 "偏置曲线"对话框

12. 编辑定义截面

草图曲线一般可用于拉伸、旋转和扫掠等特征的剖面，如果要改变特征剖面的形状，可以通过"编辑定义截面"功能来实现。图 2-35 所示的编辑定义截面的具体操作步骤如下。

1) 打开文件。

2) 在部件导航器中右击草图，在系统弹出的快捷菜单中选择"可回滚编辑"命令，进入草图编辑环境。在"菜单栏"中选择"编辑"→"编辑定义截面"命令（或单击"约束"模块中的"编辑定义截面"按钮）。

3) 按〈Shift〉键的同时在草图中选取图 2-35a 所示（曲线以高亮显示）的曲线，系统则排除整个草图曲线；再选择图 2-36 所示的曲线和矩形的 4 条线段（此时不用按〈Shift〉键）作为新的草图截面，单击对话框中的"替换助理"按钮。

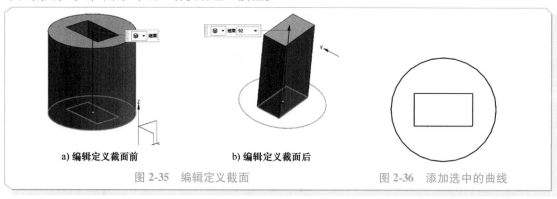

a) 编辑定义截面前　　　　b) 编辑定义截面后

图 2-35　编辑定义截面　　　　　　图 2-36　添加选中的曲线

4) 单击"确定"按钮，完成草图截面的编辑。单击"完成草图"按钮，退出草图环境。

5) 更新模型。在"菜单栏"中选择"工具"→"更新"→"更新以获取外部更改"命令，结果如图 2-35b 所示。

说明：此处如果不进行更新，则用户可能无法看到编辑后的结果。

13. 交点

交点用于查找指定曲线穿过草图平面处的点，并在这个位置创建一个关联点。图 2-37 所示的创建交点的操作步骤如下。

1）打开文件。

2）在"菜单栏"中选择"插入"→"在任务环境中绘制草图"命令，选取图 2-37 所示的基准平面作为草图平面，单击"确定"按钮。

3）在"菜单栏"中选择"插入"→"来自曲线集的曲线"→"交点"命令，系统弹出"交点"对话框。

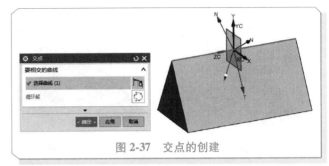

图 2-37　交点的创建

"交点"对话框中的各选项说明如下。

要相交的曲线： 选择要创建交点的曲线（或路径），默认情况下为"打开"。

要相交的循环解： 可以在几个备选解之间切换，如果路径与草图平面在多点相交，"草图生成器"从路径开始处标识可能的解，如果路径是开环，则可以延伸一个或两个端点，使其与草图平面相交。

4）选取要相交的曲线，按系统提示选取图 2-37 所示的边线作为相交曲线。

5）单击"确定"按钮，生成关联点及基准轴。

14. 相交曲线

相交曲线是通过用户指定的面与草图基准平面相交产生一条曲线。下面以图 2-37 所示的模型为例，介绍相交曲线的操作步骤。

1）打开文件。

2）定义草绘平面。在"菜单栏"中选择"插入"→"在任务环境中绘制草图"命令，选取 XY 平面作为草图平面，单击"确定"按钮。

3）在"菜单栏"中选择"插入"→"派生曲线"→"相交曲线"命令（或单击"相交曲线"按钮），系统弹出图 2-38 所示的"相交曲线"对话框。

4）选取要相交的面。选取图 2-38 所示的模型表面作为要相交的面，单击"确定"按钮，完成相交曲线的创建，即产生模型与草图平面的交线。

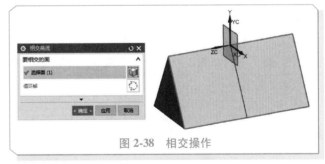

图 2-38　相交操作

15. 投影曲线

投影曲线是将选取的对象按垂直于草图工作平面的方向投射到草图中，使之成为草图对象。创建投影曲线的步骤如下。

1）打开文件。

2）进入草图环境。在"菜单栏"中选择"插入"→"在任务环境中绘制草图"命令，选取图 2-39a 所示的基准平面作为草图平面，单击"确定"按钮。

3）在"菜单栏"中选择"插入"→"配方曲线"→"投影曲线"命令，系统弹出图 2-40 所示的"投影曲线"对话框。该对话框中各选项的功能说明如下。

曲线： 选择要投影的对象，默认情况下为选取状态。

点： 单击该按钮后，系统将弹出"点"对话框。

关联：定义投影曲线与投影对象之间的关联性。勾选该复选框后，投影曲线与投影对象将存在关联性，即投影对象发生改变时，投影曲线也随之改变。

输出曲线类型：包括"原先的""样条段""单个样条"三个选项。

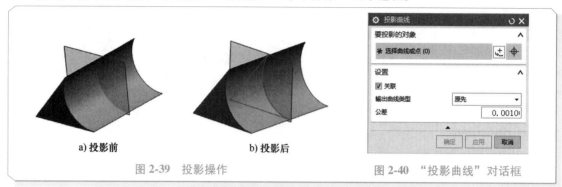

a）投影前　　　　　　　　　　b）投影后

图 2-39　投影操作　　　　　　　　　　图 2-40　"投影曲线"对话框

4）定义要投影的对象。在"投影曲线"对话框中单击"曲线"按钮，选择图 2-39a 所示的左端面 3 条边为投影对象。

5）单击"确定"按钮，完成投影曲线的创建，结果如图 2-39b 所示。

2.5　草图的约束

2.5.1　草图约束的作用

草图约束主要包括几何约束和尺寸约束两种类型。几何约束是用来定位草图对象和确定草图对象之间的相互关系的，而尺寸约束是来驱动、限制和约束草图几何对象的大小和形状的。

2.5.2　"约束"模块

进入草图环境后，会出现绘制草图时所需的"约束"模块，如图 2-41 所示。

在草图绘制过程中，用户可以设定自动约束的类型。单击"自动约束"按钮，系统弹出"自动约束"对话框，如图 2-42 所示。草图中约束名称及约束显示符号见表 2-1。

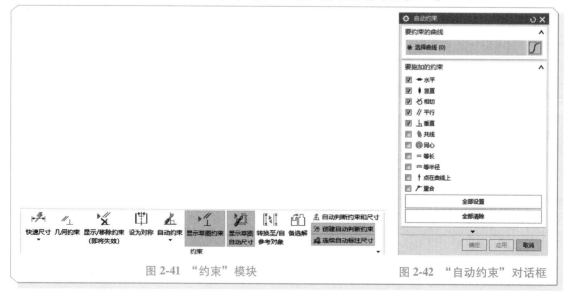

图 2-41　"约束"模块　　　　　　　　　　图 2-42　"自动约束"对话框

表 2-1　约束名称及约束显示符号

约 束 名 称	约束显示符号	约 束 名 称	约束显示符号
固定/完全固定	☝	中点	┼
固定长度	↔	点在曲线上	┃
水平	━	垂直的	▐
竖直	┃	平行的	//
固定角度	∠	共线	▥
等半径	=	等长度	=
相切	♂	重合	⌐
同心的	◎		

　　在一般绘图过程中，我们习惯于先绘制出对象的大概形状，然后通过添加"几何约束"来定位草图对象和确定草图对象之间的相互关系，再添加"尺寸约束"来驱动、限制和约束几何对象的大小和形状。

2.5.3　添加几何约束

　　在二维草图中，添加几何约束主要有两种方法：手工添加几何约束和自动产生几何约束。在添加几何约束时，要先单击"显示草图约束"按钮，则二维草图中所存在的所有约束都显示在图中。

　　1. 手工添加几何约束

　　手工添加约束是指对所选对象由用户自己来指定某种约束。在"约束"模块中单击按钮，系统就进入了几何约束操作状态。此时，在绘图区中选择一个或多个草图对象，所选对象在绘图区中会加亮显示。同时，可添加的几何约束类型按钮将会出现在绘图区的左上角。

　　根据所选对象的几何关系，在几何约束类型中选择一个或多个约束类型，则系统会添加指定类型的几何约束到所选草图对象上，这些草图对象会因所添加的约束而不能随意移动或旋转。

　　下面通过图 2-43 所示介绍添加相切约束的一般操作步骤。

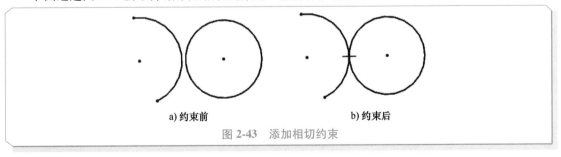

a) 约束前　　　　　　　　　　　　b) 约束后

图 2-43　添加相切约束

　　1）打开文件。

　　2）双击已有草图，进入草图工作环境，单击"显示草图约束"按钮和"约束"按钮，系统弹出图 2-44 所示的"几何约束"对话框。

　　3）定义约束类型。单击"相切"按钮，添加"相切"约束。

　　4）定义约束对象。根据系统"选择要约束的对象"的提示，选取图 2-43 所示的圆弧和圆。

　　注意：在选择一个对象后要单击鼠标中键，再选择另一个对象。

　　5）单击"关闭"按钮完成创建约束，草图中会自动添加约束符号，如图 2-43 所示。

　　下面通过图 2-45 所示介绍添加多个约束的一般操作步骤。

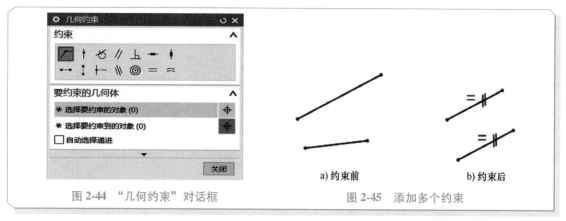

图 2-44 "几何约束"对话框   图 2-45 添加多个约束

1）打开文件。

2）双击已有草图，进入草图工作环境，单击"显示草图约束"按钮和"约束"按钮，系统弹出"几何约束"对话框；单击"等长"按钮，添加"等长"约束，根据系统"选择要约束的对象"的提示，选取图 2-45a 所示的两条直线；再次单击"平行"按钮，分别选取两条直线，则直线之间会添加"平行"约束。

3）单击"关闭"按钮完成创建约束，草图中会自动添加约束符号，如图 2-45b 所示。

关于其他类型约束的创建，与以上两个范例的创建过程相似，不再赘述。

2. 自动产生几何约束

自动产生几何约束是指系统根据选择的几何约束类型以及草图对象间的关系，自动添加相应的约束到草图对象上。一般都利用"自动约束"按钮来自动添加约束。其操作步骤如下。

1）单击"约束"模块中的"自动约束"按钮，弹出"自动约束"对话框。

2）在"自动约束"对话框中单击要创建约束的相应按钮，然后单击"确定"按钮。通常用户一般都选择自动创建所有的约束，这样只需在对话框中单击"全部设置"按钮，则对话框中的约束复选框全部被勾选，然后单击"确定"按钮，完成自动创建约束的设置。

这样在草图中画任意曲线，系统会自动添加相应的约束，而系统没有自动添加的约束就需要用户利用手工添加约束的方法自行添加。

2.5.4 添加尺寸约束

添加尺寸约束是在草图上标注尺寸，并设置尺寸标注线的形式与尺寸值来限制和约束草图几何对象。标注方式主要包括以下几种。

1. 标注水平尺寸

标注水平尺寸是标注直线或两点之间的水平投影长度。下面通过标注图 2-46 所示的尺寸来介绍标准水平尺寸的一般操作步骤。

1）打开文件。

2）双击图 2-46 所示的直线，进入草图工作环境，在"菜单栏"中选择"插入"→"尺寸"→"水平"命令。

3）定义标注尺寸的对象。选择图 2-46 所示的直线，系统生成水平尺寸。

4）定义尺寸放置的位置。移动鼠标至合适位置，单击以放置尺寸。如果要改变直线尺寸，则可以在系统弹出的动态输入框中输入所需数值。

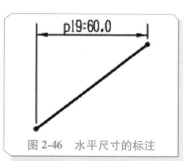

图 2-46 水平尺寸的标注

5）单击鼠标中键完成水平尺寸的标注，如图 2-46 所示。

2. 标注竖直尺寸

标注竖直尺寸是标注直线或两点之间的垂直投影距离。下面通过标注图 2-47 所示的尺寸来介绍标注竖直尺寸的步骤。

1）选择图 2-46 所示水平尺寸，右击，在系统弹出的快捷菜单中选择"删除"命令，删除该水平尺寸。

2）在"菜单栏"中选择"插入"→"尺寸"→"竖直"命令，单击图 2-47 所示的直线，系统生成竖直尺寸。

3）移动鼠标至合适位置，单击以放置尺寸。如果要改变距离，则可以在系统弹出的动态输入框中输入所需数值。

4）单击鼠标中键完成竖直尺寸的标注，如图 2-47 所示。

3. 标注平行尺寸

标注平行尺寸是标注所选直线两端点之间的最短距离。下面通过标注图 2-48 所示的尺寸来介绍标注平行尺寸的步骤。

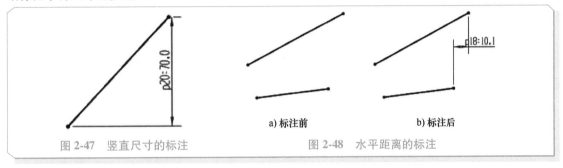

图 2-47　竖直尺寸的标注　　　　图 2-48　水平距离的标注

1）打开文件。

2）双击图 2-48 所示的直线，进入草图工作环境，在"菜单栏"中选择"插入"→"尺寸"→"平行"命令，选择图 2-48 所示两条直线的两个端点，系统生成平行尺寸。

3）移动鼠标至合适位置，单击以放置尺寸。

4）单击鼠标中键完成平行尺寸的标注，如图 2-48 所示。

4. 标注垂直尺寸

标注垂直尺寸是标注所选点与直线之间的垂直距离。下面通过标注图 2-49 所示的尺寸，来说明创建垂直距离的步骤。

1）打开文件。

2）双击图 2-49 所示的直线，进入草图工作环境，在"菜单栏"中选择"插入"→"尺寸"→"垂直"命令，标注点到直线的距离，先选择直线，再选择点，系统生成垂直尺寸。

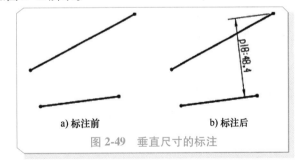

图 2-49　垂直尺寸的标注

3）移动鼠标至合适位置，单击鼠标左键放置尺寸。

4）单击鼠标中键完成垂直尺寸的标注，如图 2-49 所示。

注意：要标注点到直线的距离，必须先选择直线，再选择点。

5. 标注两条直线间的角度

标注两条直线间的角度是标注所选直线之间夹角的大小，并且角度有锐角和钝角之分。下面通过标注图 2-50 所示的角度来介绍标注直线间角度的步骤。

1）打开文件。

2）双击已有草图，进入草图工作环境，在"菜单栏"中选择"插入"→"尺寸"→"角度"命令，选择两条直线，如图 2-50a 所示，系统生成锐角角度。

3）移动鼠标至合适位置，移动的位置不同生成的角度可能是锐角或钝角，如图 2-50b 所示，单击以放置尺寸，生成钝角角度。

4）单击鼠标中键完成角度的标注。

6. 标注直径

标注直径是标注所选圆直径的大小。下面通过标注图 2-51 所示圆的直径来介绍标注直径的步骤。

1）打开文件。

2）双击已有草图，进入草图工作环境，在"菜单栏"中选择"插入"→"尺寸"→"直径"命令，选择图 2-51 所示的圆，系统生成直径尺寸。

3）移动鼠标至合适位置，单击以放置尺寸。

4）单击鼠标中键完成直径的标注，如图 2-51 所示。

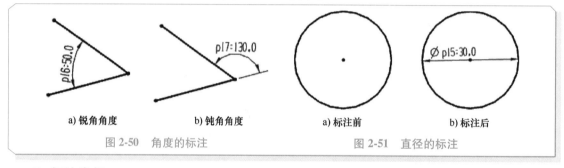

a) 锐角角度　　　　b) 钝角角度　　　　　a) 标注前　　　　b) 标注后

图 2-50　角度的标注　　　　　　图 2-51　直径的标注

7. 标注半径

标注半径是标注所选圆或圆弧半径的大小。下面通过标注图 2-52 所示圆弧的半径来介绍标注半径的步骤。

1）打开文件。

2）双击已有草图，进入草图工作环境，在"菜单栏"中选择"插入"→"尺寸"→"半径"命令，选择图 2-52a 所示圆弧，系统生成半径尺寸。

3）移动鼠标至合适位置，单击以放置尺寸。如果要改变圆的半径尺寸，则在系统弹出的动态输入框中输入所需的数值。

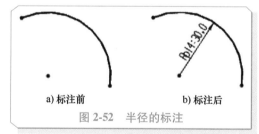

a) 标注前　　　　　　b) 标注后

图 2-52　半径的标注

4）单击鼠标中键完成半径的标注，如图 2-52 所示。

2.5.5　修改草图约束

修改草图约束主要是指利用"约束"模块中的"显示/移除约束""动画模拟尺寸""转换为参考的/激活的""备选解"等命令来进行草图约束的管理。

1. 显示所有约束

单击"约束"模块中的"显示草图约束"按钮，将显示施加到草图上的所有几何约束。

2. 显示/移除约束

显示/移除约束主要是用来查看现有的几何约束，设置查看的范围、查看类型和列表，以及移除不需要的几何约束。

3. 约束的备选解

当用户对一个草图对象进行约束操作时，同一约束条件可能存在多种满足约束的情况，"备选解"命令可从约束的一种解法转为另一种解法。

"约束"模块中没有"备选解"按钮，用户可以在模块中加入此命令按钮，也可通过定制的方法在"菜单栏"中添加该命令。单击"备选解"按钮，系统会弹出"备选解"对话框（图 2-53），用户在系统"选择具有相切约束的线性尺寸或几何体"的提示下选择对象，会将所选对象直接转换为同一约束的另一种约束表现形式，单击"应用"按钮之后，用户还可以继续对其他操作对象进行约束方式的"备选解"操作；如果没有，则单击"确定"按钮完成"备选解"操作。

下面用一个具体的实例来介绍"备选解"的操作步骤。图 2-54 所示为绘制的是两个相切的圆。两圆相切有外切和内切两种情况，如果不想要图中所示的外切圆的图形，就可以通过"备选解"操作，把它们转换为内切圆的形式，具体步骤如下。

1）打开文件。

2）双击曲线，进入草图工作环境。

3）在"菜单栏"中选择"工具"→"约束"→"备选解算方案"命令（或单击"约束"模块中的"备选解"按钮），系统弹出"备选解"对话框，如图 2-53 所示。

4）选取图 2-54 所示的圆或曲线，实现"备选解"操作，如图 2-55 所示。

5）单击"关闭"按钮，关闭"备选解"对话框。

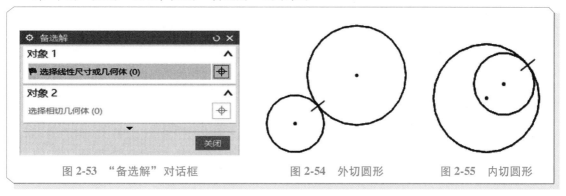

图 2-53　"备选解"对话框　　　　图 2-54　外切圆形　　　图 2-55　内切圆形

4. 移动尺寸

为了使草图的布局更清晰合理，用户在 UG NX11.0 软件中可以移动尺寸文本的位置，操作步骤如下。

1）将光标移至要移动的尺寸处按住鼠标左键。

2）左右或上下方向移动鼠标，可以移动尺寸箭头和文本框的位置。

3）在合适的位置松开鼠标左键，完成尺寸位置的移动。

5. 修改尺寸值

修改草图的标注尺寸有如下两种方法。

方法一：

1）双击要修改的尺寸，如图 2-56 所示。

2）系统弹出动态输入框，如图 2-57 所示。在动态输入框中输入新的尺寸值，并按鼠标中键以确定完成尺寸的修改，如图 2-58 所示。

方法二：

1）将光标移至要修改的尺寸处，右击，在系统弹出的快捷菜单中选择"编辑值"命令。

2）在系统弹出的动态输入框中输入新的尺寸值，单击鼠标中键完成尺寸的修改。

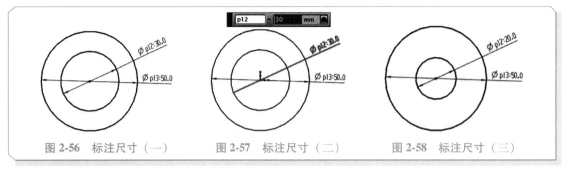

图 2-56 标注尺寸（一）　　图 2-57 标注尺寸（二）　　图 2-58 标注尺寸（三）

6. 转换至/自参考对象

在为草图对象添加几何约束和尺寸约束的过程中，有些草图对象是作为基准、定位来使用的，有些草图对象在创建尺寸时可能引起约束冲突，此时可利用"约束"模块中的"转换至/自参考对象"按钮，将草图对象转换为参考线；也可利用该命令按钮将其激活，即从参考线转化为草图对象。下面以图 2-59 为例介绍其操作步骤。

1）打开文件。

2）双击已有草图，进入草图工作环境，如图 2-59 所示。

3）在"菜单栏"中选择"工具"→"约束"→"转换至/自参考对象"命令（或单击"约束"模块中的"转换至/自参考对象"按钮），系统弹出图 2-60 所示的"转换至/自参考对象"对话框，选中"参考曲线或尺寸"单选按钮。

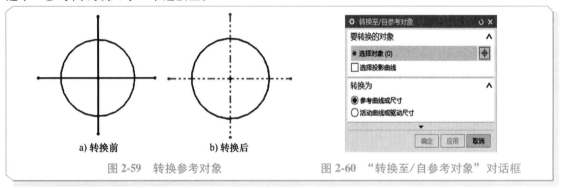

a) 转换前　　　　b) 转换后

图 2-59 转换参考对象　　　　　图 2-60 "转换至/自参考对象"对话框

4）根据系统"选择要转换的曲线或尺寸"的提示，选取图 2-59a 中的直线，单击"应用"按钮，被选取的对象就转换成参考对象，结果如图 2-59b 所示。

说明：如果选择的对象是曲线，它转换成参考对象后，用浅色双点画线显示，在对草图曲线进行拉伸和旋转操作中它将不起作用；如果选择的对象是一个尺寸，在转换为参考对象后，它仍然在草图中显示，并可以更新，但其尺寸表达式在表达式列表框中将消失，它不再对原来的几何对象产生约束效应。

5）在"转换至/自参考对象"对话框中选中"活动曲线或驱动尺寸"单选按钮，然后选取图 2-59b 中创建的参考对象，单击"应用"按钮，参考对象被激活，变回图 2-59a 所示的形式，然后单击"取消"按钮。

说明：对于尺寸来说，它的尺寸表达式又会出现在尺寸表达式列表框中，可修改其尺寸表达式的值，以改变它所对应的草图对象的约束效果。

2.6 轴类零件草图的绘制

草图是创建三维实体特征的基础，掌握高效的草图绘制技巧，有助于提高零件设计的效率。

完成图 2-61 所示轴类零件草图的绘制。

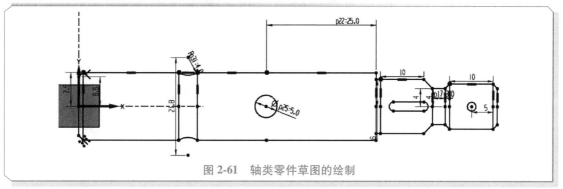

图 2-61 轴类零件草图的绘制

操作步骤如下。

1) 新建模型文件, 命名为 "zhoujian", 进入草图工作环境。

2) 绘制中心线, 并将其设置为参考线。

3) 绘制轮廓线, 如图 2-62 所示。

说明: 轮廓线绘制顺序依次为: 从原点出发绘制长度为 96.0mm 水平线、5.0mm 竖直线、12.0mm 水平线、1.0mm 竖直线、3.0mm 水平线、2.0mm 竖直线、12.0mm 水平线、1mm 水平线、1.5mm 竖直线 (以及两条 6mm 竖直线)、25.0mm 水平线、18.0mm 水平线、左侧上部水平线、7.5mm 竖直线。

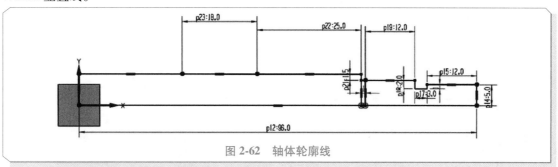

图 2-62 轴体轮廓线

4) 绘制倒角并进行约束, 如图 2-63 所示。

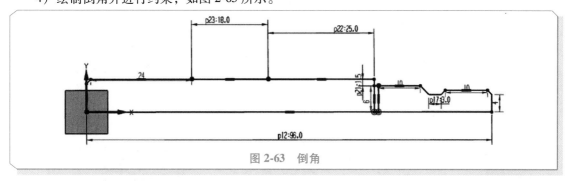

图 2-63 倒角

5) 绘制内部结构并进行约束, 如图 2-64 所示。

说明: 从左到右圆或圆弧直径分别为 5.0mm、2.0mm、2.0mm、2.0mm。

6) 绘制凹槽等细节特征并进行约束, 如图 2-65 所示。

说明: 绘制凹槽左侧长度为 22mm 水平线、右侧长度为 15.8mm 水平线、凹槽圆弧半径 4.0mm。

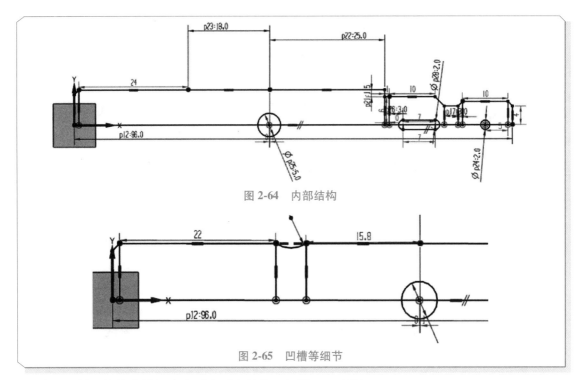

图 2-64　内部结构

图 2-65　凹槽等细节

7）运用"镜像曲线"命令画出下半部分，如图 2-66 所示。

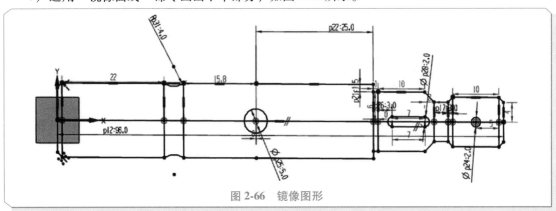

图 2-66　镜像图形

8）快速修剪图形，草图绘制结果如图 2-67 所示。

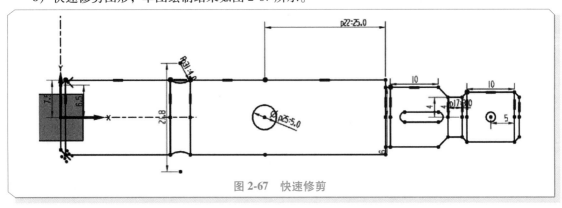

图 2-67　快速修剪

9）单击"完成"按钮，退出草图环境。

2.7　叉架类零件草图的绘制

完成图 2-68 所示叉架类零件草图的绘制，如图 2-68 所示。

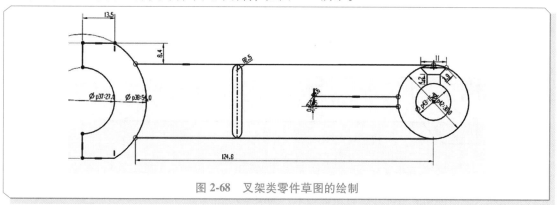

图 2-68　叉架类零件草图的绘制

操作步骤如下。

1）新建模型文件，命名为"chajia"，进入草图工作环境。

2）绘制中心圆，如图 2-69 所示。

3）添加尺寸约束并修剪图形，完成叉架左侧部分的绘制，如图 2-70 所示。

说明：先绘制长度为 13.5mm 水平线段，将水平线段左侧端点通过"点在曲线上"约束，添加约束到竖直线，将水平线段右侧端点通过"点在曲线上"约束，添加约束到大圆圆弧。

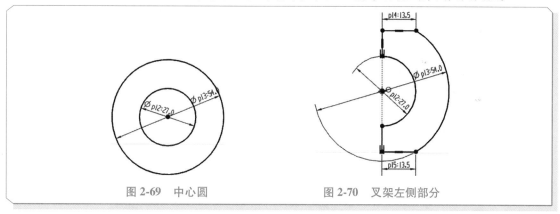

图 2-69　中心圆　　　　　　　　　　图 2-70　叉架左侧部分

4）绘制矩形及两个同心圆，并进行添加尺寸约束和修剪图形，完成叉架轮廓的绘制，如图 2-71 所示。

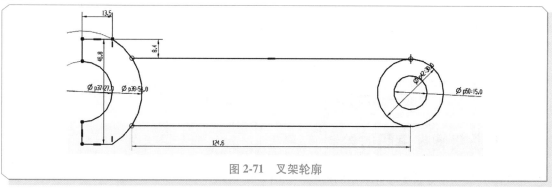

图 2-71　叉架轮廓

说明：左侧同心圆圆心与右侧同心圆圆心共线，并且两圆心连线为水平线。矩形上部边长为124.6mm，平行于圆心连线且与圆心连线距离为 15.0mm。可通过绘制矩形上边所在的水平线，获得其与左侧大圆的交点。

5）添加辅助线，完成内部键槽的绘制并进行添加约束，如图 2-72 所示。

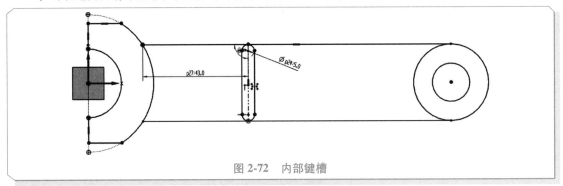

图 2-72　内部键槽

6）绘制叉架右部细节特征并进行添加约束，如图 2-73 所示。

说明：先绘制长度为 11.0mm 水平线，将其左、右两个端点添加约束到大圆，得到两个交点；以右侧交点为圆心，以 3.9mm 为半径绘制辅助圆，绘制长度为 4.2mm 竖直线，将其两个端点添加约束到辅助圆和小圆，获得交点。

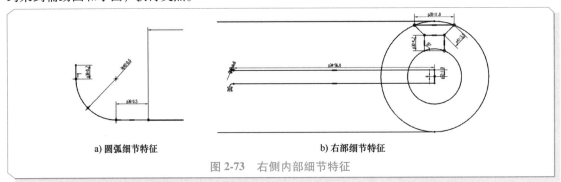

a) 圆弧细节特征　　　　　　　　b) 右部细节特征

图 2-73　右侧内部细节特征

7）快速修剪图形，草图绘制结果如图 2-74 所示。

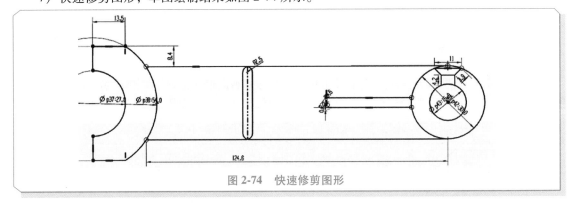

图 2-74　快速修剪图形

8）单击"完成"按钮，退出草图环境。

2.8　盘盖类零件草图的绘制

完成图 2-75 所示盘盖类零件草图的绘制，如图 2-75 所示。

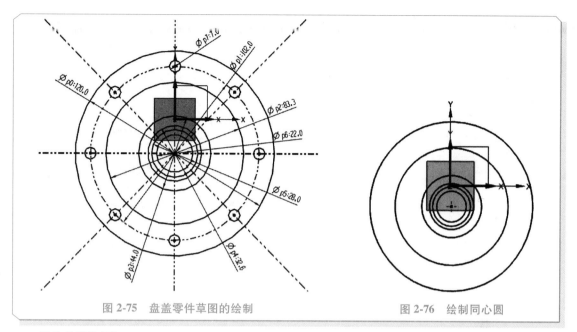

图 2-75　盘盖零件草图的绘制　　　　图 2-76　绘制同心圆

操作步骤如下。

1）新建模型文件，命名为"pangai"，进入草图工作环境。

2）绘制 6 个同心圆，直径分别为 120mm、83.3mm、44mm、32.6mm、28mm、22mm，并进行尺寸约束，如图 2-76 所示。

3）绘制 45°和 135°辅助线，以及直径为 102mm 的辅助圆，并将其设置为参考线，如图 2-77 所示。

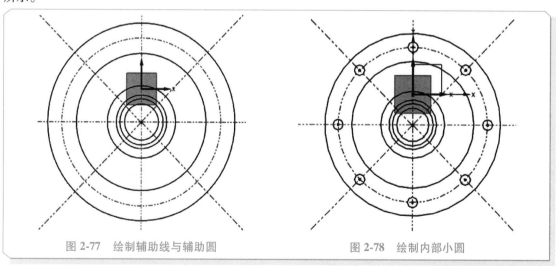

图 2-77　绘制辅助线与辅助圆　　　　图 2-78　绘制内部小圆

4）在"主页"选项卡中勾选"捕捉模式"→"交点捕捉"，在交点处绘制 8 个圆并进行尺寸约束，如图 2-78 所示。

5）单击"完成"按钮，退出草图环境。

【拓展训练】

1. 完成图 2-79 所示箱体类零件草图的绘制。

2. 完成图 2-80 所示异形零件草图的绘制。

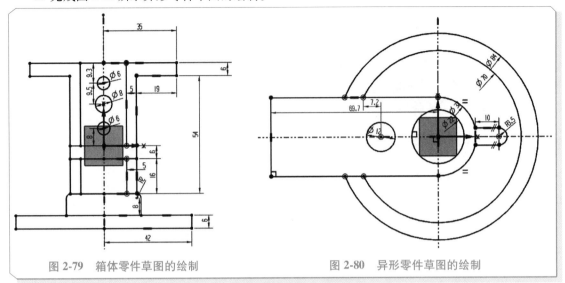

图 2-79　箱体零件草图的绘制　　　　　图 2-80　异形零件草图的绘制

第3章

三维零件设计

复杂产品的设计都是以简单零件的建模为基础的，而零件建模的基本组成单元是特征。本章介绍创建三维零件模型的一般操作步骤及其他的一些基本特征工具，包括特征的创建、操作、变换和测量等。

【学习目标】

1）掌握布尔操作、对象操作、图层操作等基本操作的方法。
2）掌握拉伸特征、旋转特征、扫掠特征等基本特征的创建方法。
3）掌握倒角、打孔、拔模、抽壳、螺纹、凸台等特征操作的方法。
4）掌握缩放、镜像、实例、抽取等特征变换的方法。
5）掌握距离、角度的测量方法。

3.1 基本操作

3.1.1 布尔操作

布尔操作也称布尔运算，用于实体建模中各个实体之间的求和（合并）、求差（减去）和求交（相交）操作，如图3-1所示。布尔运算中的实体称为工具体和目标体，只有实体对象才可以进行布尔运算，曲线和曲面等无法进行布尔运算。完成布尔运算后，工具体成为目标体的一部分。

3.1.2 对象操作

对象操作是指对目标对象进行名称设置、显示、隐藏、分类和删除等操作，使用户能更快捷、容易地达到设计目的。

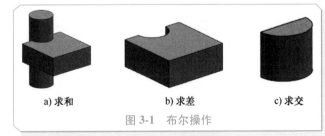

a) 求和　　　　b) 求差　　　　c) 求交

图3-1　布尔操作

1. 设置对象名称

当用户创建的几何对象数量很多时，为了便于对象的选取和管理，通常需要给这些对象设置一个名称。在"菜单栏"中选择"编辑"→"属性"命令，打开"类选择"对话框，如图3-2a所示。利用该对话框在绘图区选取需要设置或修改的对象后，单击"确定"按钮，弹出"拉伸属性"对话框，如图3-2b所示。在该对话框中，系统提供了"属性"和"常规"两个选项卡。选择"常规"选项卡，可以在"特征名"文本框中更改特征名字。

2. 编辑对象显示〈Ctrl+J〉

编辑对象显示用于编辑或修改特征对象的属性（包括颜色、线型、透明度等）。在"菜单栏"中选择"编辑"→"对象显示"命令，打开"类选择"对话框，在绘图区选取所需对象，单击"确定"按钮，打开"编辑对象显示"对话框，如图 3-3 所示，可更改对象的颜色、透明度等。

a)"类选择"对话框　　b)"拉伸属性"对话框

图 3-2　特征对象名称设置

图 3-3　"编辑对象显示"对话框

3. 显示和隐藏对象〈Ctrl+W〉

在创建较复杂的包括多个特征对象的复杂模型时，容易造成大多数观察角度无法看到被遮挡的特征对象，此时就需要将不操作的对象暂时隐藏起来。在"菜单栏"中选择"编辑"→"显示和隐藏"命令，继续选择"显示和隐藏""立即隐藏""隐藏""显示""显示所有此类型对象""全部显示""按名称显示""反转显示和隐藏"命令，可执行相应操作。此外，按〈Ctrl+W〉组合键，可弹出图 3-4b 所示的"显示和隐藏"对话框，通过单击"+"或"-"按钮可实现按类型显示或隐藏特征对象。

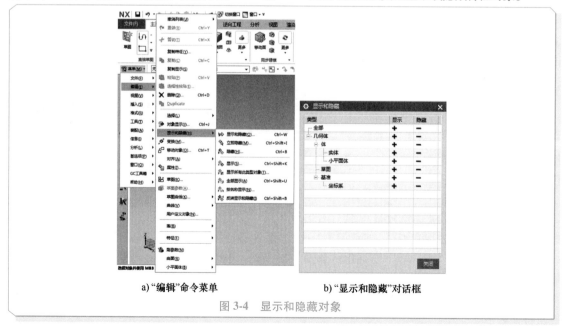

a)"编辑"命令菜单　　b)"显示和隐藏"对话框

图 3-4　显示和隐藏对象

3.1.3　图层操作

图层是指放置模型对象的不同平面。在多数图形软件中，为了方便对模型对象的管理设置了不同的图层，每个图层可以放置不同的属性。各个图层不存在实质上的差异，原则上任何对象都可以根据不同需要放置到任何一个图层中。其主要作用就是在进行复杂特征建模时可以方便地进行模型对象的管理。

用户在 UG NX 系统中最多可以设置 256 个图层，每个图层上可以放置任意数量的模型对象。在每个组件的所有图层中，只设置一个图层为工作图层，所有工作只能在工作图层上进行。用户可以对其他图层的可见性、可选择性等进行设置来辅助建模工作。

在 UG NX11.0 软件中，图层的有关操作集中在"菜单栏"中的"格式"命令中，包括"图层设置""图层中可见图层""移动至图层""复制至图层"等多个命令，如图 3-5 所示。

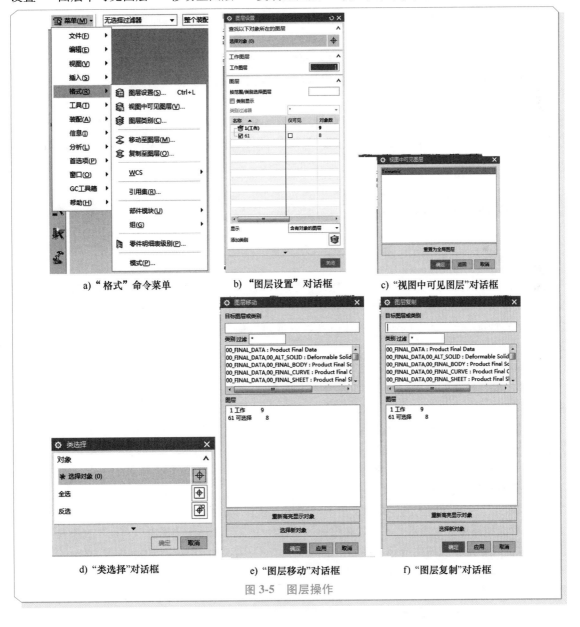

a) "格式"命令菜单　　　　b) "图层设置"对话框　　　　c) "视图中可见图层"对话框

d) "类选择"对话框　　　　e) "图层移动"对话框　　　　f) "图层复制"对话框

图 3-5　图层操作

1. 图层设置

用户在创建模型前，可根据实际需要、使用习惯和创建对象类型的不同对图层进行设置。

如图 3-5a 所示，在"菜单栏"中选择"格式"→"图层设置"命令，打开"图层设置"对话框，如图 3-5b 所示。利用该对话框，可以对部件中所有图层或任意一个图层进行"设置可选""设为工作图层""设为仅可见""设为不可见"等设置，还可以进行图层信息查询，也可以对层所属的种类进行编辑操作。

2. 图层中可见图层

图层中可见图层用于控制工作视图中的某一图层的可见性。通常在创建比较复杂的模型时，为方便观察和操作，须根据需要隐藏某些图层或打开隐藏的图层。在"菜单栏"中选择"格式"→"图层中可见图层"命令，打开"视图中可见图层"对话框，如图 3-5c 所示。

3. 移动至图层

移动至图层可将选定的对象从一个图层移动到指定的一个图层，原图层中不再包含选定的对象。

在"菜单栏"中选择"格式"→"移动至图层"命令，打开"类选择"对话框，如图 3-5d 所示。选取需要移动图层的对象，弹出"图层移动"对话框，如图 3-5e 所示。

4. 复制至图层

复制至图层是将选取的对象从一个图层复制一个备份到指定的图层。其操作方法与"移动至图层"类似，二者的不同点在于执行"复制至图层"操作后，选取的对象同时存在在原图层和指定的图层。

3.2 特征创建

3.2.1 基础特征

特征是组成零件的基本单元，长方体、圆柱、圆锥和球 4 个基本特征常作为零件模型的基础特征或体素特征。这些基础特征都具有比较简单的特征形状，通常利用几个简单的参数便可以创建基础特征，一般作为第一个特征出现，因此进行实体建模时首先需要掌握基础特征的创建方法。

1. 块体

块体主要包括正方体和长方体，也是最基本的基础特征之一，利用块体可以创建规则的实体模型。

在"菜单栏"中选择"插入"→"设计特征"→"长方体"命令（或单击"主页"选项卡上"特征"模块中的"长方体"按钮），进入"长方体"对话框，如图 3-6 所示。

在"类型"下拉列表中，系统提供了 3 种创建长方体方法，具体介绍如下。

1）**原点和边长**：利用点方式选项在绘图区创建一点，然后在"长度（XC）""宽度（YC）""高度（ZC）"文本框输入具体数值，单击"确定"按钮生成长方体。

2）**两点和高度**：利用点方式选项在绘图区创建两个点，然后在"高度（ZC）"文本框输入高度值，单击"确定"按钮生成长方体。

3）**两个对角点**：利用两个点方式选项在绘图区创建两个点作为长方体对角点，单击"确定"按钮生成长方体。

说明：在绘图区双击创建的特征，可重新修改其参数。

2. 圆柱

圆柱是以指定参数的圆为底面和顶面，具有一定高度的实体模型。圆柱在工程设计中使用广泛，也是最基本的基础特征之一。

在"菜单栏"中选择"插入"→"设计特征"→"圆柱"命令（或单击"特征"模块中的"圆柱"按钮），进入"圆柱"对话框，如图 3-7 所示。用户在"类型"下拉列表中可选择"轴、直径和高度""圆弧和高度"选项，输入相应参数，单击"确定"按钮。

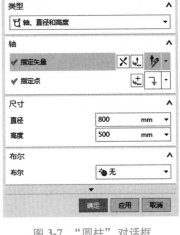

图 3-6　"长方体"对话框　　　　图 3-7　"圆柱"对话框

3. 圆锥

圆锥包括圆锥体和圆锥台。使用"圆锥"命令不仅可以创建圆锥，还可以创建圆台，广泛应用于各种实体建模中。

在"菜单栏"中选择"插入"→"设计特征"→"圆锥"命令（或单击"特征"模块中的"圆锥"按钮），进入"圆锥"对话框，如图 3-8 所示，输入相应参数，单击"确定"按钮，完成圆锥的创建。

4. 球

球主要用于构造球形实体。

在"菜单栏"中选择"插入"→"设计特征"→"球"命令（或单击"特征"模块中的"球"按钮），进入"球"对话框，如图 3-9 所示，输入相应参数，单击"确定"按钮，完成球的创建。

图 3-8　"圆锥"对话框　　　　图 3-9　"球"对话框

3.2.2 拉伸特征

拉伸是将实体表面、实体边缘、曲线、链接曲线或片体通过拉伸生成实体或片体。单击"主页"选项卡上"特征"模块中的"拉伸"按钮或在"菜单栏"中选择"插入"→"设计特征"→"拉伸"命令，进入"拉伸"对话框，如图 3-10 所示，选择曲线和指定矢量，输入开始和结束距离，选择布尔操作后，单击"确定"按钮可通过拉伸得到实体。

3.2.3 旋转特征

旋转与拉伸操作类似，不同之处在于使用旋转命令可使截面曲线绕指定轴旋转一个非零角度，以此创建一个特征。可以从一个基本横截面开始，然后生成旋转特征或部分旋转特征。

在"菜单栏"中选择"插入"→"设计特征"→"旋转"命令（或单击"特征"模块中的"旋转"按钮），进入"旋转"对话框，如图 3-11 所示，选择曲线和指定矢量，并设置旋转参数，单击"确定"按钮，完成回转体的创建。

图 3-10 "拉伸"对话框   图 3-11 "旋转"对话框

3.2.4 扫掠特征

沿引导线扫掠与前面介绍的拉伸和旋转操作类似，通过将一个截面图形沿引导线运动来创建实体特征。通过沿着由一个或一系列曲线、边或面构成的引导线串（路径）拉伸开放的或封闭的边界草图、曲线、边缘或面来创建单个实体。该工具在创建扫掠特征时应用非常广泛。

在"菜单栏"中选择"插入"→"扫掠"→"沿引导线扫掠"命令（或单击"特征"模块中的"沿引导线扫掠"按钮），进入"沿引导线扫掠"对话框，如图 3-12 所示，选择截面曲线和引导线，可生成扫掠特征。

图 3-12 "沿引导线扫掠"对话框

3.3 特征操作

特征操作是对已创建的特征模型进行局部修改，从而对模型进行细化，即在特征建模的基础上增加一些细节特征。通过特征操作，可以用简单的特征创建比较复杂的特征实体，如图 3-13 所示，常用的特征操作有创建倒圆角、倒斜角、拔模、镜像、阵列、螺纹、抽壳、修剪和拆分等。

3.3.1 倒角

1. 倒圆角

为了方便零件安装，同时避免划伤人和防止应力集中，通常在零件设计过程中，对其边或面进行倒圆角操作，该特征操作在工程设计中应用广泛。

在"菜单栏"中选择"插入"→"细节特征"→"边倒圆"或"面倒圆"命令（或单击"特征"模块中的"边倒圆"或"面倒圆"按钮），进入"边倒圆"或"面倒圆"对话框，如图 3-14 所示，选择边、输入半径后完成边倒圆；选择两个面、输入半径后完成面倒圆。

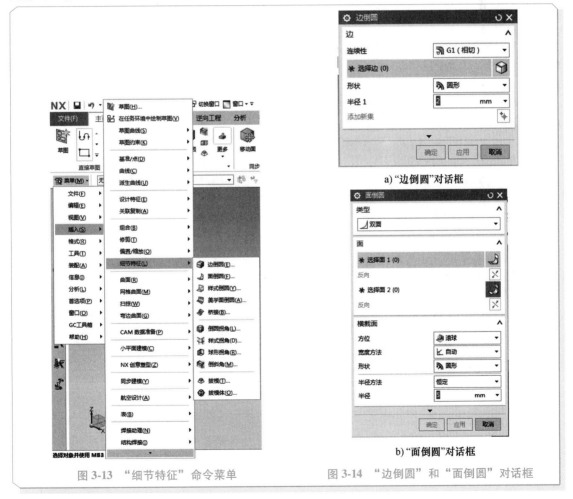

图 3-13 "细节特征"命令菜单　　　　图 3-14 "边倒圆"和"面倒圆"对话框

2. 倒斜角

倒斜角是对已存在的实体沿指定的边进行倒角操作。当零件的边或棱角过于尖锐时，为避免造成擦伤，需要对其进行必要的修剪，即执行倒斜角操作。

在"菜单栏"中选择"插入"→"细节特征"→"倒斜角"命令（或单击"特征"模块中的"倒斜角"按钮），进入"倒斜角"对话框，如图 3-15 所示，选择边、输入距离后，完成倒斜角操作。

图 3-15 "倒斜角"对话框

3.3.2 打孔

孔是在实体模型中去除部分实体，此实体可以是长方体、圆柱或圆锥等。通常在创建螺纹孔的底孔时使用"孔"命令。

在"菜单栏"中选择"插入"→"设计特征"→"孔"命令（或单击"特征"模块中的"孔"按钮），进入"孔"对话框，如图 3-16 所示，通过指定点、孔方向，设置直径、深度等参数值，完成打孔操作。

3.3.3 拔模

拔模是将指定特征模型的表面或边沿指定的方向倾斜一定的角度。该操作通常广泛应用于机械零件的铸造工艺和特殊型面的产品设计中，可以应用于同一个实体上的一个或多个要修改的面和边。

在"菜单栏"中选择"插入"→"细节特征"→"拔模"命令（或单击"特征"模块中的"拔模"按钮），进入"拔模"对话框，如图 3-17 所示。

图 3-16 "孔"对话框　　　　　　　图 3-17 "拔模"对话框

3.3.4 抽壳

抽壳是按照指定的厚度将实体模型抽空为腔体或在其四周创建壳体，也可以单独指定面的厚度并选择在抽壳过程中抽空面的区域。

在"菜单栏"中选择"插入"→"偏置/缩放"→"抽壳"命令（或单击"特征"模块中的"抽壳"按钮），进入"抽壳"对话框，如图 3-18 所示。

3.3.5　螺纹

使用"螺纹"命令是对孔或圆柱表面创建螺纹特征，可以创建符号螺纹和详细螺纹。螺纹在机械工程中使用广泛，主要起到连接或传递动力等作用。

在"菜单栏"中选择"插入"→"设计特征"→"螺纹"命令（或单击"特征"模块中的"螺纹"按钮），进入"螺纹"对话框，如图 3-19 所示。

3.3.6　凸台

凸台特征与孔特征类似，区别在于其生成方式和孔的生成方式相反，凸台是在指定实体面的外表面生成实体，孔是在指定实体面内部去除指定的实体。

在"菜单栏"中选择"插入"→"设计特征"→"凸台"命令（或单击"特征"模块中的"凸台"按钮），进入"凸台（支管）"对话框，如图 3-20 所示。

图 3-18　"抽壳"对话框

图 3-19　"螺纹"对话框　　　　图 3-20　"凸台（支管）"对话框

3.4　特征变换

特征变换是指对特征进行缩放、修剪、拆分、镜像、抽取等操作，灵活运用特征变换功能，可使三维实体设计过程更加便捷。

3.4.1　缩放

在"菜单栏"中选择"插入"→"偏置/缩放"→"缩放体"命令，弹出"缩放体"对话框，如图 3-21 所示，选择体、指定参考点、设置缩放比例因子后，可实现对实体特征的缩放。

图 3-21　"缩放体"对话框

3.4.2　修剪体

修剪体是用一个平面或基准平面切除一个或多个目标体。修剪时可以选择要保留部分，实体修剪后仍然是参数化实体，并保留实体创建时的所有参数。

在"菜单栏"中选择"插入"→"修剪"→"修剪体"命令（或单击"特征"模块中的"修剪体"按钮），进入"修剪体"对话框，如图 3-22a 所示。

3.4.3　拆分体

拆分是用面、基准平面或其他几何体将一个或多个目标体分割成两个实体，同时保留两部分实体。拆分操作将删除实体原有的全部参数，得到的实体为非参数化实体，实体中的参数全部移去，同时工程图中剖视图的信息也会丢失，因此用户应谨慎使用。

在"菜单栏"中选择"插入"→"修剪"→"拆分体"命令（或单击"特征"模块中的"拆分体"按钮），进入"拆分体"对话框，如图 3-22b 所示。

a)"修剪体"对话框　　　　　　　　　b)"拆分体"对话框

图 3-22　"修剪体"对话框和"拆分体"对话框

3.4.4　镜像

镜像用于将选定的特征通过基准平面或平面生成对称的特征，在实体建模中使用广泛，可以提高建模效率。

在"菜单栏"中选择"插入"→"关联复制"→"镜像特征"命令（或单击"特征"模块中的"镜像特征"按钮），进入"镜像特征"对话框，如图 3-23a 所示。

在"菜单栏"中选择"插入"→"关联复制"→"镜像几何体"命令（或单击"特征"模块中的"镜像几何体"按钮），进入"镜像几何体"对话框，如图 3-23b 所示。该选项用于镜像整个实体，与"镜像特征"不同，后者得到的是镜像体上的一个或多个特征。

3.4.5　阵列

阵列是根据已有特征进行阵列复制操作。因 UG NX11.0 软件是通过参数化驱动的，各个阵列特征具有相关性，类似于副本。用户编辑一个阵列特征的参数，更改将反映到全部阵列特征上，因此该操作可以避免重复操作，更重要的是便于修改，可以节省大量的设计时间，在工程设计中使用广泛。使用阵列特征操作可以快速地创建特征，例如螺孔圆。另外，在创建许多相似特征时，使用一个步骤就可将它们添加到模型中。

a) "镜像特征" 对话框　　　　　b) "镜像几何体" 对话框

图 3-23　"镜像特征" 对话框和 "镜像几何体" 对话框

　　在 "菜单栏" 中先 "插入"→"关联复制"→"阵列特征" 命令（或单击 "特征" 模块中的 "阵列特征" 按钮），进入 "阵列特征" 对话框，如图 3-24 所示。

3.4.6　抽取

　　抽取几何特征是原位置复制所选实体、物体上的面、物体上的边、复合曲线等。

　　在 "菜单栏" 中选择 "插入"→"关联复制"→"抽取几何特征" 命令（或单击 "特征" 模块中 "抽取几何特征" 按钮），进入 "抽取几何特征" 对话框，如图 3-25 所示。

图 3-24　"阵列特征" 对话框　　　　　图 3-25　"抽取几何特征" 对话框

3.5　模型测量

　　UG NX11.0 软件提供了测量工具，可对简单距离、简单角度和局部半径进行测试和分析。

3.5.1　测量距离

　　在 "菜单栏" 中选择 "分析"→"测量距离" 命令（或单击 "分析" 选项卡上 "测量" 模块中的 "测量距离" 按钮），进入 "测量距离" 对话框，如图 3-26 所示。

3.5.2　测量角度

　　在 "菜单栏" 中选择 "分析"→"测量角度" 命令（或单击 "分析" 选项卡上 "测量" 模块

中的"测量角度"按钮），进入"测量角度"对话框，如图 3-27 所示。

3.5.3 局部半径

在"菜单栏"中选择"分析"→"局部半径"命令（或单击"分析"选项卡上"测量"模块中的"局部半径"按钮），进入"局部半径分析"对话框，如图 3-28 所示。

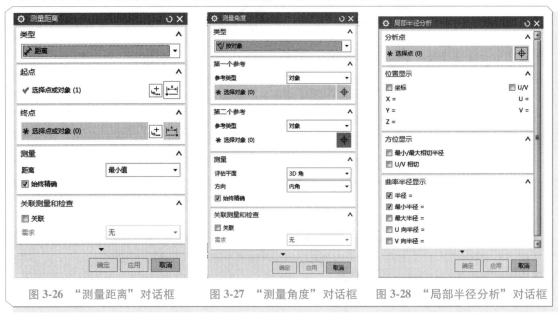

图 3-26 "测量距离"对话框   图 3-27 "测量角度"对话框   图 3-28 "局部半径分析"对话框

3.6 模具零件的建模

创建图 3-29 所示简单模具零件的实体。

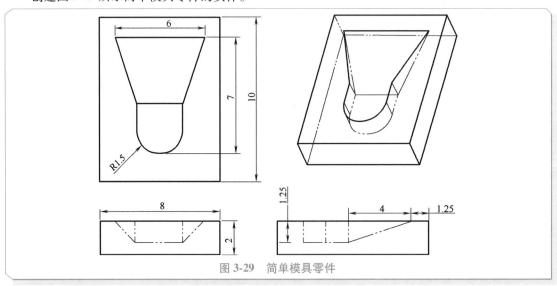

图 3-29 简单模具零件

操作步骤如下。

1）打开 UG NX11.0 软件，新建一个模型文件。

2）在"菜单栏"中选择"插入"→"在任务环境中绘制草图"命令，选择 XC-YC 平面为草图平面，单击"确定"按钮，进入草图环境，画出图 3-30 所示的图形。单击"完成草图"按钮，退出"草图"环境。

3）在"菜单栏"中选择"插入"→"设计特征"→"拉伸"命令，弹出"拉伸"对话框，如图 3-31 所示。选择图 3-30 所示的曲线，并设置开始距离为"0"，结束距离为"2"，其余保持默认设置，单击"确定"按钮。

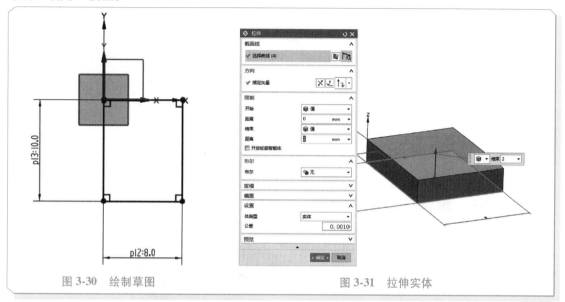

图 3-30　绘制草图　　　　　　　　　　　　　图 3-31　拉伸实体

4）在"菜单栏"中选择"插入"→"在任务环境中绘制草图"命令，选择图 3-32 所示长方体上表面作为草图平面，单击"确定"按钮，进入"草图"环境，绘制出图 3-33 所示的图形，单击"完成草图"按钮，退出"草图"环境。

图 3-32　选择草图平面

5）在"菜单栏"中选择"插入"→"设计特征"→"拉伸"命令，弹出"拉伸"对话框，如图 3-34 所示，选择图 3-33 所示的草图曲线，在"指定矢量"处选择"反向"，设置开始距离为"0"，结束距离为"1.25"，布尔类型为"减去"，选择图 3-31 所示中的拉伸实体。

6）在"菜单栏"中选择"插入"→"在任务环境中绘制草图"命令，单击长方体左侧面作为草图绘制平面，如图 3-35 所示，单击"确定"按钮，进入"草图"环境，绘制出图 3-36 所示的三角形草图，单击"完成草图"按钮，退出"草图"环境。

7）在"菜单栏"中选择"插入"→"设计特征"→"拉伸"命令，弹出"拉伸"对话框，如图 3-37 所示。选择图 3-36 所示草图曲线，指定矢量为"XC"，设置开始距离为"0"，结束距离为"8"，布尔类型为"合并"，自动选择步骤 3 拉伸的实体，完成简单模具零件的实体建模。

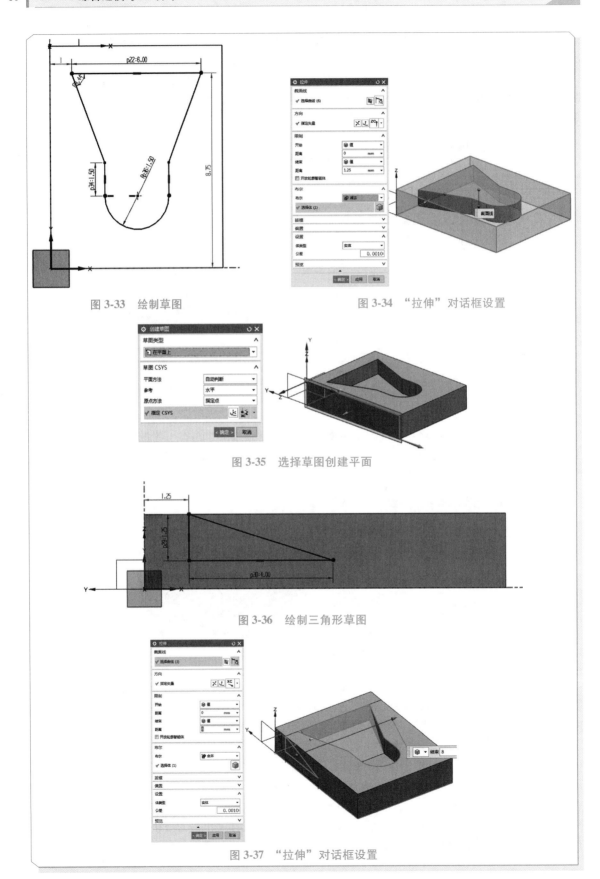

图 3-33　绘制草图

图 3-34　"拉伸"对话框设置

图 3-35　选择草图创建平面

图 3-36　绘制三角形草图

图 3-37　"拉伸"对话框设置

3.7　轴的建模

创建图 3-38 所示轴的实体。

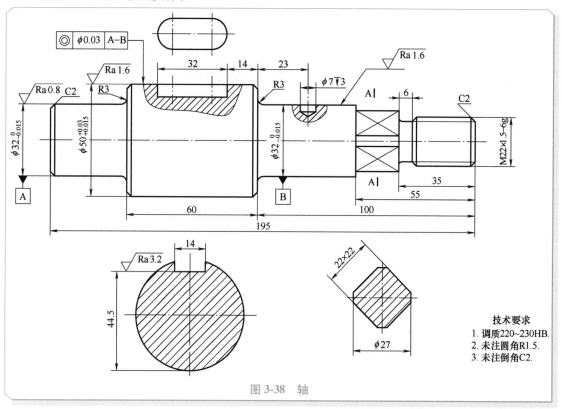

图 3-38　轴

操作步骤如下。

1）打开 UG NX11.0 软件，新建一个模型文件。

2）在"菜单栏"中选择"插入"→"在任务环境中绘制草图"命令，选择 XC-YC 平面为草图平面，单击"确定"按钮，进入"草图"环境，画出图 3-39 所示的图形，单击"完成草图"按钮，退出"草图"环境。

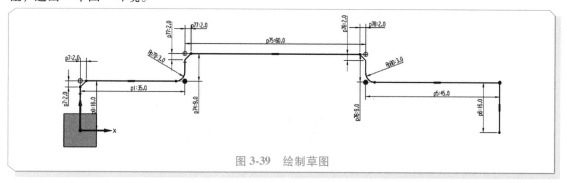

图 3-39　绘制草图

3）选择"拉伸"→"旋转"命令，选择图 3-39 所示绘制的曲线，指定矢量为 X 轴，指定点为绝对坐标原点（X0，Y0，Z0），并设置开始角度为"0"，结束角度为"360"，其余选项按默认设置，单击"确定"按钮完成旋转操作，如图 3-40 所示。

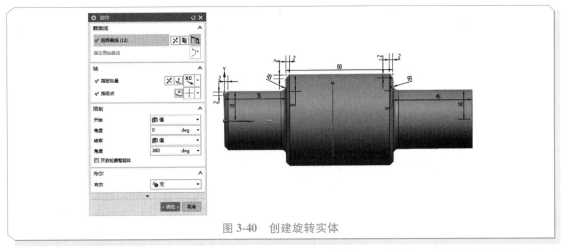

图 3-40　创建旋转实体

4）在"菜单栏"中选择"插入"→"在任务环境中绘制草图"命令，选择实体的右端面作为草图平面，单击"确定"按钮，进入"草图"环境。绘制直径为 27mm 的圆以及边长为 22mm 的正方形，快速修剪图形后，获得图 3-41 所示的草图。

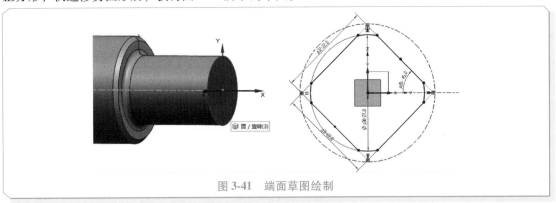

图 3-41　端面草图绘制

5）在"菜单栏"中选择"插入"→"设计特征"→"拉伸"命令，选择图 3-41 所示绘制的曲线，设置开始距离为"0"，结束距离为"20"，布尔类型为"合并"，选择步骤 3 的轴体，其余保持默认设置，单击"确定"按钮，如图 3-42 所示。

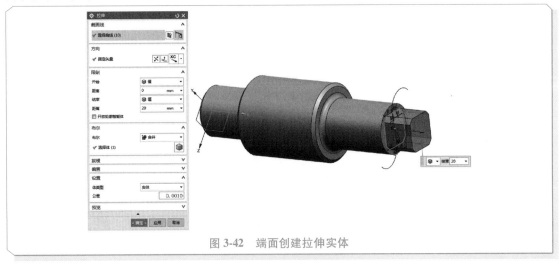

图 3-42　端面创建拉伸实体

6）在"菜单栏"中选择"插入"→"在任务环境中绘制草图"命令，选择 XC-YC 平面作为草图平面，单击"确定"按钮，进入"草图"环境，绘制图 3-43 所示草图，单击"完成草图"按钮，退出"草图"环境。

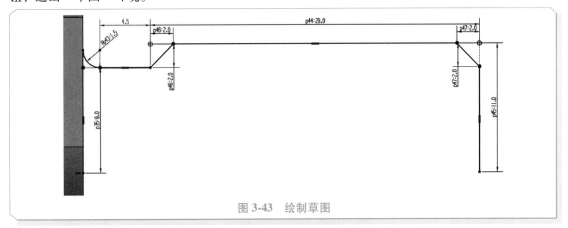

图 3-43 绘制草图

7）选择"拉伸"→"旋转"命令，选择图 3-43 所示绘制的曲线，指定矢量为 X 轴，指定点选择绝对坐标系原点（X0，Y0，Z0），并设置开始角度为"0"，结束角度为"360"，其余选项保持默认设置，单击"确定"按钮完成旋转操作，如图 3-44 所示。

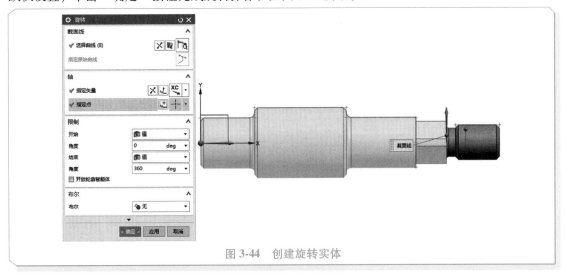

图 3-44 创建旋转实体

8）在"菜单栏"中选择"插入"→"设计特征"→"螺纹"命令，弹出"螺纹切削"对话框，如图 3-45 所示。选择螺纹类型为"详细"，选择步骤 7 的旋转实体外表面，此时需要选择起始面。如图 3-46 所示，选择轴的右端面作为起始面，单击"螺纹轴反向"按钮，方向改为-XC 方向，返回图 3-45 所示的"螺纹切削"对话框。将螺距修改为"1.5"，小径修改为"20.376"（查表可得，或大径减去螺距的 1.085 倍），默认"右旋"设置，单击"确定"按钮，完成螺纹的创建。

9）在"菜单栏"中选择"格式"→"WCS"→"显示"命令，将工作坐标系显示出来。选择"插入"→"基准/点"→"点"命令，弹出"点"对话框，如图 3-47 所示，选择类型为"两点之间"或直接输入绝对坐标（X65，Y25，Z0），创建一个基准点。在"菜单栏"中选择"格式"→"WCS"→"原点"命令，选择建立的基准点，单击"确定"按钮，将工作坐标系移动到基准点。在"菜单栏"中选择"插入"→"基准/点"→"基准平面"命令，弹出"基准平面"对话框，选择类型为"XC-ZC 平面"，单击"确定"按钮，如图 3-48 所示。

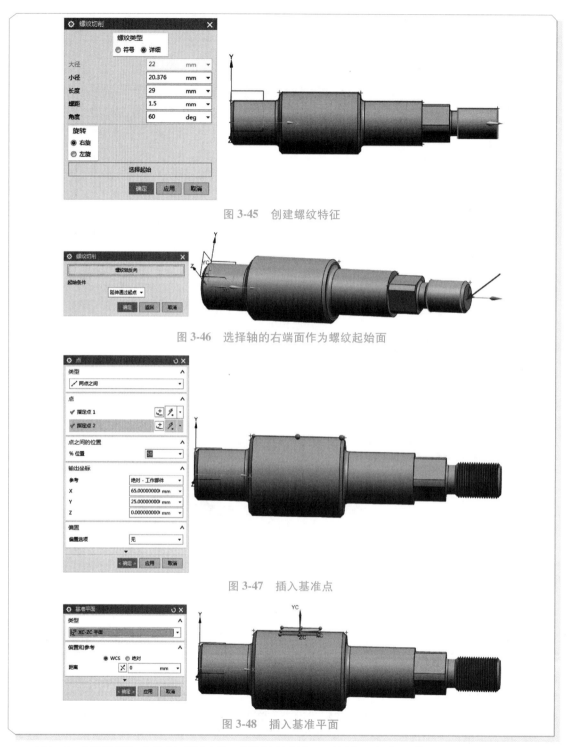

图 3-45　创建螺纹特征

图 3-46　选择轴的右端面作为螺纹起始面

图 3-47　插入基准点

图 3-48　插入基准平面

10）在"菜单栏"中选择"插入"→"设计特征"→"键槽"命令，弹出"槽"对话框。选中"U 形槽"单选按钮，单击"确定"按钮，弹出"U 形键槽"对话框。单击"基准平面"按钮，选择步骤 9 的基准平面，单击"接受默认的边"按钮，选择轴体，弹出"水平参考"对话框，选择基准坐标系"X 轴"，弹出"U 形键槽"对话框，如图 3-49 所示。设置宽度为"14"，深度为"5.5"，长度为"32"，单击"确定"按钮，弹出"定位"对话框，直接单击"确定"按钮，完成键槽的创建。

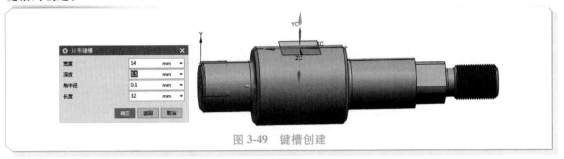

图 3-49　键槽创建

11）在"菜单栏"中选择"插入"→"基准/点"→"点"命令，弹出"点"对话框，输入绝对坐标（X118，Y16，Z0），单击"确定"按钮，插入基准点。在"菜单栏"中选择"格式"→"WCS"→"原点"命令，选择插入的基准点，将工作坐标系原点移动到图 3-50 所示位置。

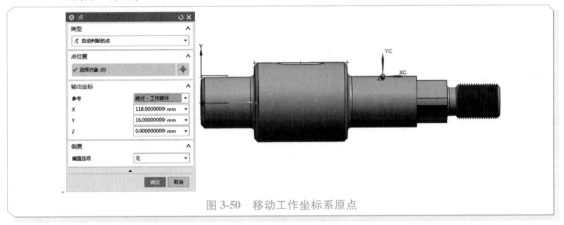

图 3-50　移动工作坐标系原点

12）在"菜单栏"中选择"插入"→"设计特征"→"孔"命令，弹出"孔"对话框，如图 3-51 所示。选择类型为"常规孔"，"指定点"选择步骤 11 插入的基准点，设置直径为"7"，深度为"3"，单击"确定"按钮，创建孔特征，同时完成轴的实体建模。

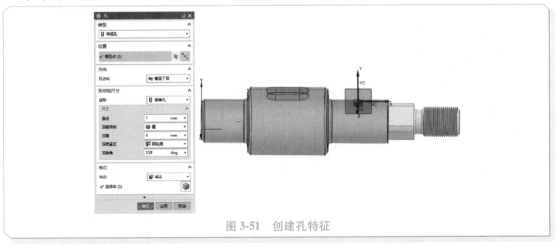

图 3-51　创建孔特征

3.8　楔块的建模

创建图 3-52 所示楔块的实体。

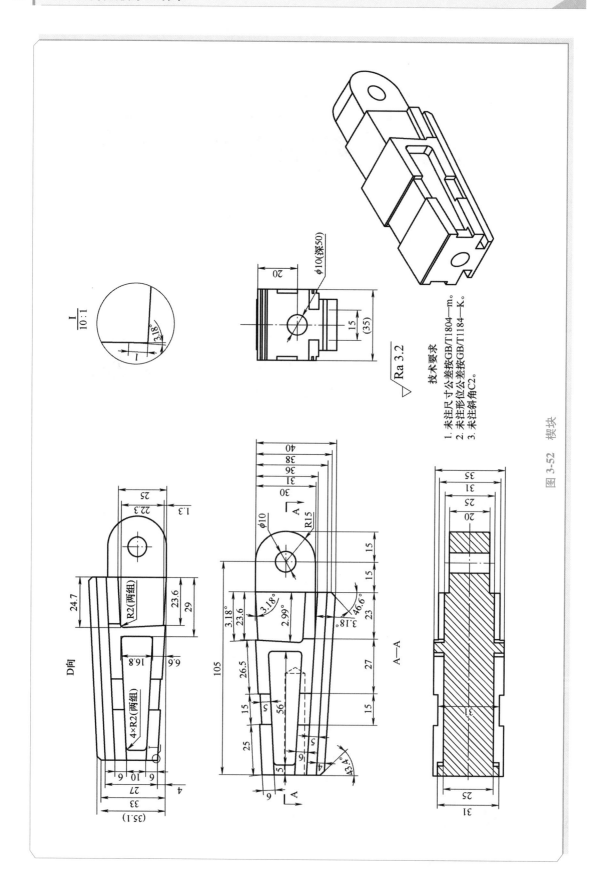

技术要求
1. 未注尺寸公差按GB/T1804—m。
2. 未注形位公差按GB/T1184—K。
3. 未注斜角C2。

图 3-52　模块

操作步骤如下。

1）打开 UG NX11.0 软件，新建一个模型文件。

2）在"菜单栏"中选择"插入"→"在任务环境中绘制草图"命令，选择 XC-YC 平面作为草图平面，单击"确定"按钮，进入"草图"模块，绘制图 3-53 所示草图，单击"完成草图"按钮，退出"草图"模块。

3）在"菜单栏"中选择"插入"→"设计特征"→"拉伸"命令，弹出"拉伸"对话框，如图 3-54 所示，选择图 3-53 所示绘制的曲线，拉伸方向选择"ZC"正向，结束设置为"对称值"，并设置距离为"10"，布尔类型选择"无"，单击"确定"按钮，创建拉伸实体。

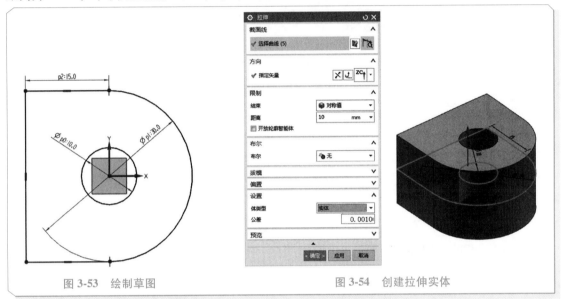

图 3-53　绘制草图　　　　　　　　　　　图 3-54　创建拉伸实体

4）在"菜单栏"中选择"插入"→"在任务环境中绘制草图"命令，选择 XC-YC 平面作为草图平面，完成图 3-55 所示的草图绘制。

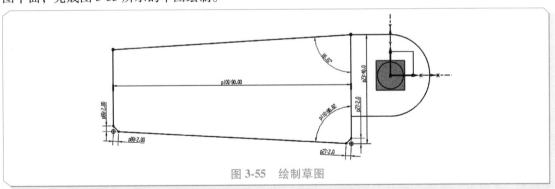

图 3-55　绘制草图

5）单击"拉伸"按钮，弹出"拉伸"对话框，如图 3-56 所示，选择图 3-55 所示的曲线，结束设置为"对称值"，并设置距离为"12.5"，布尔类型为"合并"，单击"确定"按钮，创建拉伸实体。

6）在"菜单栏"中选择"插入"→"在任务环境中绘制草图"命令，选择 XC-YC 平面作为草图平面，完成图 3-57 所示草图的绘制。

7）单击"拉伸"按钮，弹出"拉伸"对话框，如图 3-58 所示。选择图 3-57 所示的曲线，结束设置为"对称值"，并设置距离为"17.5"，布尔类型为"合并"，单击"确定"按钮，创建拉伸实体。

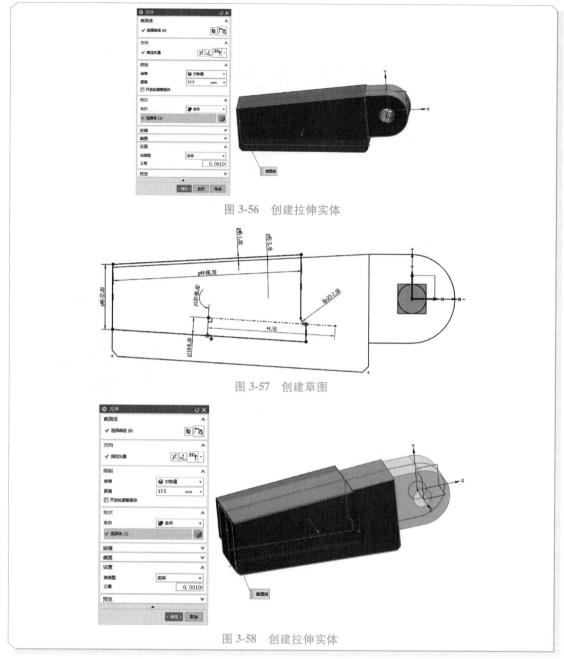

图 3-56　创建拉伸实体

图 3-57　创建草图

图 3-58　创建拉伸实体

8）在"菜单栏"中选择"插入"→"在任务环境中绘制草图"命令，选择 XC-YC 平面作为草图平面，完成图 3-59 所示的草图绘制。

9）单击"拉伸"按钮，弹出"拉伸"对话框，如图 3-60 所示。选择图 3-59 所示的曲线，结束设置为"对称值"，并设置距离为"15.5"，布尔类型为"合并"，单击"确定"按钮，创建拉伸实体。

10）在"菜单栏"中选择"插入"→"在任务环境中绘制草图"命令，选择 XC-YC 平面作为草图平面，完成图 3-61 所示的草图绘制。

11）单击"拉伸"按钮，弹出"拉伸"对话框，如图 3-62 所示，选择图 3-61 所示的曲线，开始设置为"贯通"，选择布尔类型为"减去"。单击"确定"按钮，创建拉伸实体。

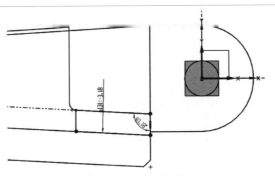

图 3-59　绘制草图

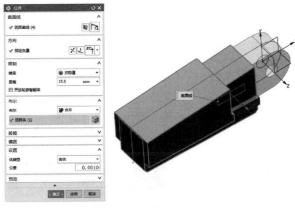

图 3-60　创建拉伸实体

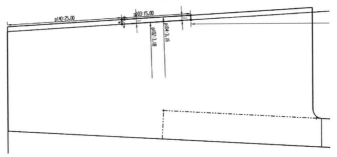

图 3-61　绘制草图

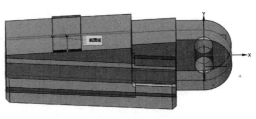

图 3-62　创建拉伸实体

12）单击"草图"按钮，选择 XC-ZC 平面作为草图平面，单击"确定"按钮，进入"草图"环境，绘制图 3-63 所示草图，单击"完成草图"按钮，退出"草图"环境。

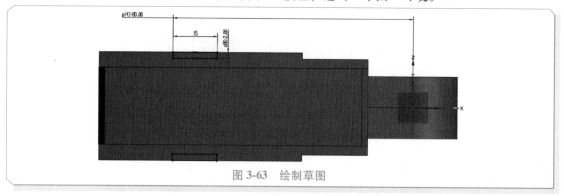

图 3-63　绘制草图

13）单击"拉伸"按钮，弹出"拉伸"对话框，如图 3-64 所示。选择图 3-63 示的曲线，开始设置为"贯通"，选择布尔类型为"减去"。单击"确定"按钮，创建拉伸实体。

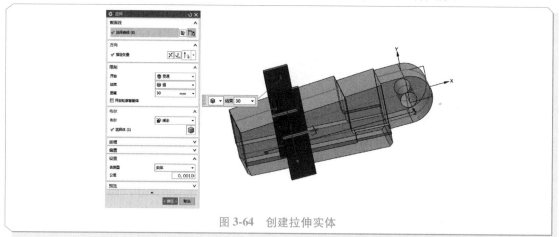

图 3-64　创建拉伸实体

14）在"菜单栏"中选择"插入"→"在任务环境中绘制草图"命令，选择 XC-YC 平面作为草图平面，完成图 3-65 所示草图的绘制。

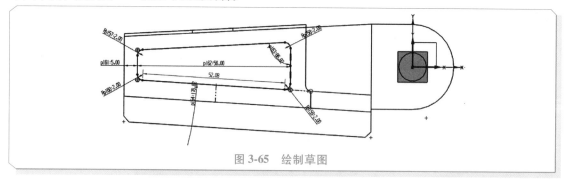

图 3-65　绘制草图

15）单击"拉伸"按钮，弹出"拉伸"对话框，如图 3-66 所示。选择图 3-65 所示绘制的曲线，选择方向为"ZC"，设置开始距离为"12.5"，结束距离为"17.5"，选择布尔类型为"减去"，单击"确定"按钮，创建拉伸实体。

16）如图 3-67 所示，在"菜单栏"中选择"插入"→"关联复制"→"镜像特征"命令，弹出"镜像特征"对话框。

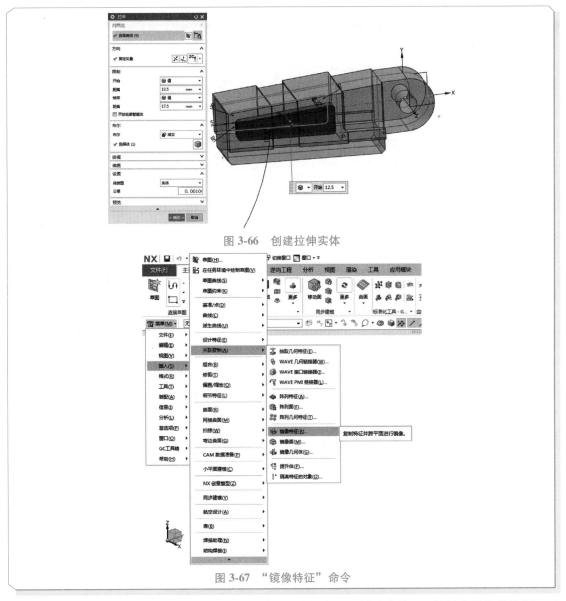

图 3-66 创建拉伸实体

图 3-67 "镜像特征"命令

17）在图 3-68 所示"镜像特征"对话框中，选择图 3-66 所示步骤 15 所创建的拉伸特征，选择镜像平面为基准坐标系 XY 平面，单击"确定"按钮，完成镜像特征操作。

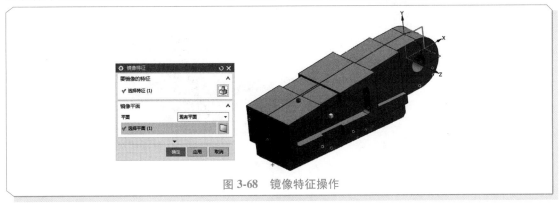

图 3-68 镜像特征操作

18）在"菜单栏"中选择"插入"→"在任务环境中绘制草图"命令，选择 XC-YC 平面作为草图平面，完成图 3-69 所示草图的绘制。

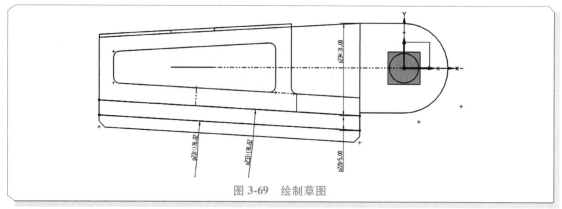

图 3-69　绘制草图

19）单击"拉伸"按钮，弹出"拉伸"对话框，如图 3-70 所示。选择图 3-69 所示绘制的曲线，拉伸方向选择"ZC"，设置开始距离为"7.5"，结束距离为"12.5"，选择布尔类型为"减去"，单击"确定"按钮，创建拉伸实体。

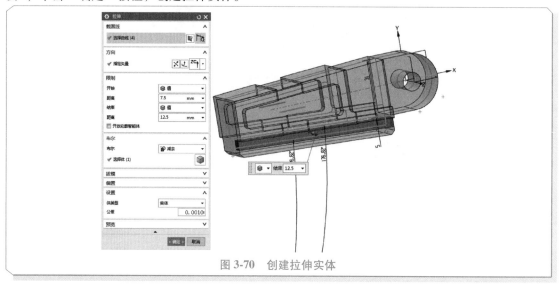

图 3-70　创建拉伸实体

20）在"菜单栏"中选择"插入"→"关联复制"→"镜像特征"命令，弹出"镜像特征"对话框，如图 3-71 所示。选择图 3-70 所示创建的拉伸特征，设置镜像平面为基准坐标系 XY 平面，单击"确定"按钮，完成镜像特征操作。

图 3-71　创建镜像特征

21）在"菜单栏"中选择"插入"→"在任务环境中绘制草图"命令，选择 XC-YC 平面作为草图平面，完成图 3-72 所示草图的绘制。

22）单击"拉伸"按钮，弹出"拉伸"对话框，如图 3-73 所示。选择图 3-72 所示绘制的曲线，设置拉伸方向为"ZC"，开始距离为"15.5"，结束距离为"17.5"，选择布尔类型为"减去"，单击"确定"按钮，创建拉伸实体。

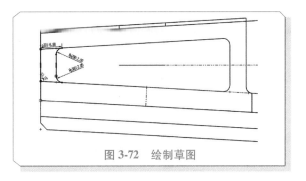

图 3-72　绘制草图

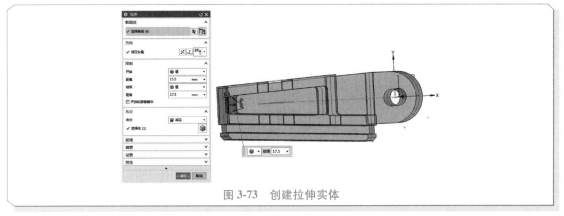

图 3-73　创建拉伸实体

23）在"菜单栏"中选择"插入"→"关联复制"→"镜像特征"命令，弹出"镜像特征"对话框，如图 3-74 所示。选择图 3-73 所示创建的拉伸特征，设置镜像平面为基准坐标系 XY 平面，单击"确定"按钮，完成镜像特征操作。

图 3-74　镜像实体操作

24）在"菜单栏"中选择"插入"→"基准/点"→"点"命令，弹出"点"对话框，如图 3-75 所示。选择类型为"两点之间"，单击"确定"按钮，插入基准点。在"菜单栏"中选择"格式"→"WCS"→"原点"命令，选择基准点，将工作坐标系原点移动到基准点位置。

图 3-75　插入基准点

25）在"菜单栏"中选择"插入"→"设计特征"→"孔"命令，如图 3-76 所示，弹出"孔"对话框。

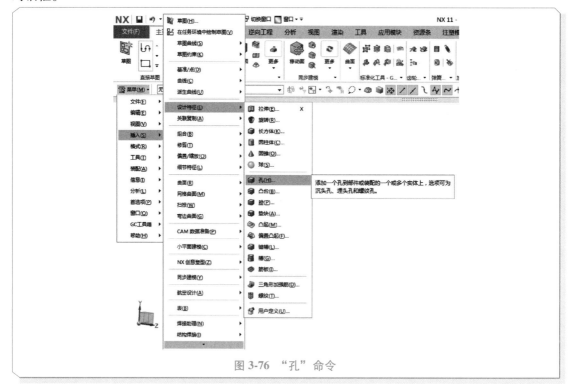

图 3-76　"孔"命令

26）在图 3-77 所示"孔"对话框中，选择类型为"常规孔"，选择指定点图 3-75 中插入的基准点，设置直径为"10"，深度为"50"，选择布尔类型为"减去"，单击"确定"按钮，最终完成楔块的实体建模，如图 3-78 所示。

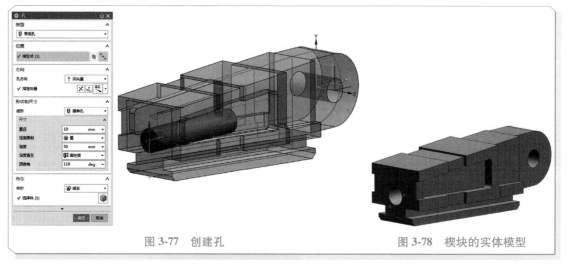

图 3-77　创建孔　　　　　　　　　　图 3-78　楔块的实体模型

3.9　肥皂盒的建模

创建图 3-79 所示肥皂盒实体（某 3D 打印造型技术大赛选拔赛试题）。

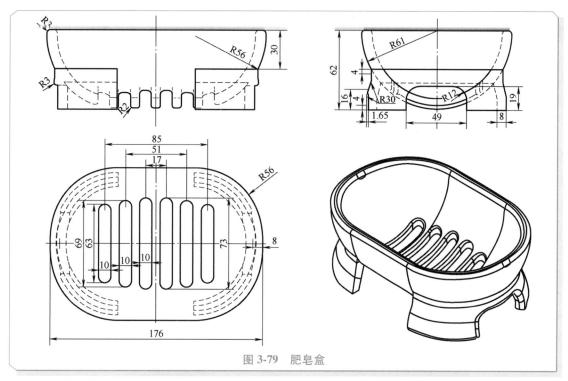

图 3-79　肥皂盒

操作步骤如下。

1）打开 UG NX11.0 软件，新建一个模型文件。

2）在"菜单栏"中选择"插入"→"在任务环境中绘制草图"命令，选择 XC-YC 平面作为草图平面，单击"确定"按钮，进入"草图"环境，在草图中绘制图 3-80 所示的曲线，大圆弧半径为 61mm，小圆弧半径为 53mm，圆心绝对坐标为（27，0，0）。

3）在"菜单栏"中选择"插入"→"设计特征"→"旋转"命令，选择图 3-80 所示曲线作为旋转曲线，并以 Y 轴为指定矢量，（27，0，0）为指定点，旋转 90°。

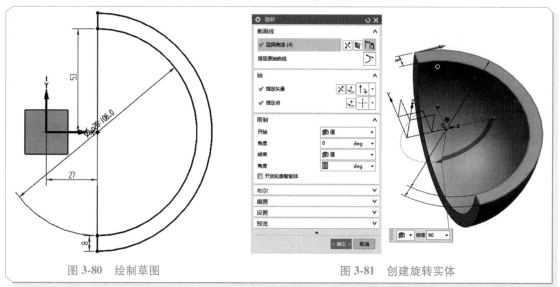

图 3-80　绘制草图　　　　　　　　图 3-81　创建旋转实体

4）在"菜单栏"中选择"插入"→"基准/点"→"基准平面"，选择类型为"YC-ZC 平面"，创建 YZ 基准平面。在"菜单栏"中选择"插入"→"关联复制"→"镜像几何体"命令，选择图 3-81 所示旋转实体作为对象，选择镜像平面为 YZ 基准平面，单击"确定"按钮，得到镜像几何体，如图 3-82 所示。

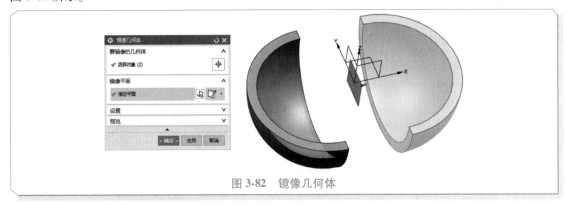

图 3-82   镜像几何体

5）在"菜单栏"中选择"插入"→"关联复制"→"抽取几何特征"，弹出"抽取几何特征"对话框，如图 3-83a 所示，选择类型为"面"，选择面选项为"单个面"，单击旋转体平行于 YZ 平面的外表面，获得抽取有界平面；在"菜单栏"中选择"插入"→"偏置/缩放"→"加厚"命令，弹出"加厚"对话框，如图 3-83b 所示，加厚抽取的有界平面，设置偏置 1 为 54mm，得到实体；在"菜单栏"中选择"合并"命令，将所得 3 个实体合并。

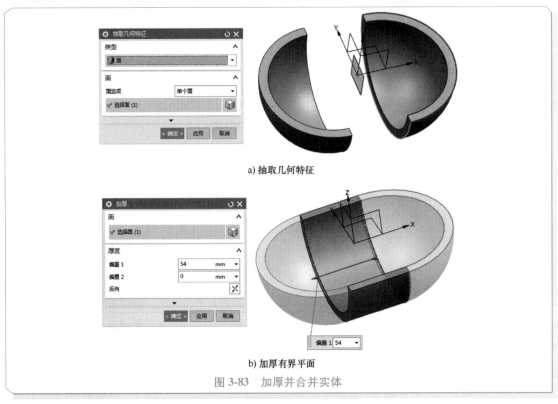

a) 抽取几何特征

b) 加厚有界平面

图 3-83   加厚并合并实体

6）在"菜单栏"中选择"插入"→"基准/点"→"基准平面"命令，弹出"基准平面"对话框，如图 3-84a 所示。选择类型为"按某一距离"，平面参考选择 XY 平面，设置偏置距离为"30"，单击"确定"按钮，插入基准平面；在"曲线"选项卡中单击"相交"按钮，弹出"相交曲线"对话框，如图 3-84b 所示，分别选择实体外表面以及基准平面，单击"确定"按钮，获得该实体与平面的相交线。

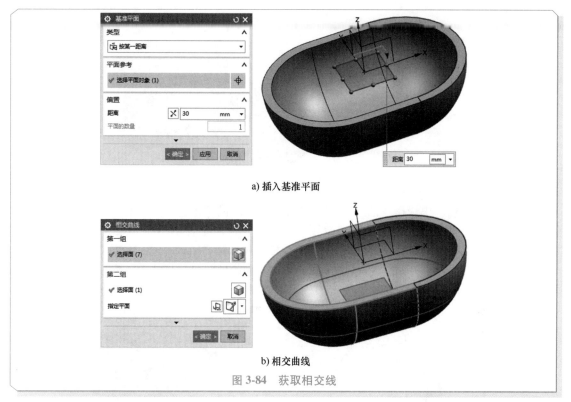

a) 插入基准平面

b) 相交曲线

图 3-84　获取相交线

7）在"菜单栏"中选择"插入"→"在任务环境中绘制草图"命令，选择以 XZ 平面作为草图平面，画出肥皂盒底部图形曲线，如图 3-85 所示。圆弧部分使用"约束"命令确定位置。

8）在"菜单栏"中选择"插入"→"设计特征"→"旋转"命令，弹出"旋转"对话框，如图 3-86 所示。选择图 3-85 所示绘制的草图作为旋转曲线，以步骤 6 所做的相交线为矢量，设置开始角度为"-90°"，结束角度为"90°"，单击"确定"按钮。

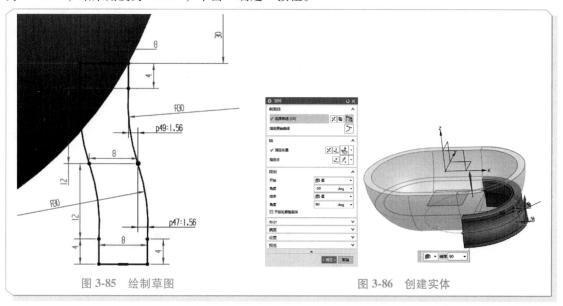

图 3-85　绘制草图　　　　　图 3-86　创建实体

9）在"菜单栏"中选择"插入"→"关联复制"→"镜像几何体"命令，弹出"镜像几何体"对话框，如图 3-87 所示。选择步骤 8 所得实体，以 YZ 平面作为镜像平面进行镜像特征操作。

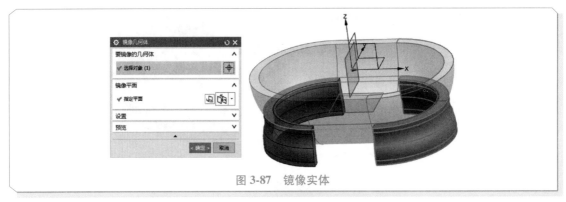

图 3-87　镜像实体

10）在"菜单栏"中选择"插入"→"在任务环境中绘制草图"命令，选择 XC-YC 平面作为草图平面，单击"确定"按钮，进入"草图"环境，绘制肥皂盒的槽，如图 3-88a 所示，单击"完成草图"按钮，退出"草图"环境。在"菜单栏"中选择"插入"→"设计特征"→"拉伸"命令，弹出"拉伸"对话框，如图 3-88b 所示，选择刚绘制的槽曲线，并设置开始为"贯通"，结束距离为"20"，布尔类型为"减去"，单击"确定"按钮。

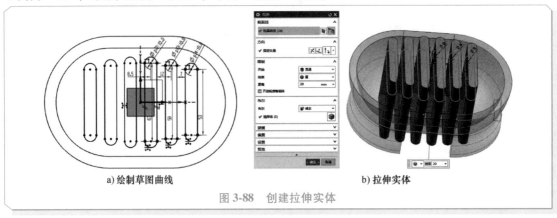

a) 绘制草图曲线　　　　　　　　　　b) 拉伸实体

图 3-88　创建拉伸实体

11）在"菜单栏"中选择"插入"→"在任务环境中绘制草图"命令，选择 YC-ZC 平面作为草图平面，单击"确定"按钮，进入"草图"环境，绘制图 3-89a 所示图形，单击"完成草图"按钮，退出"草图"环境。在"菜单栏"中选择"插入"→"设计特征"→"拉伸"命令，弹出"拉伸"对话框，如图 3-89b 所示，选择绘制的草图曲线，并设置开始距离为"−100"，结束距离为"100"，布尔类型为"减去"，单击"确定"按钮。

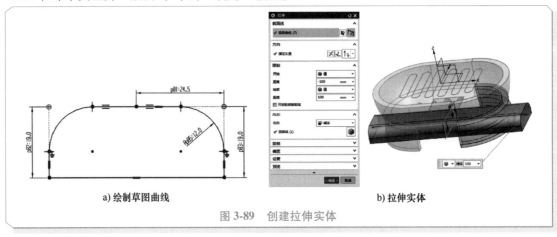

a) 绘制草图曲线　　　　　　　　　　b) 拉伸实体

图 3-89　创建拉伸实体

12）在"菜单栏"中选择"合并"命令，将整个实体合并，在"菜单栏"中选择"插入"→"细节特征"→"边倒圆"命令，设置半径为"3"，其他保持默认设置，单击"确定"按钮，得到肥皂盒的实体模型，如图 3-90 所示。

图 3-90　肥皂盒的实体效果图

3.10　电蚊香盒的建模

创建图 3-91 所示电蚊香盒下盖实体（某 3D 打印造型技术大赛选拔赛试题）

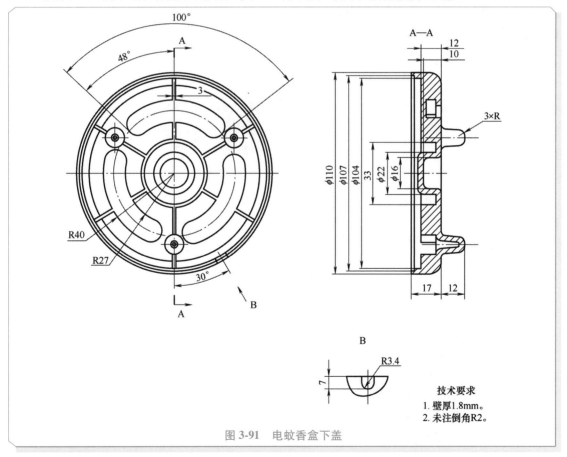

图 3-91　电蚊香盒下盖

操作步骤如下。

1）打开 UG NX11.0 软件，新建一个模型文件。

2）在"菜单栏"中选择"插入"→"在任务环境中绘制草图"命令，选择 XC-YC 平面作为草图平面，单击"确定"按钮，进入"草图"环境，绘制图 3-92 所示草图，单击"完成草图"按钮，退出"草图"环境。

3）在"菜单栏"中选择"插入"→"设计特征"→"拉伸"命令，选择图 3-93 所示的曲线，并设置开始距离为"0"，结束距离为"17"，其余保持默认设置，单击"确定"按钮。

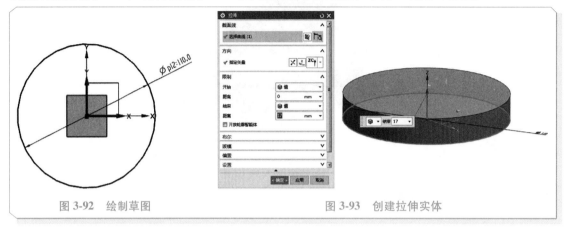

图 3-92　绘制草图　　　　　　　　　　　图 3-93　创建拉伸实体

4）在"菜单栏"中选择"插入"→"在任务环境中绘制草图"命令，选择图 3-93 所示圆柱上表面作为草图平面，单击"确定"按钮，如图 3-94 所示，进入"草图"环境。画两条过原点的任意长度直线，选中两条直线，右击，选择"转换为参考线"命令，如图 3-95 所示。

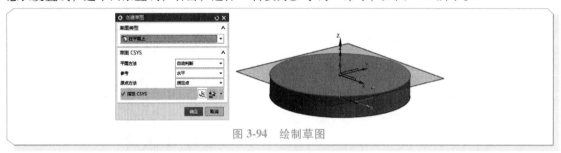

图 3-94　绘制草图

5）在"菜单栏"中选择"插入"→"在任务环境中绘制草图"命令，选择图 3-93 所示圆柱上表面作为工作平面。如图 3-96 所示，绘制圆 1（直径为 107mm）、圆 2（直径为 104mm）、圆 3（直径为 54mm）、圆 4（直径为 80mm）、圆 5（直径为 67mm），并将圆 5 转换为参考线。

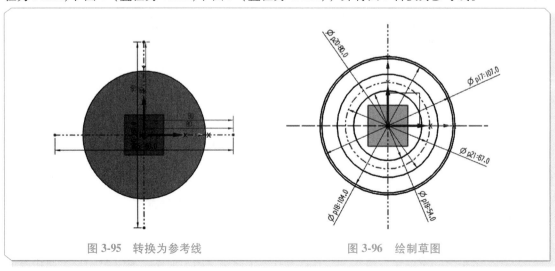

图 3-95　转换为参考线　　　　　　　　　　图 3-96　绘制草图

6）选择"直线"命令，画两条任意长度的以原点为起点向外延伸的直线，如图 3-97 所示，其中一条直线与竖直轴的夹角为 48°，两条直线间的夹角为 100°。

7）选择"圆"命令，绘制两个直径为 13mm 的小圆，小圆的圆心在圆 5（直径为 67mm）上，如图 3-98 所示。利用"相切"几何约束命令，使两个小圆分别与圆 4（直径为 80mm）、圆 3（直径为 54mm）以及图 3-97 中绘制的两条直线相切。

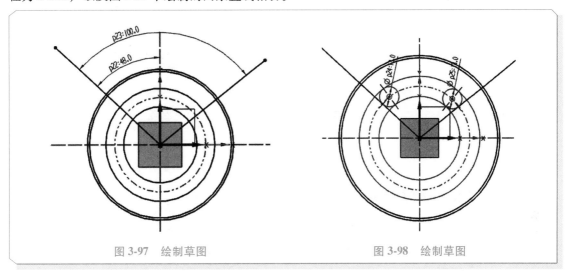

图 3-97　绘制草图　　　　　　　　　　　图 3-98　绘制草图

8）选择"直线"命令，绘制一条任意直线与 Y 轴重合。选择"偏置曲线"命令，对绘制的直线进行偏置，设置偏置距离为"1.5"，勾选"对称偏置"复选框，设置副本数为"1"，单击"确定"按钮，如图 3-99 所示。

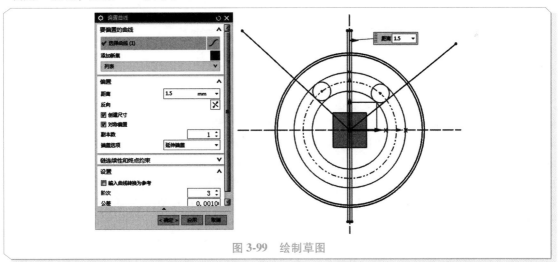

图 3-99　绘制草图

9）选择"圆"命令，绘制直径为 33mm 的圆，如图 3-100 所示。在"菜单栏"中选择"编辑"→"移动对象"命令，选择对象为图 3-99 中偏置的曲线，选择运动为"角度"，角度为"60"，选中"复制原先的"单选按钮，设置距离/角度分割为"1"，非关联副本数为"2"，其他为默认设置，单击"确定"按钮。

10）选择"快速修剪"命令，将草图曲线修剪成图 3-101 所示图形。

11）在"菜单栏"中选择"编辑"→"移动对象"命令，选择对象为图 3-101 中绘制曲线，选择运动为"角度"，角度为"120"，选中"复制原先的"单选按钮，非关联副本数为"2"，单击

"确定"按钮，如图 3-102 所示。

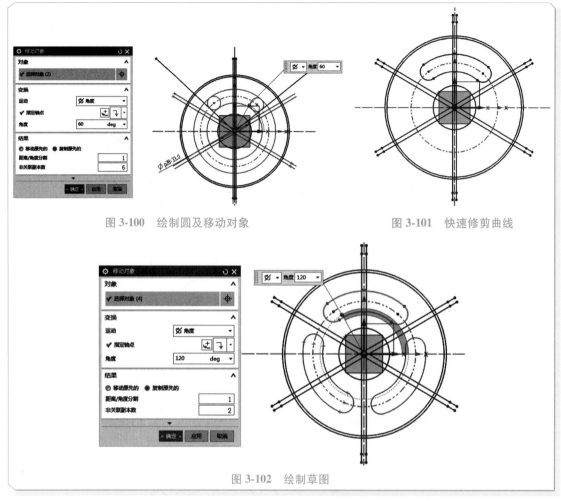

图 3-100　绘制圆及移动对象　　　　　　　　　　图 3-101　快速修剪曲线

图 3-102　绘制草图

12）选择直径为 107mm 的圆，右击，选择"转换为参考"命令。再选择"快速修剪"命令，修剪草图曲线如图 3-103 所示，单击"完成草图"按钮，退出草图环境。

13）在"菜单栏"中选择"插入"→"在任务环境中绘制草图"命令，弹出"拉伸"对话框，如图 3-104 所示。选择图 3-93 所示圆柱上表面作为工作平面，绘制直径为 107mm 的圆，单击"完成草图"按钮，退出草图环境。单击"拉伸"按钮，弹出"拉伸"对话框，如图 3-104 所示，选择直径为 107mm 的圆作为选择曲线，拉伸方向为"-ZC"，输入开始距离为"0"，结束距离为"1.8"，布尔类型为"减去"，单击"确定"按钮。

14）单击图 3-103 中绘制的草图，单击"拉伸"按钮，弹出"拉伸"对话框，如图 3-105 所示。选择拉伸方向为"-ZC"，输入开始距离为"1.8"，结束距离为"5"，布尔类型为"减去"，单击"确定"按钮，完成拉伸操作。

15）在"菜单栏"中选择"插入"→"在任务环境中绘制草图"命令，选择图 3-93 所示圆柱上表面作为工作平面。选择"圆"命令，绘制一个直径为 10mm 的圆，如图 3-106 所示。

16）在"菜单栏"中选择"编辑"→"移动对象"命令，选择对象为小圆，设置运动为"角度"，角度为"120"，选中"复制原先的"单选按钮，设置非关联副本数为"2"，单击"确定"按钮，如图 3-107 所示，单击"完成草图"按钮，退出草图环境。

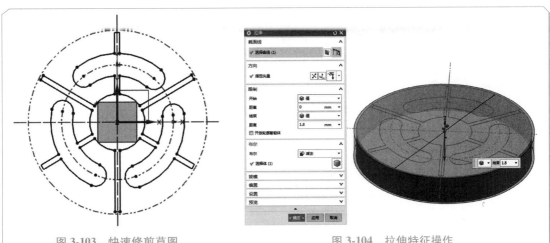

图 3-103　快速修剪草图

图 3-104　拉伸特征操作

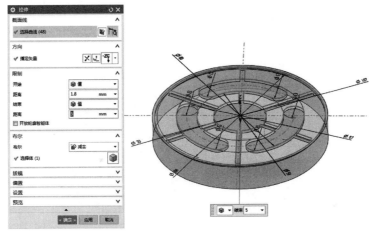

图 3-105　拉伸特征创建

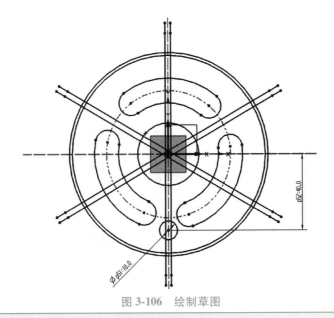

图 3-106　绘制草图

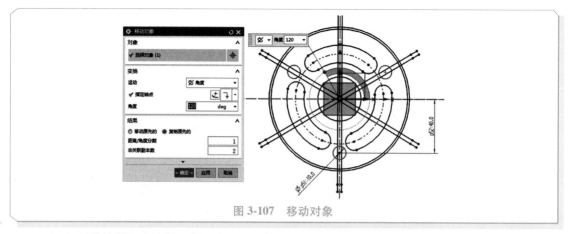

图 3-107   移动对象

17）在"菜单栏"中选择"插入"→"设计特征"→"拉伸"，弹出"拉伸"对话框，如图 3-108 所示。选择图 3-107 中绘制的圆，设置距离为"15"，其他保持默认设置，单击"确定"按钮。

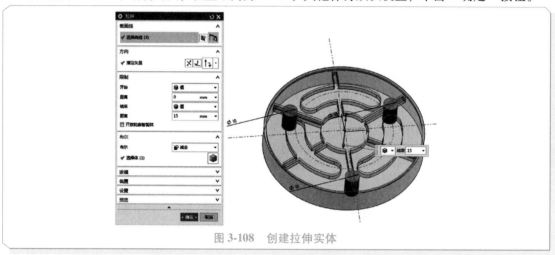

图 3-108   创建拉伸实体

18）在"菜单栏"中选择"插入"→"设计特征"→"拉伸"，弹出"拉伸"对话框，如图 3-109 所示。选择图 3-107 中绘制的圆，设置开始距离为"15"，结束距离为"29"，其他保持默认设置，单击"确定"按钮。

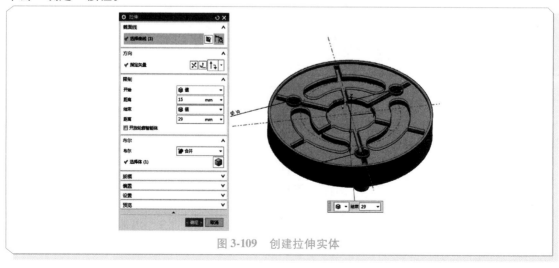

图 3-109   创建拉伸实体

19）在"菜单栏"中选择"插入"→"设计特征"→"孔"，选择图 3-110 所示三个点作为指定点，选择孔方向为"垂直于面"，成形为"锥孔"，直径为"8"，锥角为"5"，深度为"12"，布尔类型为"减去"，其他保持默认设置，单击"确定"按钮。

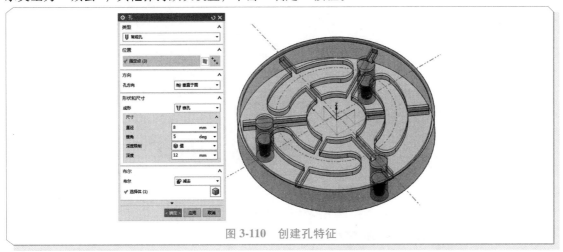

图 3-110　创建孔特征

20）在"菜单栏"中选择"插入"→"在任务环境中绘制草图"命令，选择图 3-93 所示圆柱上表面作为工作平面。选择"圆"命令，绘制一个直径为 33mm 的圆，单击"完成草图"按钮，退出"草图"环境。如图 3-111 所示，单击"拉伸"按钮，弹出"拉伸"对话框，设置拉伸方向为"-ZC"，开始距离为"0"，结束距离为"15"，布尔类型为"减去"，单击"确定"按钮。

图 3-111　创建拉伸实体

21）在"菜单栏"中选择"插入"→"在任务环境中绘制草图"命令，选择图 3-93 所示圆柱体底面作为草图平面，单击"确认"按钮，进入"草图"环境，绘制直径为 22mm 的圆，单击"完成草图"按钮，退出"草图"环境。单击"拉伸"按钮，弹出"拉伸"对话框，如图 3-112 所示。选择直径为 22mm 的圆，设置拉伸方向为"ZC"，开始距离为"0"，结束距离为"13"，布尔类型为"合并"，单击"确定"按钮。

22）在"菜单栏"中选择"插入"→"在任务环境中绘制草图"命令，选择图 3-93 所示圆柱体底面作为草图平面，单击"确定"按钮，进入"草图"环境，绘制直径为 16mm 的圆，单击"完成草图"按钮，退出"草图"环境。单击"拉伸"按钮，弹出"拉伸"对话框，如图 3-113 所示。选择直径为 16mm 的圆，设置拉伸方向为"ZC"，开始距离为"0"，结束距离为"10"，布尔类型为"减去",单击"确定"按钮。

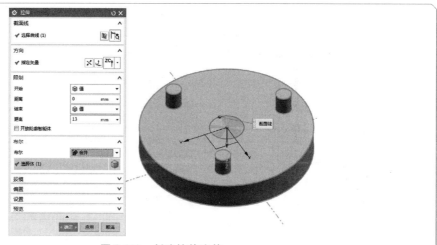

图 3-112　创建拉伸实体

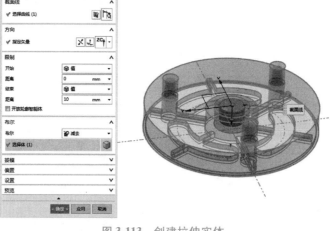

图 3-113　创建拉伸实体

23）在"菜单栏"中选择"插入"→"在任务环境中绘制草图"命令，选择图 3-93 所示圆柱体上表面作为草图平面，单击"确定"按钮，绘制一条过原点的直线，与竖直轴的夹角为 30°，在该直线与直径为 110mm 的大圆的交点处插入一个基准点，如图 3-114 所示，单击"完成草图"按钮，退出"草图"环境。

24）在"菜单栏"中选择"格式"→"WCS"→"显示"命令，在绘图区将 WCS 坐标系显示出来。在"菜单栏"中选择"格式"→"WCS"→"原点"命令，将 WCS 原点移动到图 3-114 中插入的基准点处。在"菜单栏"中选择"格式"→"WCS"→"旋转"命令，选

图 3-114　绘制草图

中"+ZC 轴：XC→YC"单选按钮，输入角度为30°，单击"确定"按钮，如图 3-115 所示。

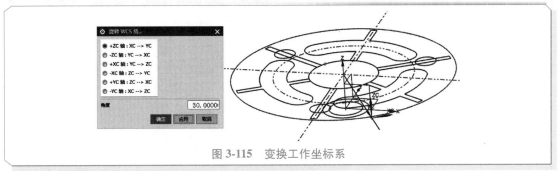

图 3-115 变换工作坐标系

25）在"菜单栏"中选择"插入"→"基准/点"→"基准平面"命令，选择 XC-ZC 平面，单击"确定"按钮，插入基准平面。在"菜单栏"中选择"插入"→"在任务环境中绘制草图"命令，选择建立的基准平面作为工作平面，单击"确定"按钮，进入"草图"环境，绘制图 3-116 所示草图，单击"完成草图"按钮，退出"草图"环境。

26）选择"拉伸"命令，弹出"拉伸"对话框，如图 3-117 所示。选择图 3-116 中绘制的曲线，设置开始距离为"0"，结束距离为"2"，选择拉伸方向为图 3-114 所示绘制的直线方向，布尔类型为"减去"，单击"确定"按钮，完成拉伸特征的创建。

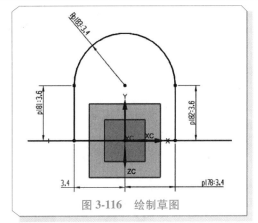

图 3-116 绘制草图

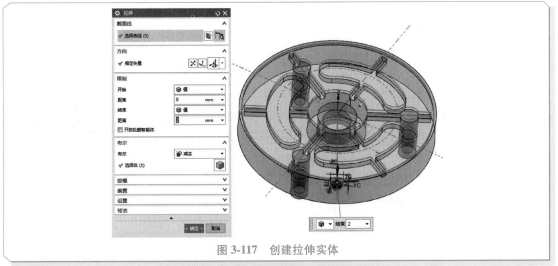

图 3-117 创建拉伸实体

27）在"菜单栏"中选择"插入"→"细节特征"→"边倒圆"命令，选择图 3-118 所示的曲线作为边，设置半径为"3"，其他保持默认设置，单击"确定"按钮。

28）在"菜单栏"中选择"插入"→"细节特征"→"边倒圆"命令，选择图 3-119 所示的曲线作为边，设置半径为"2"，其他保持默认设置，单击"确定"按钮。

29）在"菜单栏"中选择"插入"→"细节特征"→"边倒圆"命令，选择图 3-120 所示的曲线作为边，设置半径为"2"，其他保持默认设置，单击"确定"按钮。

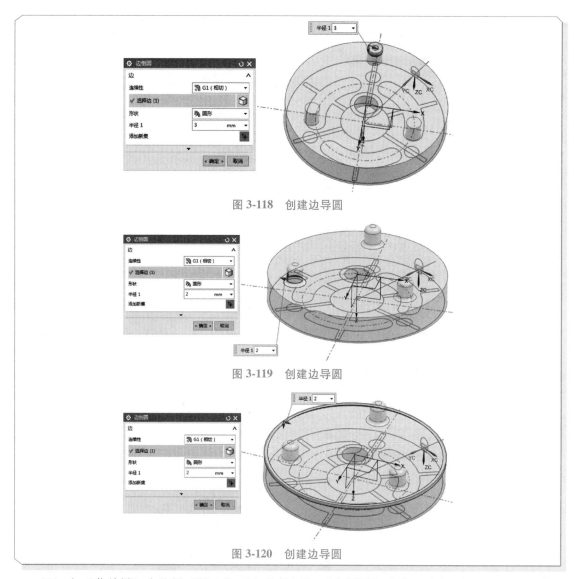

图 3-118　创建边导圆

图 3-119　创建边导圆

图 3-120　创建边导圆

30）在"菜单栏"中选择"插入"→"细节特征"→"边倒圆"命令，选择图 3-121 所示的曲线作为边，设置半径为"2"，其他保持默认设置，单击"确定"按钮。

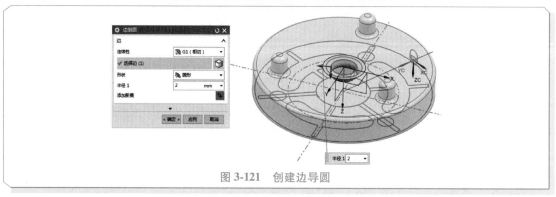

图 3-121　创建边导圆

31）在"菜单栏"中选择"插入"→"细节特征"→"边倒圆"命令，选择图 3-122 所示的曲线作为边，设置半径为"2"，其他保持默认设置，单击"确定"按钮，完成电蚊香盒的实体建模。

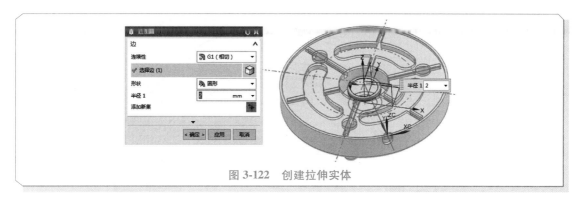

图 3-122　创建拉伸实体

【拓展训练】

1. 完成图 3-123 所示壳体零件的三维建模。

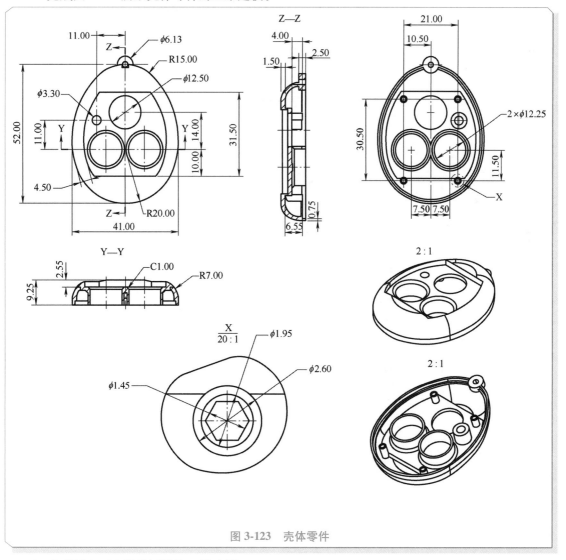

图 3-123　壳体零件

2. 完成图 3-124 所示灯罩的三维建模。

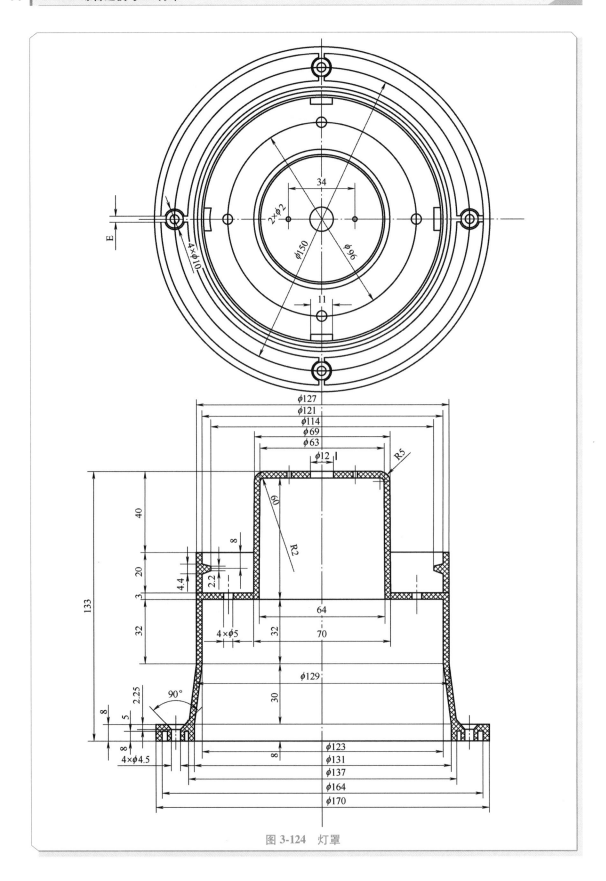

图 3-124　灯罩

第4章

装配设计

机器、设备是由多个零部件组成的，在设计零部件之后，还要将它们装配起来，以组成完整的机械。装配是 UG NX11.0 软件的一个重要应用模块，它不仅可以将零部件组合成产品，而且可以进行间隙分析、重量管理、在装配过程中进行设计等，也可以对完成装配的产品建立爆炸图，创建动画等。本章介绍的主要内容包括装配的基本方法、装配约束和装配爆炸图等。

【学习目标】

1) 了解 UG NX11.0 软件的装配功能和一般操作过程。
2) 了解"装配导航器"的使用方法。
3) 掌握各种装配约束的添加方法。
4) 了解装配体中阵列部件和编辑部件的操作方法。
5) 掌握装配爆炸图的创建方法。

4.1 装配概述

UG NX11.0 软件中的装配建模是在装配中建立零件和部件之间的连接关系。它将为零件文件和子装配文件提供装配建模。下面介绍装配中相关的术语及基本概念。

1) 装配：装配部件和子装配的集合，是 UG NX11.0 软件在装配过程中建立部件之间连接关系的功能。

2) 装配部件：由零件和子装配构成的部件。在 UG NX11.0 软件中，任何一个.prt 文件都可以作为装配部件，因此零件和部件不必严格区分。子装配也可以作为装配部件添加到装配中。

3) 子装配：高一级别装配中被用作装配部件（组件）的装配。子装配是一个相对概念，任何一个装配部件都可以在更高级的装配中用作子装配。

4) 单个零件：在装配外存在的零件几何模型，它可以添加到一个装配中去，但它本身不能含有下级组件。

5) 组件对象：一个从装配部件连接到部件主模型的指针实体。一个组件对象记录的信息有部件名称、图层、颜色、线型、线宽、引用集和配对条件等。

6) 组件：装配由组件对象所指的部件。组件可以是单个部件（零件），也可以是一个子装配。组件是由装配部件引用而不是复制到装配部件中。

4.2 装配导航器

"装配导航器"也称装配导航工具，它可以在一个单独窗口中以图形的方式装配结构，又称装配树。主要包括装配导航器主面板、组件节点、预览面板和相依性面板。在装配树形结构中，主要显示装配结构、组件属性以及组件间的约束关系，可以进行各种操作和装配管理功能。例如，用户可以在"装配导航器"中选择组件、改变显示部件和工作部件等。

在 UG NX11.0 软件的装配环境中，单击资源条中的"装配导航器"命令，打开"装配导航器"，如图 4-1 所示。通过"装配导航器"，用户可以清楚地观察装配体、子装配、部件和组件之间的关系。

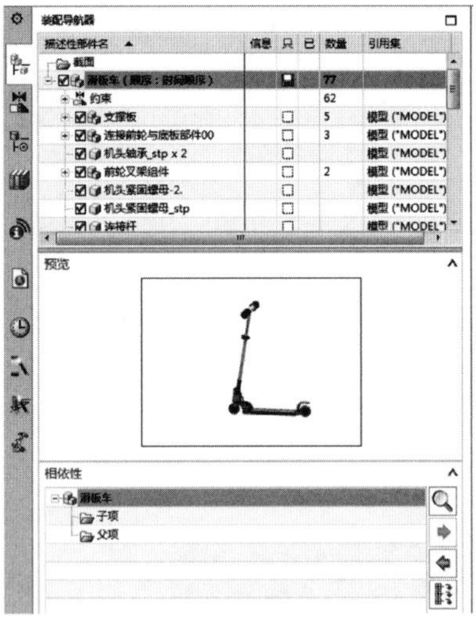

"装配导航器"的快捷菜单有两种：一种是在相应的组件上右击；另一种是在"装配导航器"空白区域右击。

1. 在组件上右击

在"装配导航器"中的任意组件上右击，可对装配模型树的节点进行编辑，并能够执行折叠或展开相同的组件节点，以及将当前组件转换为工作组件等操作。将光标定位在装配模型树的组件处右击，系统将弹出图 4-2 所示的快捷菜单。通过这些命令，用户可以对组件进行各种操作。

图 4-1 "装配导航器"选项组

2. 在空白区域右击

在"装配导航器"的任意空白区域右击，弹出图 4-3 所示的快捷菜单。该快捷菜单中的命令与"装配"选项卡上的命令是一一对应的。用户在该快捷菜单中可以使用各种命令。

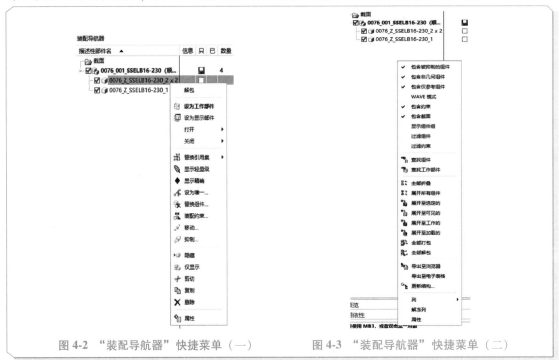

图 4-2 "装配导航器"快捷菜单（一）　　　图 4-3 "装配导航器"快捷菜单（二）

4.3　组件的装配约束

为了在装配件中实现对组件的参数化定位和确定组件在装配部件中的相对位置，在装配过程中，通常采用装配约束的定位方式来指定组件之间的定位关系。装配约束由一个或一组配对约束组成，系统规定了组件之间通过一定的约束关系装配在一起。

装配约束用来限制装配组件的自由度，包括线性自由度和旋转自由度。根据配对约束限制自由度的多少，可以分为完全约束和欠约束两类。

装配约束的创建过程比较复杂，具体介绍如下。

当添加已存在部件作为组件到装配部件时，在"装配"选项卡上"组件"模块中单击"添加"按钮，如图 4-4 所示，打开"添加组件"对话框，在"已加载的部件"下拉列表中选择部件，在"定位"下拉列表中选择"通过约束"选项，单击"确定"按钮，打开"装配约束"对话框，如图 4-5 所示，进入装配约束的创建环境，按用户要求创建组件的装配约束。

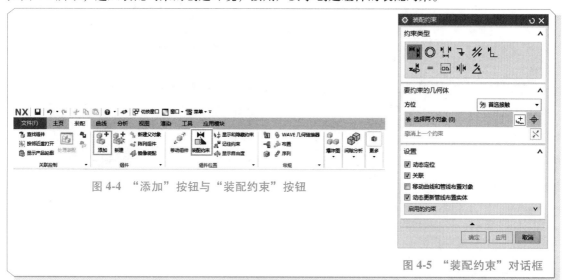

图 4-4　"添加"按钮与"装配约束"按钮

图 4-5　"装配约束"对话框

当采用自底向上建模的装配设计方式时，除了第一个组件采用"绝对坐标系"定位方式添加外，接下来的组件添加定位都采用装配约束方式。"装配约束"对话框包括装配"约束类型""要约束的几何体""设置"等选项。

单击"装配"选项卡上"组件位置"模块中的"装配约束"按钮或在"菜单栏"中选择"装配"→"组件位置"→"装配约束"命令，系统弹出"装配约束"对话框，如图 4-5 所示。约束类型有"接触对齐""同心""距离"等多种类型。

1. 接触对齐

接触对齐约束可以将两个组件的面接触或对齐。在"装配约束"对话框的"约束类型"列表框中选择"接触对齐"后，"装配约束"对话框如图 4-6 所示，在"要约束的几何体"选项区域的"方位"下拉列表中包含四个选项，即"首选接触""接触""对齐""自动判断中心/轴"。

（1）首选接触　此选项为默认选项，选择该选项时，两个组件共面且法线方向相反。

（2）接触　选择该方式时，指定的两个相配合的对象会接触（贴合）在一起。对于平面，两个平面贴合且默认法向相反，可以单击"反向"按钮进行设置，如图 4-7 和图 4-8 所示；对于圆柱面，两个圆柱面以相切的形式接触，如图 4-9 所示。

（3）对齐　选择该方式时，指定的两个对象对齐。对于平面，两个平面共面且法向相同，如图 4-10 和图 4-11 所示；对于圆柱面，可以实现两面相切约束，如图 4-12 和图 4-13 所示。此命令也可以对齐中心线，如图 4-14 和图 4-15 所示。

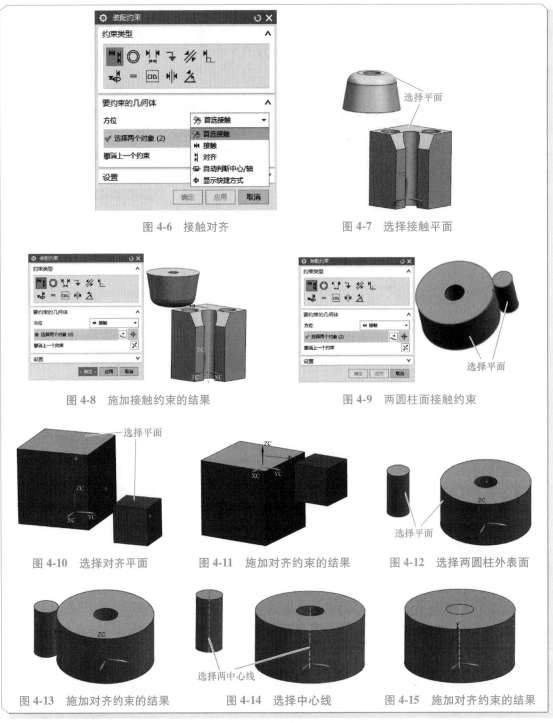

图 4-6　接触对齐　　　　　　　　图 4-7　选择接触平面

图 4-8　施加接触约束的结果　　　　　图 4-9　两圆柱面接触约束

图 4-10　选择对齐平面　　图 4-11　施加对齐约束的结果　　图 4-12　选择两圆柱外表面

图 4-13　施加对齐约束的结果　　图 4-14　选择中心线　　图 4-15　施加对齐约束的结果

（4）自动判断中心/轴　该方式可以使两个圆柱面的中心线快速对齐，特别是对于旋转类特征，无须筛选平面和中心线，系统能快速识别中心线，效果如图 4-14 和图 4-15 所示。

2. 同心约束

同心约束可以约束两个组件的圆形边或椭圆形边，使其中心重合，并使边所在的平面共面，如图 4-16 和图 4-17 所示。

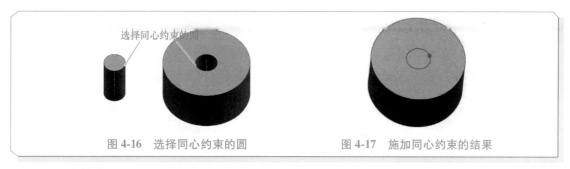

图 4-16 选择同心约束的圆   图 4-17 施加同心约束的结果

3. 距离约束

该约束用于指定两个组件之间的距离，距离可以是正值，也可以是负值，正、负号是相对于静止组件而言的，如图 4-18 所示。

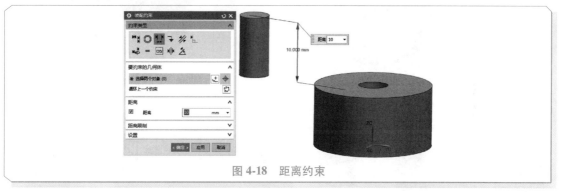

图 4-18 距离约束

4. 固定约束

该约束将组件固定在其当前位置不动，当确定组件位置合适且要由它来约束其他组件时，常用此约束。

5. 平行约束

该约束将两个组件对象的方向矢量约束为平行，如图 4-19a 所示。

6. 垂直约束

该约束将两个组件对象的方向约束为垂直，如图 4-19b 所示。

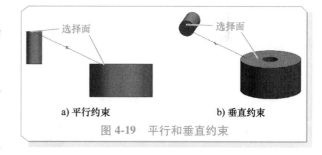

a) 平行约束   b) 垂直约束

图 4-19 平行和垂直约束

7. 胶合约束

该约束将组件焊接在一起，以使其可以像刚体那样移动。选择需要胶合的组件，单击"胶合"按钮，即可创建胶合约束。

8. 中心约束

该约束可以约束两个对象的中心，使其中心对齐。当单击"中心"按钮时，"子类型"下拉列表被激活，其中包括"1 对 2""2 对 1""2 对 2"。

（1）1 对 2 将装配组件上的一个参考对象的中心与另一个组件中的两个参考对象的中心对齐，如图 4-20 和图 4-21 所示。

（2）2 对 1 将装配组件上的两个参考对象的中心与另一个组件中的一个参考对象的中心对齐，如图 4-22 和图 4-23 所示。

（3）2 对 2 将装配组件上的两个参考对象的中心与另一个组件的两个参考对象的中心对齐，如图 4-24 和图 4-25 所示。

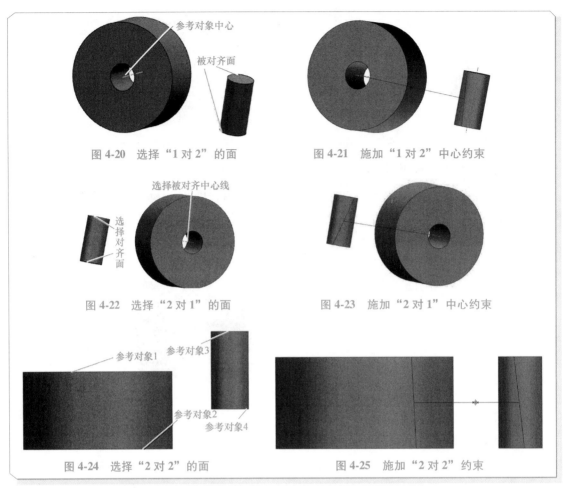

图 4-20　选择 "1 对 2" 的面　　　　图 4-21　施加 "1 对 2" 中心约束

图 4-22　选择 "2 对 1" 的面　　　　图 4-23　施加 "2 对 1" 中心约束

图 4-24　选择 "2 对 2" 的面　　　　图 4-25　施加 "2 对 2" 约束

9. 角度约束

该约束用于控制两个对象之间的角度，从而使装配组件旋转到正确的位置，如图 4-26 所示。

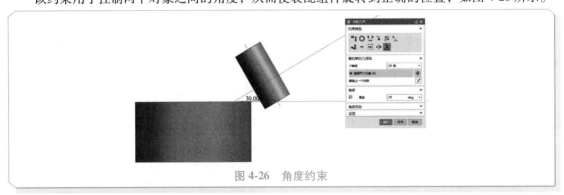

图 4-26　角度约束

在此需要注意的是，装配约束最多限制组件的六个自由度，尽量不要出现过约束的情况。

4.4　装配的一般过程

装配方法有自底向上装配、自顶向下装配和混合装配，混合装配是将自底向上装配和自顶向下装配综合起来进行装配。下面介绍前两种装配方法。

4.4.1 自底向上装配

自底向上装配是比较常用的装配方法，先要设计好装配所需的部件，再将部件添加到装配体中，利用约束进行由底向上的逐级装配，下面介绍操作步骤。

1）单击"文件"选项卡上的"新建"按钮，系统弹出"新建"对话框，新建一个装配部件的几何模型，设置文件名、路径等，单击"确定"按钮，如图 4-27 所示。

图 4-27 "新建"对话框

2）系统弹出"添加组件"对话框，如图 4-28 所示。在"部件"选项区域中，单击"打开"按钮，选择需要打开的组件，完成后出现"组件预览"对话框，如图 4-29 所示。在"添加组件"对话框中单击"应用"按钮，系统将添加组件 1。

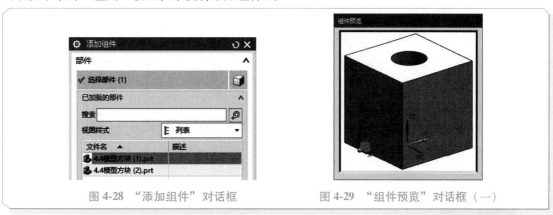

图 4-28 "添加组件"对话框   图 4-29 "组件预览"对话框（一）

3）在"添加组件"对话框中的"部件"选项区域中，单击"打开"按钮，选择需要打开的组件，完成后出现"组件预览"对话框，如图 4-30 所示，在"放置"选项区域中，设置"定位"为"移动"，在"添加组件"对话框中单击"应用"按钮，系统弹出"点"对话框，在已经添加的组件附近单击，系统将添加组件 1，如图 4-31 所示。

4）单击"装配"选项卡上的"装配约束"按钮，系统弹出"装配约束"对话框，如图 4-32所示。在"约束类型"列表框中单击"接触对齐"按钮，在"要约束的几何体"选项区域中的"方位"下拉列表中选择"接触"选项，选择两个组件上的平面，如图 4-33 所示，单击"应用"按钮，结果如图 4-34 所示。

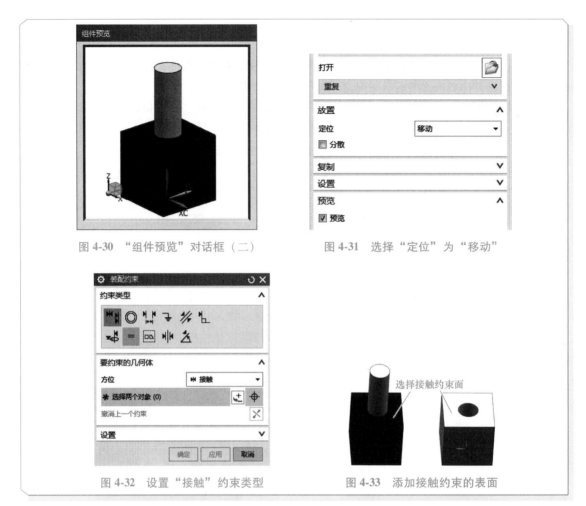

图 4-30 "组件预览"对话框（二）　　　图 4-31 选择"定位"为"移动"

图 4-32 设置"接触"约束类型　　　图 4-33 添加接触约束的表面

5）单击"装配约束"按钮，系统弹出"装配约束"对话框，如图 4-35 所示。选择约束类型为"接触对齐"，在"要约束的几何体"选项区域中的"方位"下拉列表中选择"自动判断中心"选项，分别选择两个组件上的外圆柱面和内圆柱面，如图 4-36 所示，单击"应用"按钮，结果如图 4-37 所示。

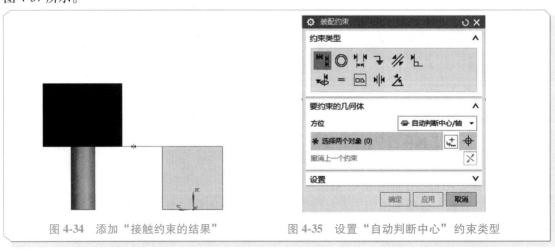

图 4-34 添加"接触约束的结果"　　　图 4-35 设置"自动判断中心"约束类型

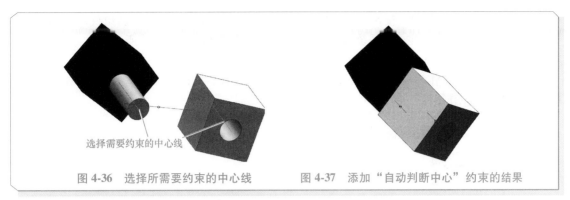

选择需要约束的中心线

图 4-36　选择所需要约束的中心线　　　　图 4-37　添加"自动判断中心"约束的结果

此外，选择自底向上装配方法进行装配时，首先可将需要装配的多个零件一起导入，选择定位方式为"绝对原点"，并勾选"分散"复选框，然后进行零件的装配，如图 4-38 所示。

4.4.2　自顶向下装配

自顶向下装配方法主要用在装配过程的上、下文设计中，即在装配中参照其他零部件对当前工作部件进行设计或创建新的零部件的一种方法。

在自顶向下装配中，显示部件是装配部件，工作部件是装配中的组件，只能对工作部件进行设计和编辑修改。

自顶向下装配有两种方法：先组件再模型和先模型再组件。下面分别进行介绍。

1. 先组件再模型

先在装配中建立一个新的空组件，再在其中建立几何模型。操作步骤如下。

1）打开或新建一个装配文件，该文件可以是一个不含任何几何模型和组件的文件，也可以是一个含有几何模型或装配部件的文件。

单击"文件"选项卡上的"新建"按钮，系统弹出"新建"对话框，新建一个装配部件几何模型，设置文件名、路径等，单击"确定"按钮，如图 4-39 所示。

图 4-38　"添加组件"对话框　　　　　　图 4-39　"新建"对话框

2）创建空组件。系统弹出"添加组件"对话框，单击该对话框中的"取消"按钮。单击

"装配"选项卡上的"新建"按钮，系统弹出"新组件文件"对话框，设置新组件的名称、路径等，单击"确定"按钮，完成后系统弹出"新建组件"对话框，如图 4-40 所示，在"新建组件"对话框中，单击"确定"按钮。

3）新组件成为工作部件。在"装配导航器"中进行操作，选择相应的部件，右击弹出快捷菜单，选择"设为工作部件"命令即可，如图 4-41 所示。

图 4-41 设置工作部件

图 4-40 "新建组件"对话框

4）在工作部件中创建模型，其方法同在建模模块中创建模型。

此方法具体步骤简要概述为：创建空装配文件→创建新的空组件→将空组件设为工作部件→在空组件文件中进行相关性建模→显示和处理装配，并返回装配文件。

2. 先模型再组件

先在装配中建立一个几何模型，然后建立新组件并把几何模型加入到新建的组件中。具体步骤简要概述为：新建模型→创建新模型→装配约束。

4.5 部件的阵列

组件阵列功能用于将组件复制到矩形或圆形阵列中，是快速装配相同零部件一种方法。

单击"装配"选项卡上"组件"模块中的"阵列组件"按钮或在菜单选择"装配"→"组件"→"阵列组件"命令，系统弹出相应的对话框，选择需要阵列的组件后，弹出"阵列组件"对话框，如图 4-42 所示，在对话框中可以选择阵列类型，如"参考""线性""圆形"。

1. 参考

采用"参考"阵列方式创建的组件阵列是基于实例特征的阵列，要求源组件在装配体中安装时需要参照装配体中的某一个实例特征。打开部件里带孔圆盘，可以看到这些孔是使用阵列命令创建的，如图 4-43 所示。当要创建螺钉的阵列时，直接调用这个孔的阵列参数，就可以选择"参考"阵列方式。

下面介绍组件"参考"阵列的操作步骤。

1）单击"装配"选项卡上"组件"模块中的"阵列组件"按钮，系统弹出相应的对话框，选择需要阵列的组件后，单击"确定"按钮，如图 4-44 所示。

2）系统弹出"阵列组件"对话框，选择布局方式为"参考"，单击"确定"按钮，结果如图 4-45 所示。

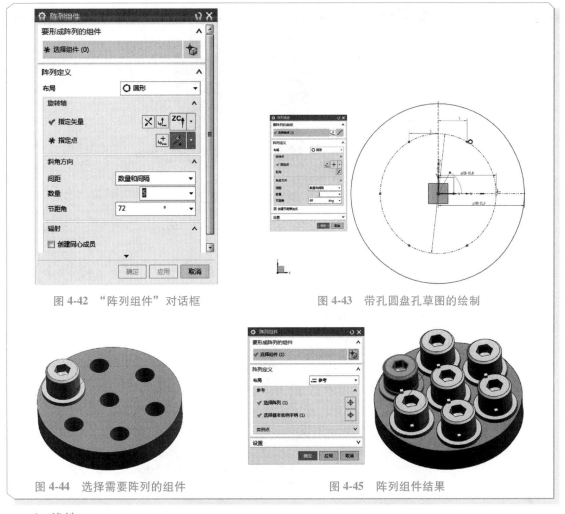

图 4-42 "阵列组件"对话框　　　　　图 4-43 带孔圆盘孔草图的绘制

图 4-44 选择需要阵列的组件　　　　　图 4-45 阵列组件结果

2. 线性

下面介绍组件"线性"阵列的操作步骤。

1）单击"装配"选项卡上"组件"模块中的"阵列组件"按钮，系统弹出相应的对话框，选择需要阵列的组件后，单击"确定"按钮，如图 4-46 所示。

2）系统弹出"阵列组件"对话框，如图 4-47 所示，选择布局方式为"线性"，单击"确定"按钮。

图 4-46 选择需要阵列的组件　　　　　图 4-47 选择"线性"阵列组件对话框

3）选择间距为"数量与间距"，设置数量为"2"，节距为"10"，选择阵列的矢量方向为 Y，如图 4-48 所示。

图 4-48　设置线性阵列参数与阵列方向

3. 圆形

下面介绍组件"圆形"阵列的操作步骤。

1）单击"装配"选项卡上"组件"模块中的"阵列组件"按钮，系统弹出相应的对话框，选择需要阵列的组件后，单击"确定"按钮，如图 4-49 所示。

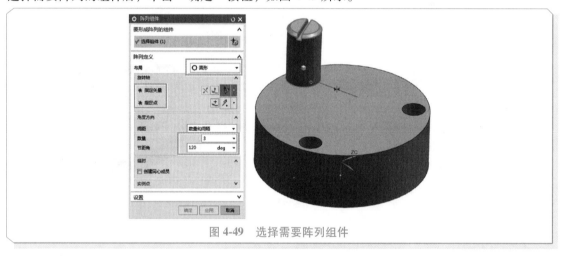

图 4-49　选择需要阵列组件

2）设置旋转轴为"圆柱面"，在绘图区中选择带孔零件的圆柱面，在对话框中设置数量为"3"，角度为"120"，单击"确定"按钮，如图 4-50 所示。

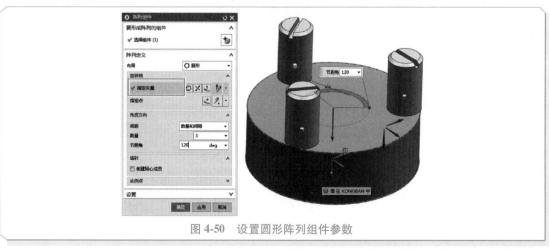

图 4-50　设置圆形阵列组件参数

4.6 装配干涉检查

在产品设计过程中，当产品中的各个零部件组装完成后，设计人员往往比较关心产品中各零部件间的干涉问题，如干涉量或干涉位置等。下面以一个简单的装配体模型为例，说明干涉检查的一般操作过程。

操作步骤如下。

1）打开文件。

2）在"装配"环境下的"菜单"中选择"分析"→"简单干涉"命令，系统弹出"简单干涉"对话框，如图 4-51 所示。

图 4-51 "简单干涉"对话框

3）在"简单干涉"对话框中"干涉检查结果"选项区域的"结果对象"下拉列表中选择"干涉体"选项。

4）依次选取图 4-52 所示的两个对象，"应用"按钮，再单击"确定"按钮，完成创建干涉体的简单干涉检查。

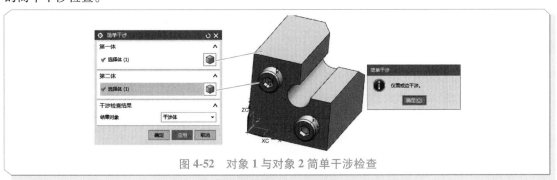

图 4-52 对象 1 与对象 2 简单干涉检查

5）在"简单干涉"对话框中"干涉检查结果"选项区域的"结果对象"下拉列表中选择"高亮显示的面对"选项，在"要高亮显示的面"下拉列表中选择"仅第一对"选项，依次选取图 4-53 所示的对象 1 和对象 2，模型中将显示干涉平面。

6）在"简单干涉"对话框中"干涉检查结果"选项区域的"要高亮显示的"下拉列表中选择"在所有对之间循环"选项，系统将显示"显示下一对"按钮，单击"显示下一对"按钮，模型中将依次显示所有干涉平面，如图 4-54 所示。

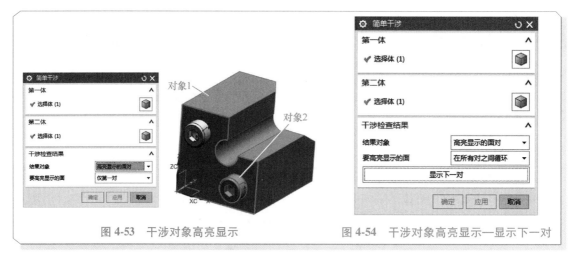

图 4-53　干涉对象高亮显示　　　　　图 4-54　干涉对象高亮显示—显示下一对

7）单击"简单干涉"对话框中的"取消"按钮，完成高亮显示面的简单干涉检查。

4.7　爆炸图

爆炸图是将装配模型中的组件拆分开来，以更好地显示整个装配体的组成情况，方便用户查看装配中的组件及相互之间的装配和位置关系。

单击"装配"选项卡上的"爆炸图"按钮或在"菜单栏"中选择"装配"→"爆炸图"→"显示爆炸"命令，系统弹出"爆炸图"模块，如图 4-55 所示。在该模块中，用户可以进行爆炸图的相关操作。

图 4-55　"爆炸图"模块

4.7.1　新建爆炸图

在 UG NX11.0 软件中，可以创建多个爆炸图。

在"爆炸图"模块中单击"新建爆炸图"按钮，系统弹出"新建爆炸"对话框，该对话框中输入爆炸图的名称，也可以按照系统默认的名称，再单击"确定"按钮，如图 4-56 所示。

图 4-56　"新建爆炸"对话框

在绘图区中观察，此时装配图并没有爆炸，因为爆炸图的具体参数还要通过其后的编辑爆炸图操作产生效果。

4.7.2　编辑爆炸图

编辑爆炸图可以对爆炸图中组件的位置进行定位。具体操作步骤如下。

1）在"爆炸图"模块中单击"编辑爆炸图"按钮，系统弹出图 4-57 所示的"编辑爆炸"对话框。

2）在"编辑爆炸"对话框中可以使用三个选项对组件的位置进行定位、编辑。

① 选择对象。该选项的功能是在装配中选择要编辑位置的组件。

② 移动对象。该选项的功能是在选择要编辑位置的命令后，通过该命令使用鼠标拖动移动手柄，使组件移动或转动。可以沿着 X 轴、Y 轴、Z 轴方向移动或转动，并可以输入移动的距离或转动的角度，如图 4-58 所示。

③ 只移动手柄。该选项的功能是使用鼠标移动手柄而组件的位置不动。

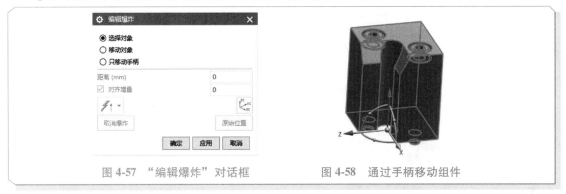

图 4-57 "编辑爆炸"对话框   图 4-58 通过手柄移动组件

3）编辑各个组件到合适位置后，单击"编辑爆炸"对话框中的"确定"按钮完成操作。

4.7.3 自动爆炸组件

用户可以使用"自动爆炸组件"命令对组件位置进行编辑，按照装配约束中的方向和指定的距离自动爆炸组件。

在"装配"选项卡上"爆炸图"模块中单击"自动爆炸组件"按钮，系统弹出相应的对话框，选择要爆炸的组件，如图 4-59 所示，单击对话框中的"确定"按钮，系统弹出"自动爆炸组件"对话框，在"距离"文本框中输入"30"，单击"确定"按钮，组件被爆炸开，如图 4-60 所示。

4.7.4 取消爆炸组件

取消爆炸组件可以将已经爆炸的组件还原到爆炸前的位置。单击"装配"选项卡上"爆炸图"模块中的"取消爆炸视图"按钮，系统弹出相应的对话框，选择要取消爆炸的组件，单击"确定"按钮，所选择的组件位置恢复到原来的位置，如图 4-61 所示。

图 4-59 选择要   图 4-60 输入距离数值   图 4-61 取消爆炸组件
爆炸的组件

4.7.5 删除爆炸图

删除爆炸图可以删除没有显示在绘图区中的爆炸图。

单击"爆炸图"模块中的"删除爆炸图"按钮，系统弹出"爆炸图"对话框，如图 4-62 所示，在该对话框中选择要删除的爆炸图名称，单击"确定"按钮，选择的爆炸图则被删除。如果选择的爆炸图处于当前状态，则不能删除。

4.7.6　创建追踪线

在爆炸图中创建追踪线，可以更清楚地显示组件的位置和装配关系。下面介绍创建追踪线的操作步骤。

1）单击"爆炸图"模块中的"追踪线"按钮（图 4-63），系统弹出"追踪线"对话框，如图 4-64 所示。

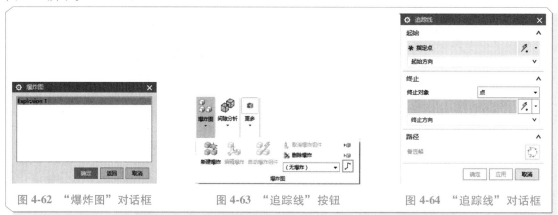

图 4-62　"爆炸图"对话框　　　图 4-63　"追踪线"按钮　　　图 4-64　"追踪线"对话框

2）选择起点和终点。在绘图区选择箭头所指两处圆心作为起点和终点。单击"应用"或"确定"按钮，完成追踪线的绘制。创建的追踪线如图 4-65 所示。

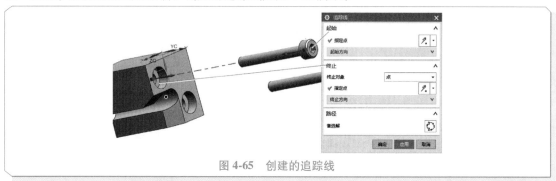

图 4-65　创建的追踪线

需要注意的是，如果创建的追踪线有多种，则"备选解"按钮处于可选状态，可以单击该按钮，获得所需的追踪线。

4.7.7　切换爆炸图

如果一个装配图建立了多个爆炸图，或者想从爆炸状态切换到无爆炸的装配状态，则可以使用"爆炸图切换"命令进行切换。在"爆炸图"模块中的"工作视图爆炸"下拉菜单中选择所需的爆炸图名称，如图 4-66 所示，也可以选择"无爆炸"选项，恢复到无爆炸的状态。

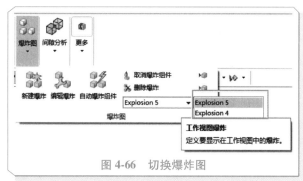

图 4-66　切换爆炸图

4.8 肘夹的装配

肘夹是一种主要用于固定工件的机构，以垂直负载压紧工件，本节主要介绍肘夹的装配过程，如图 4-67 所示。

操作步骤如下。

1）新建装配，在"菜单栏"中选择"文件"→"新建"命令，打开"新建"对话框，如图 4-68 所示。选择"装配"选项，将零件名称改为"肘夹"，单击"确定"按钮。

2）添加组件（肘夹-1）。单击"组件"模块中的"添加"按钮，弹出"添加组件"对话框，单击"打开"按钮，打开"部件名"对话框，如图 4-69 所示。选择"肘夹-1"零件，单击"OK"按钮。

3）放置组件（肘夹-1）。在"添加组件"对话框中设置放置方式，如图 4-70 所示，选择定位方式为"绝对原点"，单击"确定"按钮。

4）添加组件（肘夹-2）。单击"组件"模块中的"添加"按钮，弹出"添加组件"

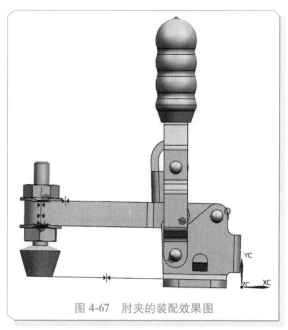

图 4-67 肘夹的装配效果图

对话框，单击"打开"按钮，打开"文件名"对话框，如图 4-71 所示。选择零件"肘夹-2"，单击"OK"按钮。

图 4-68 创建装配

5）放置组件（肘夹-2）。在"添加组件"对话框中设置放置方式，如图 4-72 所示，选择定位方式为"根据约束"，单击"确定"按钮。

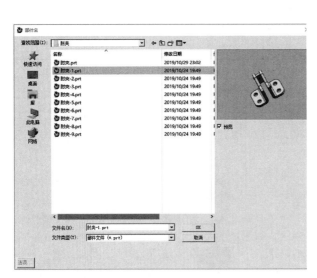

图 4-69　打开装配文件肘夹-1

图 4-70　添加组件肘夹-1

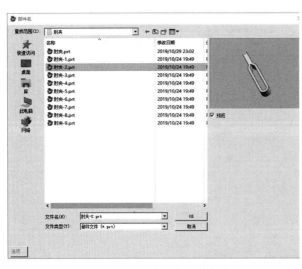

图 4-71　打开装配文件肘夹-2

图 4-72　添加组件肘夹-2

6）选择同心约束。在弹出的"装配约束"对话框中设置约束，如图 4-73 所示：选择"同心约束"的装配类型①→选择"同心约束"的边线②→选择"同心约束"的边线③→单击"确定"按钮④。

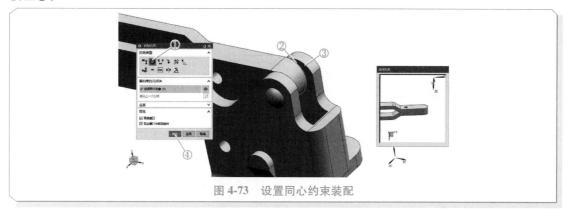

图 4-73　设置同心约束装配

7）添加组件（肘夹-3）。单击"组件"模块中的"添加"按钮，弹出"添加组件"对话框，单击"打开"按钮，打开"部件名"对话框，如图 4-74 所示。

8）放置组件（肘夹-3）。在"添加组件"对话框中设置放置方式，如图 4-75 所示。选择定位方式为"根据约束"，单击"确定"按钮。

图 4-74　打开装配文件肘夹-3　　　　　　图 4-75　添加组件肘夹-3

9）选择同心约束。在弹出的"装配约束"对话框中设置约束，如图 4-76 所示：选择"同心约束"的装配类型①→选择"同心约束"的边线②→选择"同心约束"的边线③→单击"确定"按钮④。

10）添加组件（肘夹-4）。单击"组件"模块中的"添加"按钮，弹出"添加组件"对话框，单击"打开"按钮，打开"部件名"对话框，如图 4-77 所示。选择"肘夹-4"零件，单击"OK"按钮。

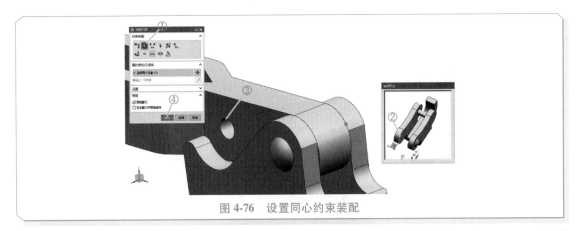

图 4-76 设置同心约束装配

11）放置组件（肘夹-4）。在"添加组件"对话框中设置放置方式，如图 4-78 所示。选择定位方式为"根据约束"，单击"确定"按钮。

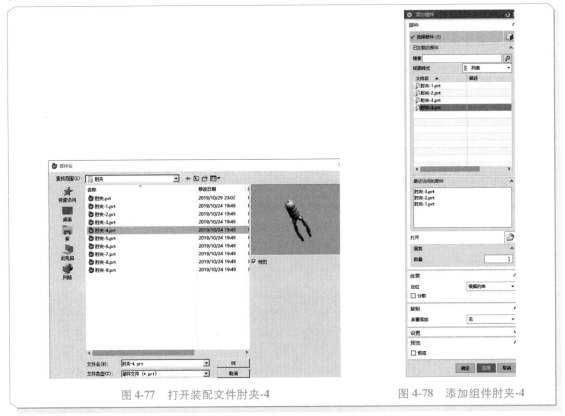

图 4-77 打开装配文件肘夹-4   图 4-78 添加组件肘夹-4

12）选择同心约束，在弹出的"装配约束"对话框中设置约束，如图 4-79 所示：选择"同心约束"的装配类型①→选择"同心约束"的边线②→选择"同心约束"的边线③→单击"确定"按钮④。

13）添加组件（肘夹-6）。单击"组件"模块中的"添加"按钮，弹出"添加组件"对话框，单击"打开"按钮，打开"部件名"对话框，如图 4-80 所示。选择"肘夹-6"零件，单击"确定"按钮。

14）放置组件（肘夹-6）。在"添加组件"对话框中设置放置方式，如图 4-81 所示。选择定位方式为"根据约束"，单击"确定"按钮。

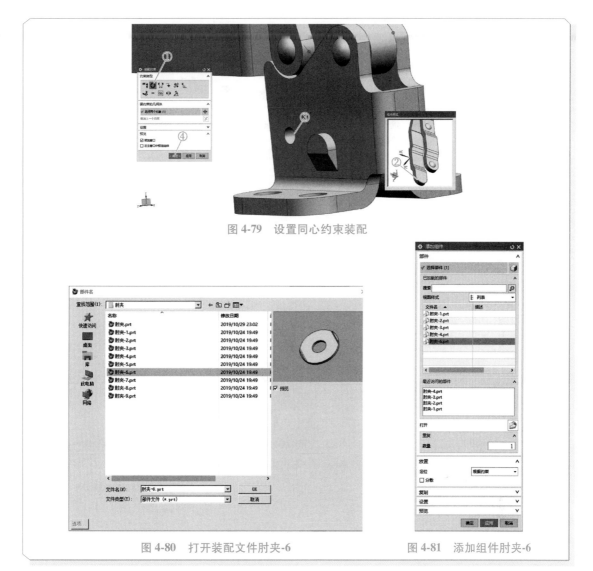

图 4-79 设置同心约束装配

图 4-80 打开装配文件肘夹-6 　　　　　　图 4-81 添加组件肘夹-6

15）选择接触对齐约束。在弹出的"装配约束"对话框中设置约束，如图 4-82 和图 4-85 所示：选择"接触约束"类型①→选择"接触约束"的面②→选择"接触约束"的面③→方位更换为"对齐"④→选择"对齐约束"的边线⑤→选择"对齐约束"的边线⑥→单击"确定"按钮⑦。

16）添加组件（肘夹-7）。单击"组件"模块中的"添加"按钮，弹出"添加组件"对话框，单击"打开"按钮，打开"部件名"对话框，如图 4-84 所示，选择"肘夹-7"零件，单击"确定"按钮。

17）放置组件（肘夹-7）。在"添加组件"对话框中设置放置方式，如图 4-85 所示。选择"肘夹-7"零件，单击"确定"按钮。

18）选择同心约束。在弹出的"装配约束"对话框中设置约束，如图 4-86 所示。选择"同心约束"类型①→选择"同心约束"的边线②→选择"同心约束"的面③→单击"确定"按钮④。

19）重复步骤 13~18，通过选择"添加组件"命令，完成垫片与螺母的装配，装配完成后的效果如图 4-87 所示。

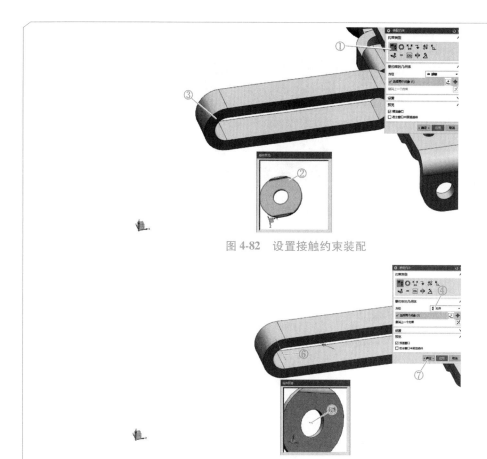

图 4-82 设置接触约束装配

图 4-83 对齐约束装配

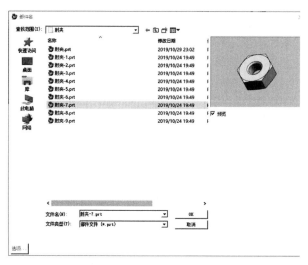

图 4-84 打开装配文件肘夹-7

图 4-85 添加组件肘夹-7

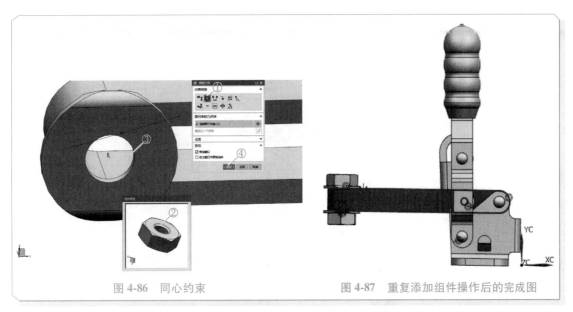

图 4-86 同心约束   图 4-87 重复添加组件操作后的完成图

20）添加组件（肘夹-5）。单击"组件"模块中的"添加"按钮，弹出"添加组件"对话框，单击"打开"按钮，打开"部件名"对话框，如图 4-88 所示。选择"肘夹-5"零件，单击"确定"按钮。

21）放置组件（肘夹-5）。在"添加组件"对话框中设置放置方式，如图 4-89 所示。选择零件"肘夹-5"，单击"确定"按钮。

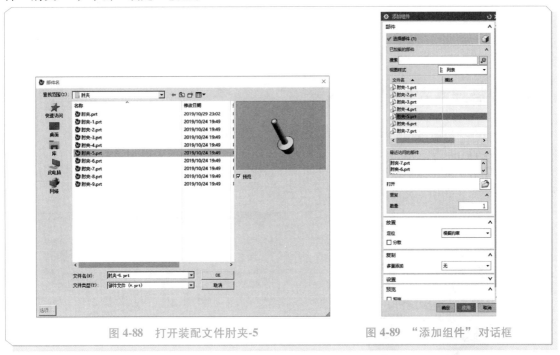

图 4-88 打开装配文件肘夹-5   图 4-89 "添加组件"对话框

22）选择接触约束。在弹出的"装配约束"对话框中设置约束，如图 4-90 和图 4-91 所示：选择"接触约束"类型①→选择"接触约束"的对象②→选择"接触约束"的对象③→单击"应用"按钮④→选择"接触约束"的对象⑤→选择"接触约束"的对象⑥→单击"确定"按钮⑦，完成后的效果如图 4-91 所示。

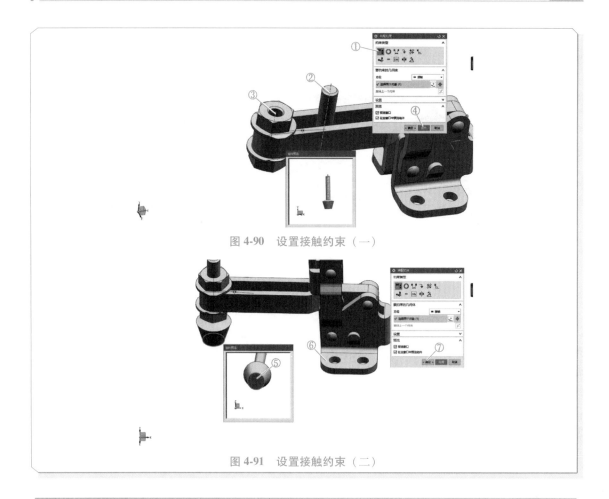

图 4-90　设置接触约束（一）

图 4-91　设置接触约束（二）

4.9　带垫圈内六角螺栓的装配

　　本节介绍内六角螺栓的装配过程，主要涉及螺栓、弹簧垫圈的装配，如图 4-92 所示。

　　操作步骤如下。

　　1）新建装配，在"菜单栏"中选择"文件"→"新建"命令，打开"新建"对话框，如图 4-93 所示。选择"装配"选项，将零件名称改为"带垫圈内六角螺栓"，单击"确定"按钮。

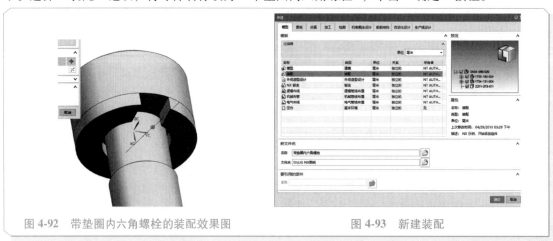

图 4-92　带垫圈内六角螺栓的装配效果图　　　　　　图 4-93　新建装配

2）添加组件（带垫圈内六角螺栓-1）。单击"组件"模块中的"添加"按钮，弹出"添加组件"对话框，单击"打开"按钮，打开"部件名"对话框，如图 4-94 所示。选择零件"带垫圈内六角螺栓-1"零件，单击"OK"按钮。

3）放置组件（带垫圈内六角螺栓-1）。在"添加组件"对话框中设置放置方式，如图 4-95 所示。选择定位方式为"绝对原点"，单击"确定"按钮。

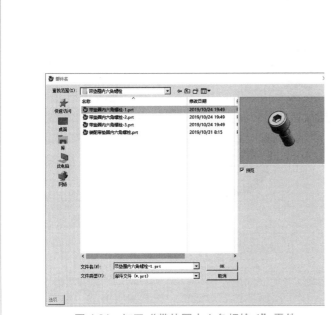

图 4-94　打开"带垫圈内六角螺栓-1"零件

图 4-95　添加"带垫圈内六角螺栓-1"零件

4）添加组件（带垫圈内六角螺栓-2）。单击"组件"模块中的"添加"按钮，弹出"添加组件"对话框，单击"打开"按钮，打开"部件名"对话框，如图 4-96 所示。选择"带垫圈内六角螺栓-2"零件，单击"OK"按钮。

5）放置组件（带垫圈内六角螺栓-2）。在"添加组件"对话框中设置放置方式，如图 4-97 所示。选择定位方式为"根据约束"，单击"确定"按钮。

6）选择同心约束。在弹出的"装配约束"对话框中设置约束，如图 4-98 所示。选择"同心约束"的装配类型①→选择约束的边线②→选择约束的边线③→单击"确定"按钮④。

图 4-96　打开"带垫圈内六角螺栓-2"零件

7）添加组件（带垫圈内六角螺栓-3）。单击"组件"模块中的"添加"按钮，弹出"添加组件"对话框，单击"打开"按钮，打开"部件名"对话框，如图 4-99 所示。选择"带垫圈内六角螺栓-3"零件，单击"OK"按钮。

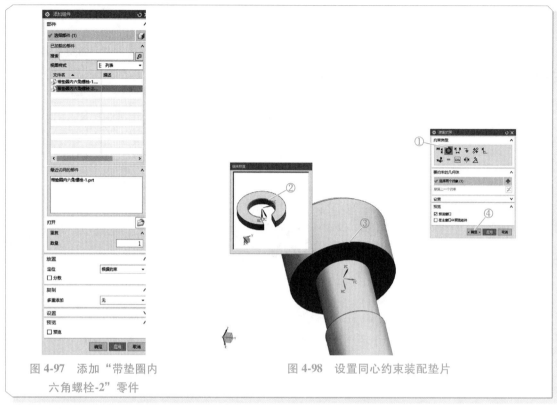

图 4-97　添加"带垫圈内
　　　六角螺栓-2"零件

图 4-98　设置同心约束装配垫片

8）放置组件（带垫圈内六角螺栓-3）。在"添加组件"对话框中设置放置方式，如图 4-100 所示。选择定位方式为"根据约束"选项，单击"确定"按钮。

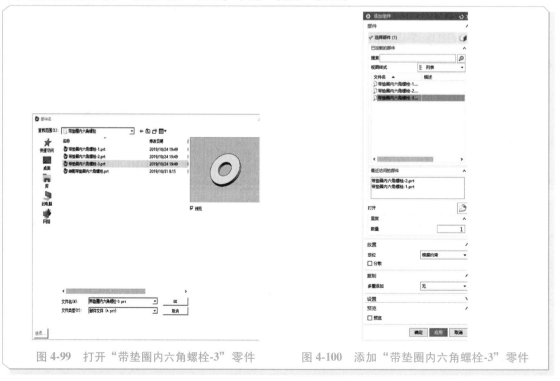

图 4-99　打开"带垫圈内六角螺栓-3"零件

图 4-100　添加"带垫圈内六角螺栓-3"零件

9）选择同心约束。在弹出的"装配约束"对话框中设置约束，如图 4-101 所示。选择"同心约束"的装配类型①→选择约束的边线②→选择约束的边线③→单击"确定"按钮④，完成带垫圈内六角螺栓的装配。

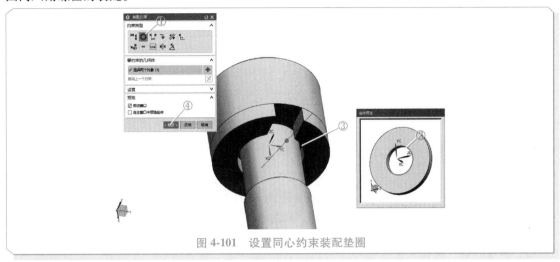

图 4-101　设置同心约束装配垫圈

4.10　轻度压入夹具的装配

轻度压入夹具是一种通过肘夹移动空出空间，实现固定工件的机构。本节主要介绍轻度压入夹具的装配过程。

此机构主要包含底板、工件、导电橡胶脚垫、以及 4.8 中的肘夹、4.9 中的带垫圈内六角螺栓等多个零件，装配完成后的效果如图 4-102 所示。

轻度压入肘夹装配

其他组件装配

肘夹移动

图 4-102　轻度压入夹具的装配效果图

操作步骤如下。

1）新建装配，在"菜单栏"中选择"文件"→"新建"命令，打开"新建"对话框，如图 4-103 所示。选择"装配"选项，更改零件名称为"轻度压入夹具"，单击"确定"按钮。

2）添加底板。单击"组件"模块中的"添加"按钮，弹出"添加组件"对话框，单击"打开"按钮，打开"部件名"对话框，如图 4-104 所示。选择"底板"零件，单击"OK"按钮。

图 4-103　创建轻度压入夹具装配　　　　　　图 4-104　打开"底板"零件

3）放置底板。在"添加组件"对话框中设置放置方式，如图 4-105 所示。选择定位方式为"绝对原点"，单击"确定"按钮。

4）调整底板。将底板添加到绘图区后，右击移动到"对齐视图"按钮处，也可按快捷键〈F8〉对齐视图，如图 4-106 所示。

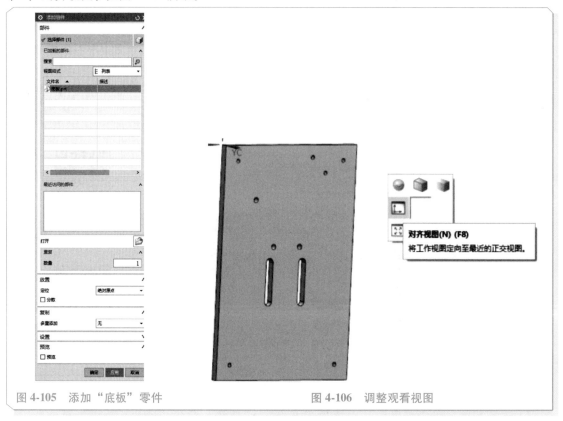

图 4-105　添加"底板"零件　　　　　　图 4-106　调整观看视图

5）添加带轴环型导电橡胶脚垫。单击"组件"模块中的"添加"按钮，弹出"添加组件"对话框，单击"打开"按钮，打开"部件名"对话框，如图 4-107 所示。选择"带轴环型导电橡胶垫"零件，单击"OK"按钮。

6）放置带轴环型导电橡胶脚垫。在"添加组件"对话框中设置放置方式，如图 4-108 所示。

选择定位方式为"根据约束",单击"确定"按钮。

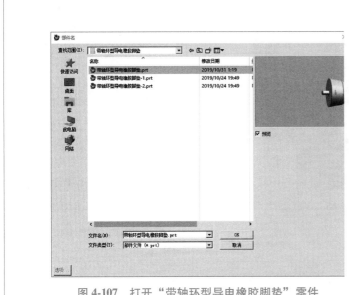

图 4-107 打开"带轴环型导电橡胶脚垫"零件

图 4-108 添加橡胶脚垫

7)装配带轴环型导电橡胶脚垫。在弹出的"装配约束"对话框中设置约束,如图 4-109 所示。选择"接触约束"的类型①→选择接触约束的面②→选择接触约束的面③→单击"应用"按钮④。

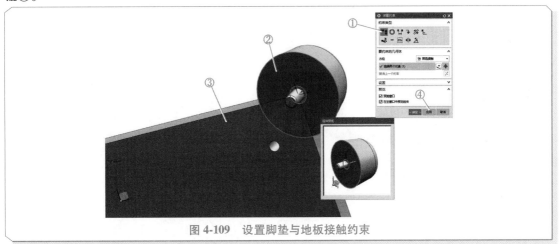

图 4-109 设置脚垫与地板接触约束

8)设置脚垫与底板同心圆约束。如图 4-110 所示,选择"同心"的装配类型①→选择需要同心约束的圆②→选择需要同心约束的圆③→单击"确定"按钮④。

9)重复步骤 7 和步骤 8,完成带轴环型导电橡胶脚垫的全部安装,如图 4-111 所示。

10)添加记号销。选择"记号销"零件,单击"OK"按钮,如图 4-112 所示。

11)放置记号销。在"添加组件"对话框中设置放置方式,如图 4-113 所示。选择定位方式为"根据约束",单击"确定"按钮。

12)安装记号销。在弹出的"装配约束"对话框中设置约束,如图 4-114 所示。选择"接触约束"的装配类型①→将"方位"切换成"接触"②→选择起始接触面③→选择目标接触面④→单击"应用"按钮⑤。

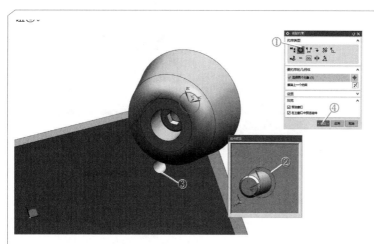

图 4-110　设置脚垫与底板同心圆约束

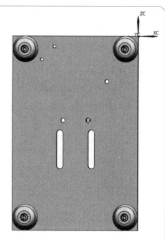

图 4-111　脚垫完成安装

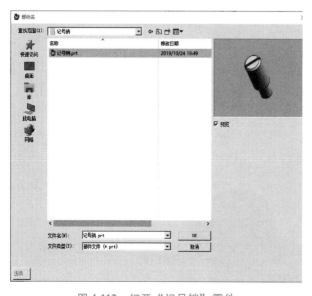

图 4-112　打开"记号销"零件

图 4-113　添加"记号销"零件

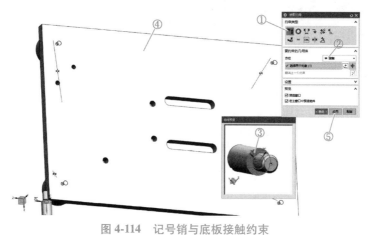

图 4-114　记号销与底板接触约束

13）继续装配记号销。如图 4-115 所示，选择"同心约束"的装配类型①→选择施加同心约束的圆②→选择施加同心约束的圆③→单击"确定"按钮④。

14）完成记号销的全部安装。重复步骤 10~13，将记号销全部安装完成，如图 4-116 所示。

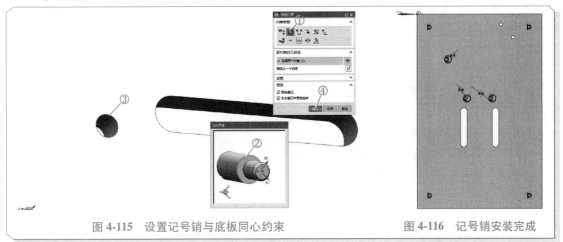

图 4-115 设置记号销与底板同心约束   图 4-116 记号销安装完成

15）添加工作部件。如图 4-117 所示，选择零件"工作部件-1""工作部件-2"，单击"OK"按钮。

16）放置工作部件-1。在"添加组件"对话框中设置放置方式，如图 4-118 所示。选择定位方式为"根据约束"，单击"确定"按钮。

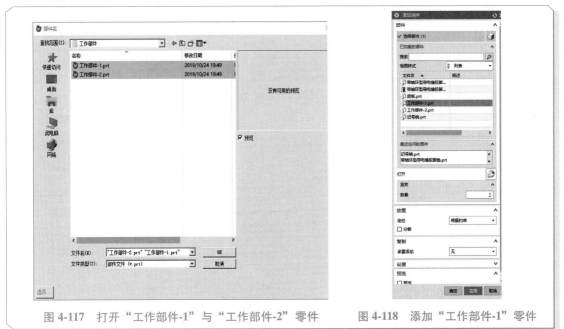

图 4-117 打开"工作部件-1"与"工作部件-2"零件   图 4-118 添加"工作部件-1"零件

17）工作部件的装配。弹出"装配约束"对话框，如图 4-119 所示。选择"接触约束"的装配类型①→将"方位"换成"接触"②→选择起始接触面③→选择目标接触面④→单击"应用"按钮⑤。

18）设置工作部件的同心约束。弹出"装配约束"对话框，如图 4-120 和图 4-121 所示，选择"同心约束"的装配类型①→选择同心约束的起始圆心②→选择同心约束的目标圆心③→单击"应用"按钮④→选择同心约束的起始圆心⑤→选择同心约束的目标圆心⑥→单击"确定"按钮⑦。

19）放置工作部件-2。在"添加组件"对话框中设置放置方式，如图 4-122 所示。选择定位方式为"根据约束"，单击"确定"按钮。

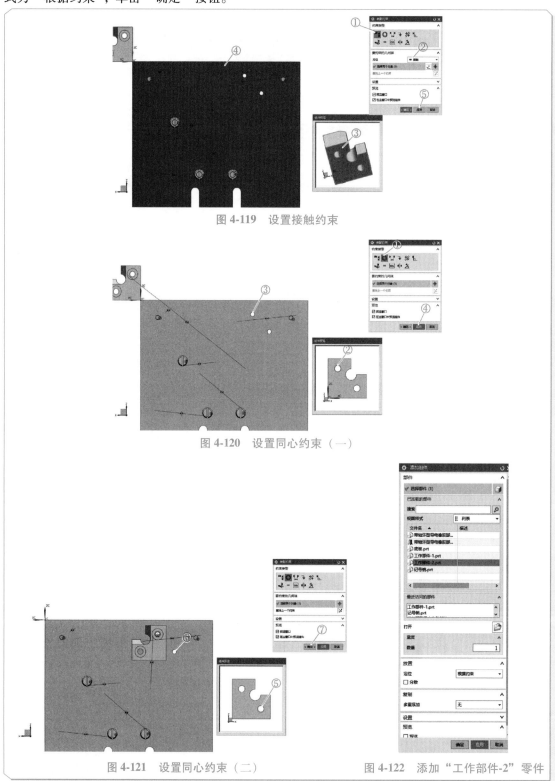

图 4-119　设置接触约束

图 4-120　设置同心约束（一）

图 4-121　设置同心约束（二）　　　　图 4-122　添加"工作部件-2"零件

20）安装工作部件2。弹出"装配约束"对话框，如图 4-123 所示，选择"同心约束"的装配类型①→选择同心约束的起始圆心②→选择同心约束的目标圆心③→单击"确定"按钮④。

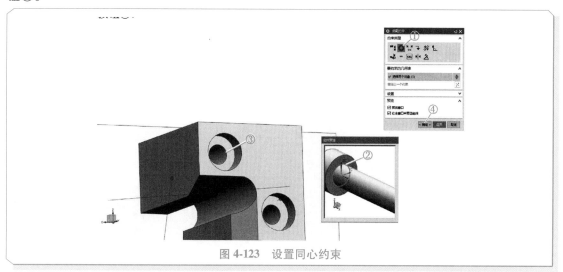

图 4-123　设置同心约束

21）完成工作导件2的安装。重复步骤 17~20，使工作部件完成安装，如图 4-124 所示。

22）添加工件。选择零件"工件-1""工件-2"，单击"OK"按钮，如图 4-125 所示。

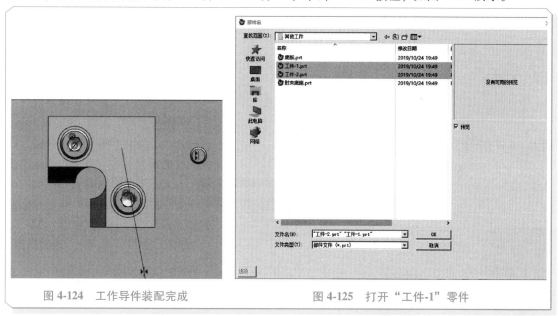

图 4-124　工作导件装配完成　　　　图 4-125　打开"工件-1"零件

23）放置工件-1。在"添加组件"对话框中设置放置方式，如图 4-126 所示。选择定位方式为"根据约束"，单击"确定"按钮。

24）装配工件-1。弹出"装配约束"对话框，如图 4-127 所示。选择"接触约束"的装配类型①→选择约束对齐的起始面②→选择约束对齐的目标面③→单击"确定"按钮。

25）继续装配工件-1。弹出"装配约束"对话框，如图 4-128 所示，选择接触线①→选择接触线②→单击"确定"按钮③。

26）放置工件-2。在"添加组件"对话框中设置放置方式，如图 4-129 所示。选择定位方式为"根据约束"，单击"确定"按钮。

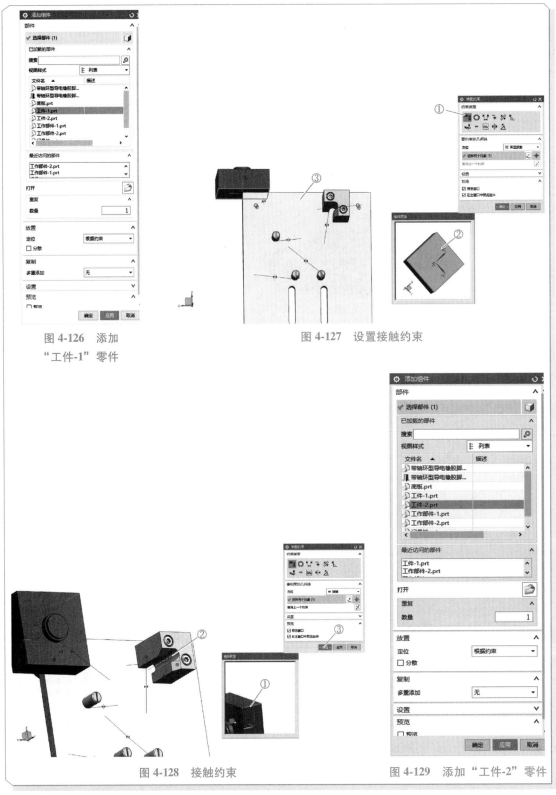

图 4-126 添加
"工件-1"零件

图 4-127 设置接触约束

图 4-128 接触约束

图 4-129 添加"工件-2"零件

27）装配工件 2。弹出"装配约束"对话框，如图 4-130 所示，选择"同心约束"的装配类型
①→选择约束对齐的边②→选择约束对齐的边③→单击"确定"按钮④。

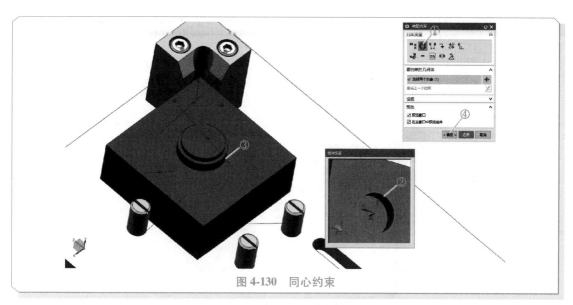

图 4-130　同心约束

28）添加肘夹底座。单击"组件"模块中的"添加"按钮，弹出"添加组件"对话框，单击"打开"按钮，打开"部件名"对话框，如图 4-131 所示。选择"肘夹底座"零件，单击"OK"按钮。

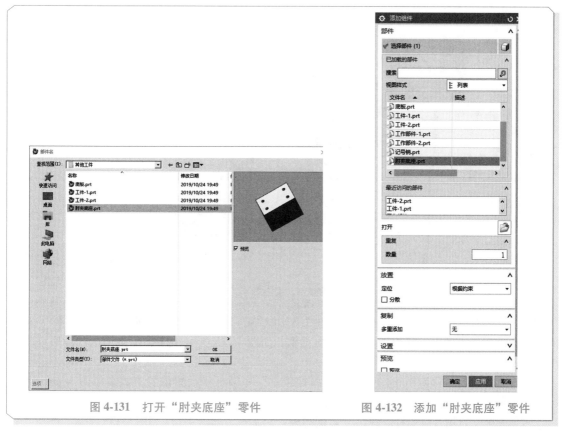

图 4-131　打开"肘夹底座"零件　　　　图 4-132　添加"肘夹底座"零件

29）放置肘夹底座。在"添加组件"对话框中设置放置方式，如图 4-132 所示。选择定位方式为"根据约束"，单击"确定"按钮。

30）装配肘夹底座。在"添加组件"对话框中设置放置方式，如图 4-133 所示，选择"接触"

或"首选接触"的装配类型①→选择约束对齐的面②→选择约束对齐的面③→单击"确定"按钮④。

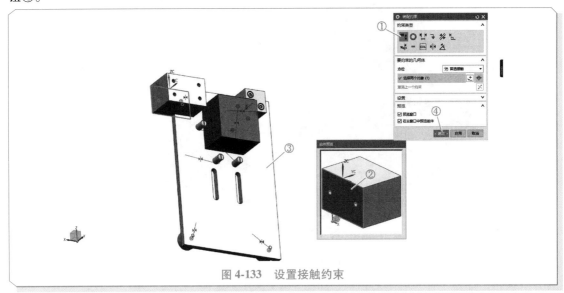

图 4-133　设置接触约束

31）装配肘夹底座。如图 4-134 所示，选择"同心约束"的装配类型①→选择约束对齐的面②→选择约束对齐的面③→单击"确定"按钮④。

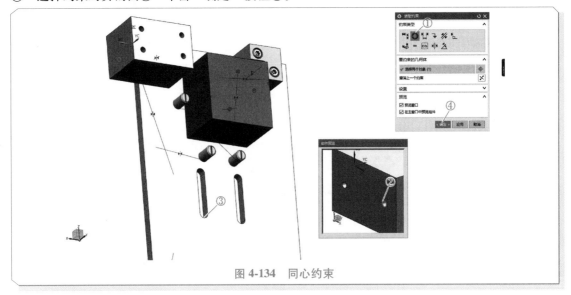

图 4-134　同心约束

32）添加支点用台阶螺钉。单击"组件"模块中的"添加"按钮，弹出"添加组件"对话框，单击"打开"按钮，打开"部件名"对话框，如图 4-135 所示，选择"支点用台阶螺钉"零件，单击"OK"按钮。

33）放置支点用台阶螺钉。弹出的"添加组件"对话框中设置放置方式，如图 4-136 所示。选择定位方式为"根据约束"，单击"确定"按钮。

34）装配支点用台阶螺钉。弹出"装配约束"对话框，如图 4-137 和图 4-138 所示。选择"对齐约束"的装配类型①→选择需要对齐的中心线②→选择被对齐的中心线③→单击"应用"按钮④→选择需要约束的接触面⑤→选择被约束的接触面⑥→单击"确定"按钮⑦。

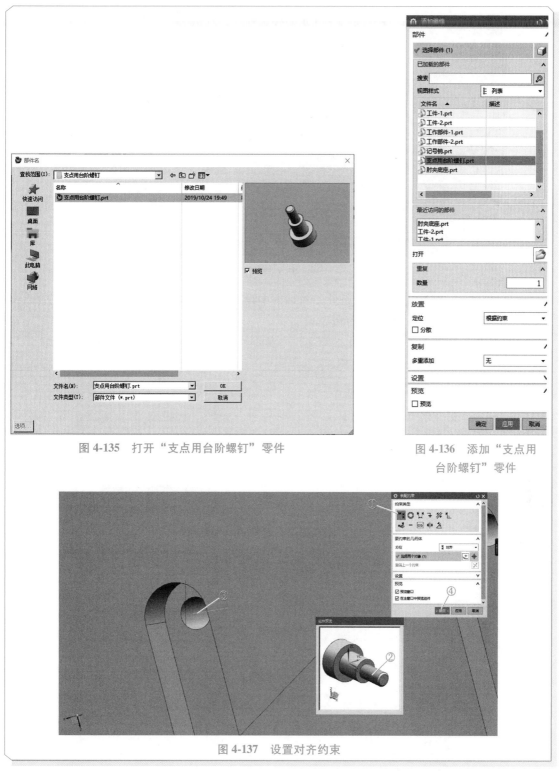

图 4-135 打开"支点用台阶螺钉"零件

图 4-136 添加"支点用台阶螺钉"零件

图 4-137 设置对齐约束

35）添加肘夹。单击"组件"模块中的"添加"按钮，弹出"添加组件"对话框，单击"打开"按钮，打开"部件名"对话框，如图 4-139 所示。选择"肘夹"零件，单击"OK"按钮。

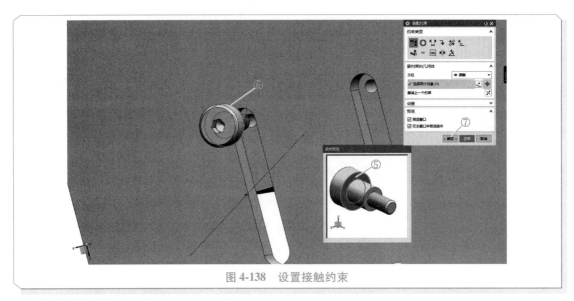

图 4-138　设置接触约束

36）放置肘夹。在弹出的"添加组件"对话框中设置放置方式，如图 4-140 所示。选择定义方式为"根据约束"，单击"确定"按钮。

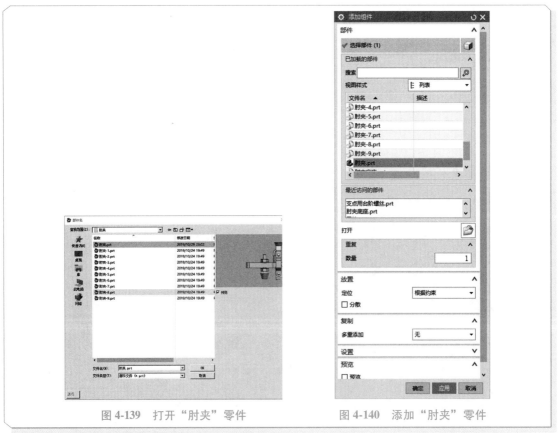

图 4-139　打开"肘夹"零件　　　　　　　图 4-140　添加"肘夹"零件

37）装配肘夹。弹出"装配约束"对话框，如图 4-141 和图 4-142 所示。选择"同心约束"的装配类型①→选择需要同心约束的边②→选择需要同心约束的边③→单击"应用"按钮④→选择需要同心约束的边⑤→选择需要同心约束的边⑥→单击"确定"按钮⑦。

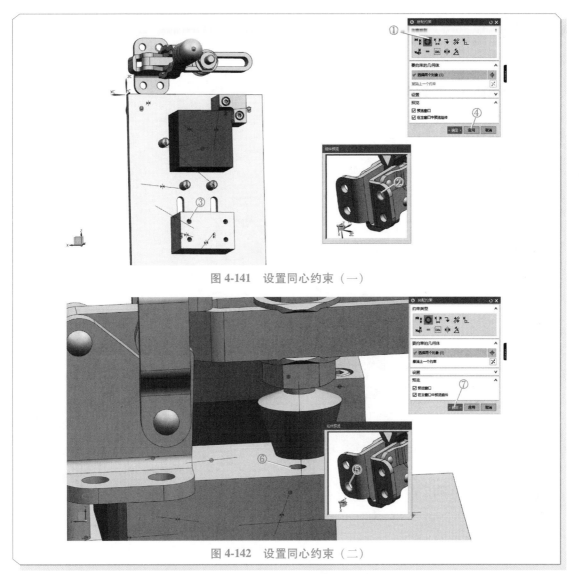

图 4-141　设置同心约束（一）

图 4-142　设置同心约束（二）

38）添加带垫圈内六角螺栓。单击"组件"模块中的"添加"按钮，弹出"添加组件"对话框，单击"打开"按钮，打开"部件名"对话框，如图 4-143 所示。选择"装配带垫圈内六角螺栓"零件，单击"OK"按钮。

39）放置带垫圈内六角螺栓。在弹出的"添加组件"对话框中设置放置方式，如图 4-144 所示，选择定位方式为"根据约束"，单击"确定"按钮。

40）装配带垫圈内六角螺栓。弹出"装配约束"对话框，如图 4-145 和 4-146 所示。选择"对齐"的装配类型①→方位

图 4-143　打开"内六角螺栓"零件

选择"对齐"②→选择对齐的中心线③→选择对齐的中心线④→单击"应用"按钮⑤→方位选择"接触"⑥→选择接触的两个面⑦→选择接触的两个面⑧→单击"确定"按钮⑨→完成装配。

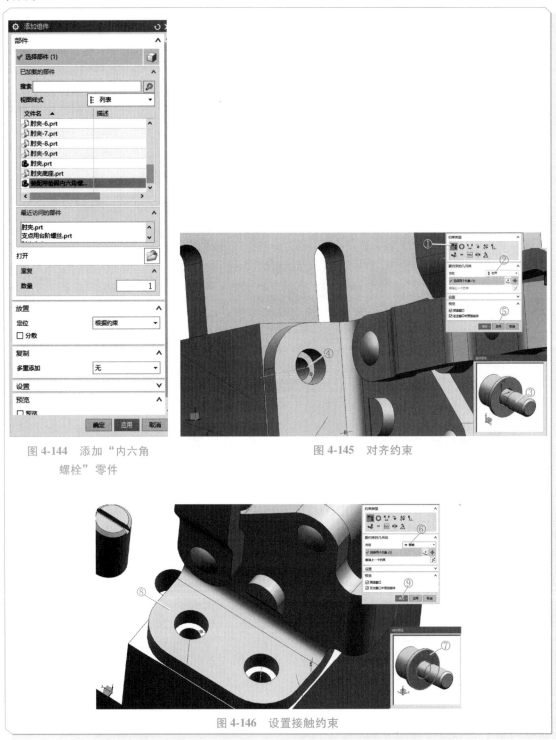

图 4-144　添加"内六角
　　　　螺栓"零件

图 4-145　对齐约束

图 4-146　设置接触约束

41）重复步骤 37~39，完成带垫圈内六角螺栓的装配，如图 4-147 所示。

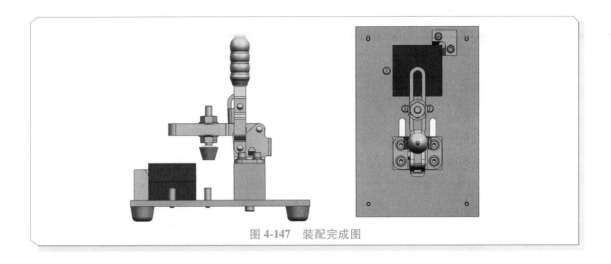

图 4-147 装配完成图

4.11 滑板车的装配

本节主要介绍儿童滑板车的装配过程，滑板车包含底板、车轮、轴承等多个零件，完成后的装配效果如图 4-148 所示。

操作步骤如下。

1) 新建装配，打开 UG NX11.0 软件后，在"菜单栏"中选择"文件"→"新建"命令，弹出"新建"对话框，在"模型"选项卡中选择"装配"模板①；在"名称"文本框中修改新文件名称②；单击"文件夹"按钮可以选择或更改文件的保存路径③；设置完成后单击"确定"按钮即可④，如图 4-149 所示。

图 4-148 滑板车装配效果图　　　　　图 4-149 创建新装配文件

2) 装配支撑板。单击"装配"选项卡①；在"组件"模块中单击"添加"按钮单击②，添加将要装配的组件，如图 4-150 所示。

3) 在"添加组件"对话框中单击"打开"按钮①；弹出"部件名"对话框，选择需要添加的文件②；单击"确定"按钮③，如图 4-151 所示。

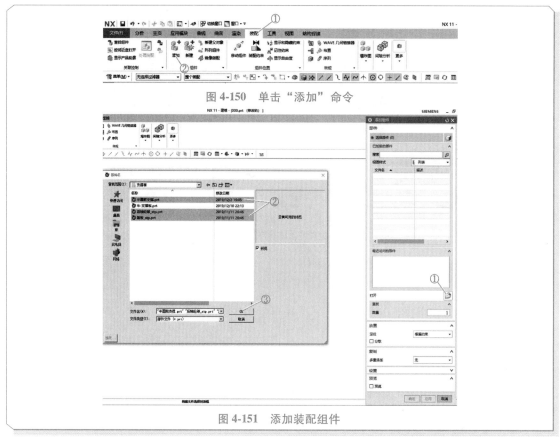

图 4-150　单击"添加"命令

图 4-151　添加装配组件

4) 在"添加组件"对话框中选择"踏板"作为基准组件①，用它固定装配其他组件完成部件的安装。选择定位方式为"绝对原点"②；单击"应用"按钮③，如图 4-152 所示，完成后如图 4-153 所示，用户可单击鼠标中键移动视角或右击自动调整一侧视角观看，也可在"视图"选项卡中切换①。

图 4-152　添加"踏板"组件

5）选择"半圆前支撑"作为装配组件①，将它装配到基准组件"踏板"上；选择定位方式为"根据约束"②；单击"应用"按钮③，如图 4-154 所示。

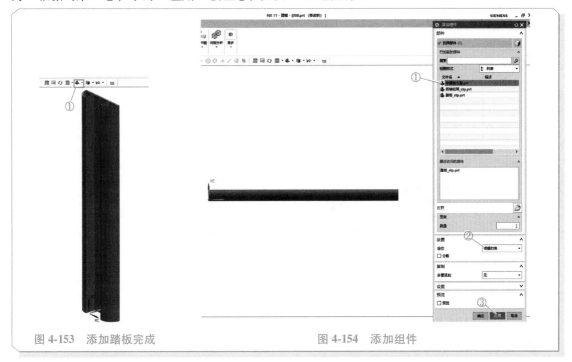

图 4-153　添加踏板完成　　　　　　　　　　图 4-154　添加组件

6）在"装配约束"对话框中选择"接触对齐"的装配方式①；在方位选择"接触"②；在绘图区单击装配组件的接触配合面③；单击基准组件的接触配合面④；单击"应用"按钮⑤，如图 4-155 所示。

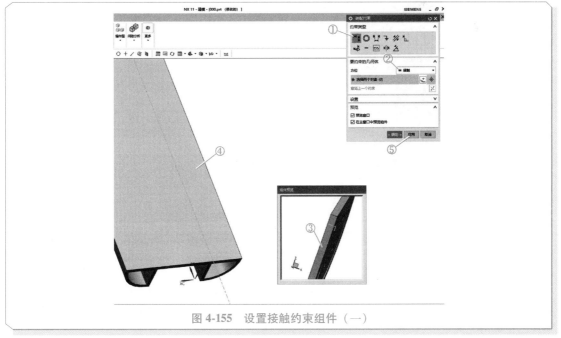

图 4-155　设置接触约束组件（一）

7）选择需要约束的边线①；选择需要约束的边线②；单击"确定"按钮③（因为需要边角接触对齐，所以选择以棱角线作为配合对象），如图 4-156 所示。

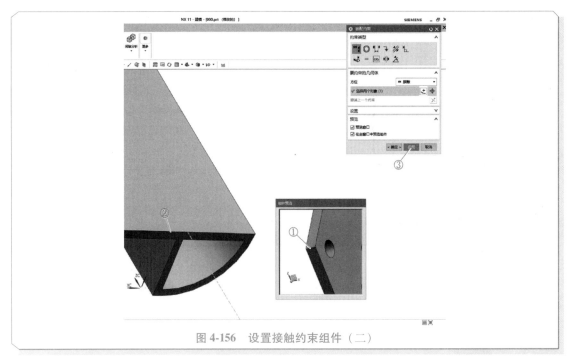

图 4-156 设置接触约束组件（二）

8）选择方位为"对齐"①；选择装配对齐面②；选择基准对齐面③；单击"确定"按钮，如图 4-157 所示。

图 4-157 设置对齐约束组件

按照上述步骤完成另一个前半圆支撑部分的装配，效果如图 4-158 所示。

9）在"装配"选项卡单击"添加"按钮①；打开"添加组件"对话框，选择"后轴轮架"零件②；单击"确定"按钮③，如图 4-159 所示。

10）将约束装配方位切换为"接触"①；将配合组件的接触面选为第一移动对象②；基准组件的配合面选为基准对象③；单击"确定"按钮④，如图 4-160 所示。

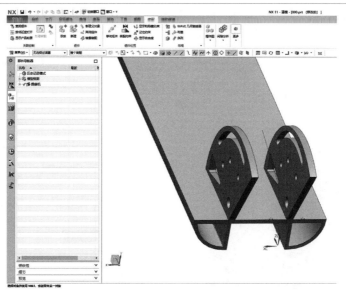

图 4-158 装配完成

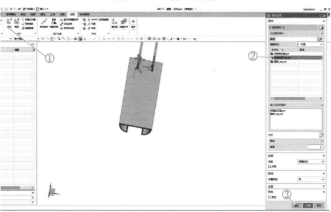

图 4-159 添加组件

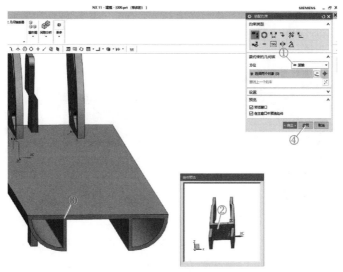

图 4-160 设置接触约束组件（一）

11）将约束装配方位切换为"接触"①；将配合组件的接触面选为第一移动对象②；基准组件的配合面选为基准对象③；单击"应用"按钮④，如图 4-161 所示。

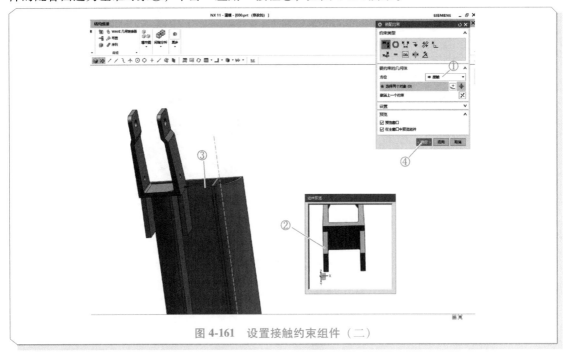

图 4-161 设置接触约束组件（二）

12）将约束装配方位切换为"接触"①；将配合组件的接触面选为第一移动对象②；基准组件的配合面选为基准对象③；单击"确定"按钮，如图 4-162 所示。支撑板的装配效果如图 4-163 所示。

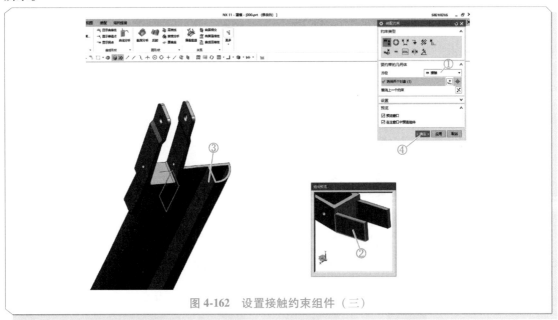

图 4-162 设置接触约束组件（三）

13）前叉轮组件装配。单击"添加"组件对话框中的"打开"按钮①；选择需要添加的文件②（可以使用〈Ctrl〉与〈Shift〉键进行顺序选择组件和个别选择组件）；单击"OK"按钮③，如图 4-164 所示。

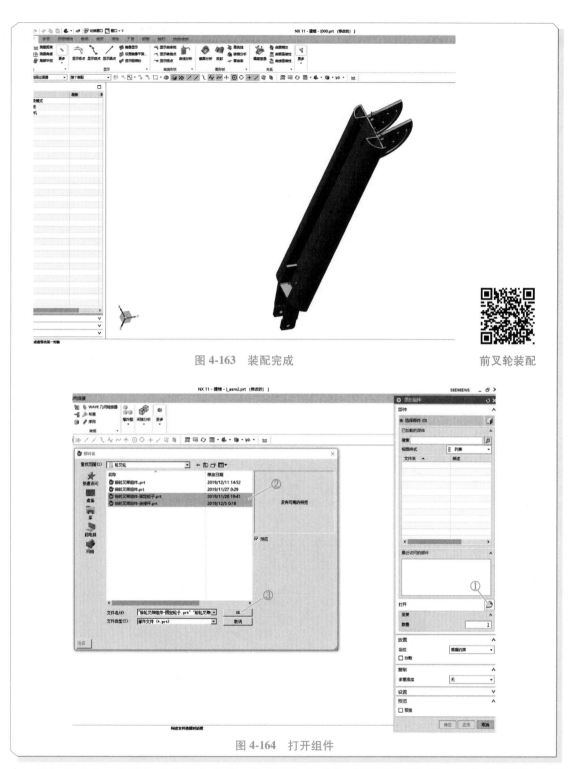

图 4-163　装配完成

前叉轮装配

图 4-164　打开组件

14）选择上一步添加的组件文件①；选择定位方式为"绝对原点"②；单击"应用"按钮③，如图 4-165 所示。

15）选择上一步添加的组件①；选择定位方式为"根据约束"②；单击"确定"按钮③，如图 4-166 所示。

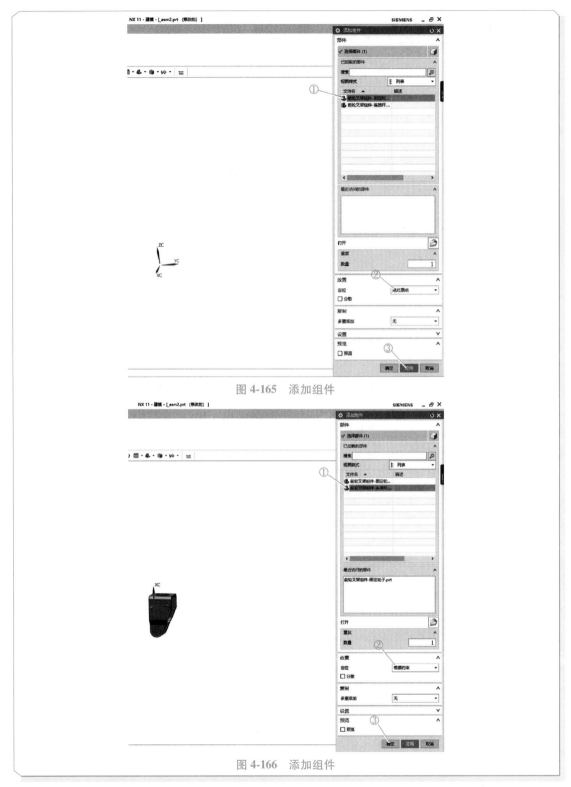

图 4-165　添加组件

图 4-166　添加组件

16）在"装配约束"对话框中选择"接触对齐"的装配类型①；将方位换为"接触"②；选择需要接触约束的组件面，第一个选择对象为移动对象③，第二个选择对象为基准对象④；单击"应用"按钮⑤，如图 4-167 所示。

图 4-167　设置接触约束

17）选择"同心约束"的类型①；选择约束边②；选择约束边③；单击"确定"按钮④，如图 4-168 所示。前叉轮装配效果如图 4-169 所示。

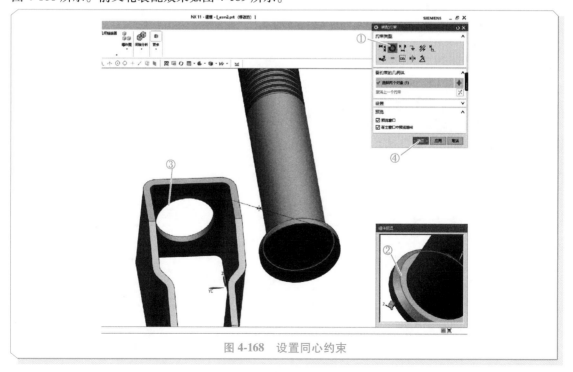

图 4-168　设置同心约束

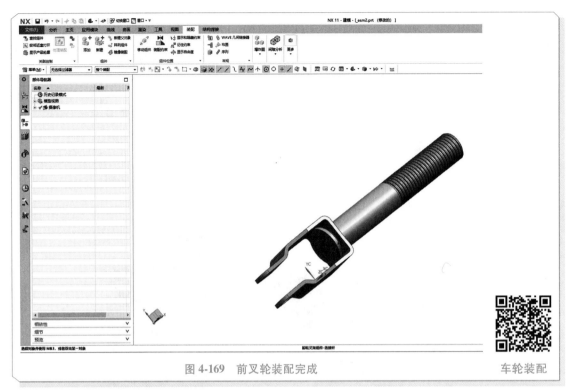

图 4-169　前叉轮装配完成

车轮装配

18）车轮装配。单击"添加组件"对话框中的"打开"按钮①；选择需要添加的文件②；单击"OK"按钮完成添加③，如图 4-170 所示。

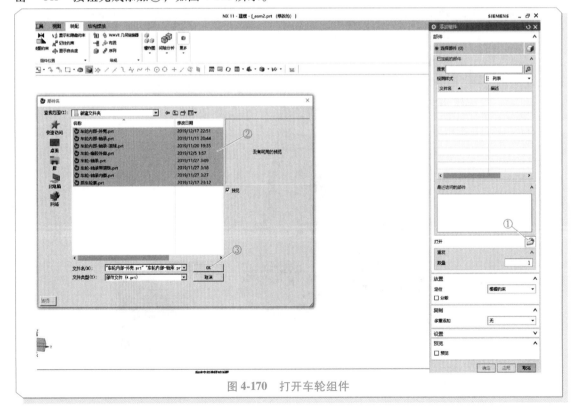

图 4-170　打开车轮组件

19）选择上一步添加的组件①；选择定位方式为"绝对原点"②；单击"应用"按钮③，如图 4-171 所示；选择装配组件④，选择定位方式为"根据约束"⑤；单击"确定"按钮⑥，如图 4-172 所示。

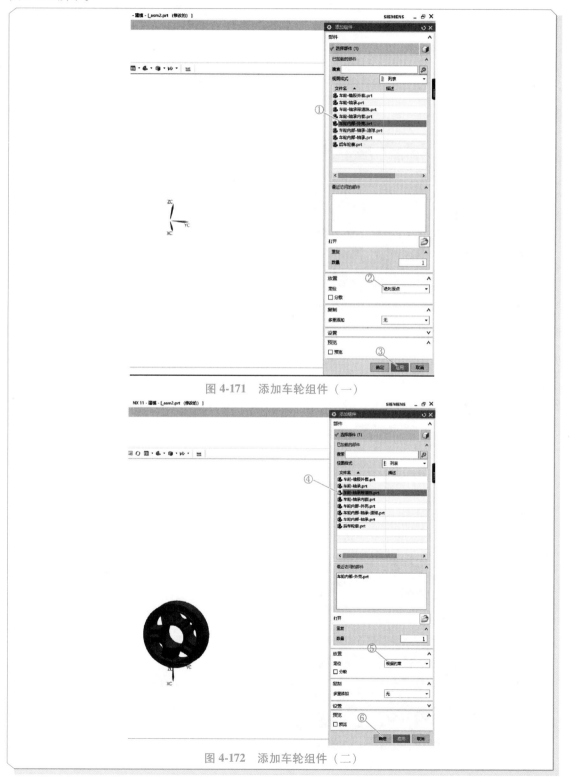

图 4-171　添加车轮组件（一）

图 4-172　添加车轮组件（二）

20）在"装配约束"对话框中选择"接触对齐"的装配方式①；方位选择"对齐"②；选择对齐对象③；选择对齐对象④；单击"应用"按钮⑤，如图 4-173 所示。

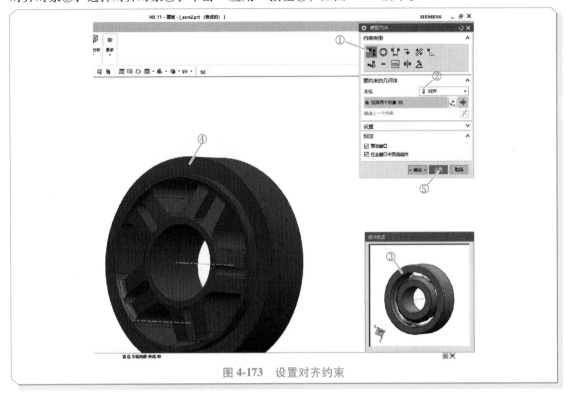

图 4-173　设置对齐约束

21）选择"同心约束"的装配类型①；选择需要同心约束的对象②；选择需要同心约束的对象③；单击"应用"按钮④，如图 4-174 所示。

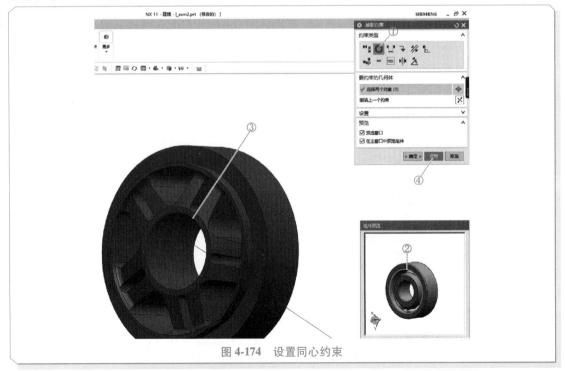

图 4-174　设置同心约束

22）选择装配组件①；单击"应用"按钮②，如图 4-175 所示。

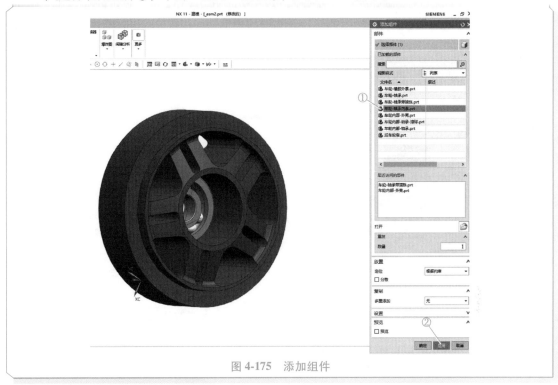

图 4-175　添加组件

23）选择"接触对齐"的装配类型①；方位选择"对齐"②；选择对齐的中心线③；选择对齐的中心线④；单击"应用"按钮⑤，如图 4-176 所示。

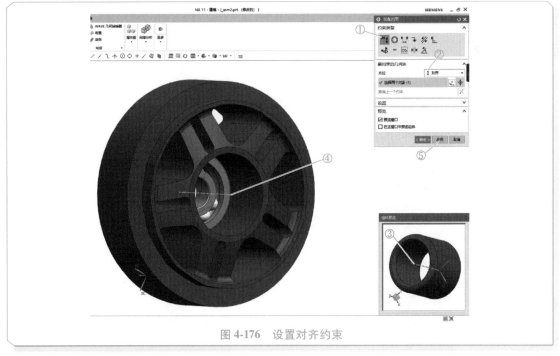

图 4-176　设置对齐约束

24）选择"同心约束"的装配类型①；选择需要同心约束的线②；选择需要同心约束的线③；单击"确定"按钮④，如图 4-177 所示。

25）重复步骤 19~24，完成另一边轴承的安装，如图 4-178 所示。

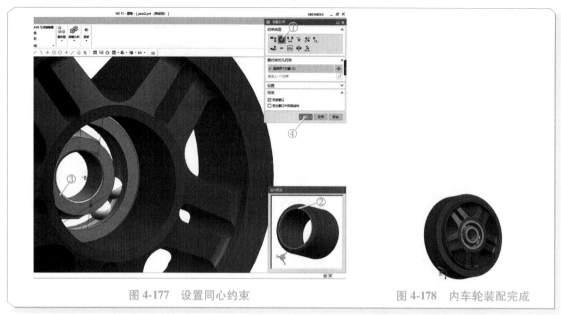

图 4-177　设置同心约束　　　　　　　　图 4-178　内车轮装配完成

26）选择装配的组件①；单击"确定"按钮②，如图 4-179 所示。

图 4-179　添加组件

27）选择"接触对齐"的装配类型①；方位改为"接触"②；选择约束对象③；选择约束对象④；单击"应用"按钮⑤，如图 4-180 所示。

28）选择"同心约束"的装配类型①；选择同心约束对象②；选择同心约束对象③；单击"确定"按钮④，如图 4-181 所示，装配效果如图 4-182 所示。

29）把手装配。单击"添加组件"对话框中的"打开"按钮①；选择需要打开的文件②；单击"OK"按钮③，如图 4-183 所示。

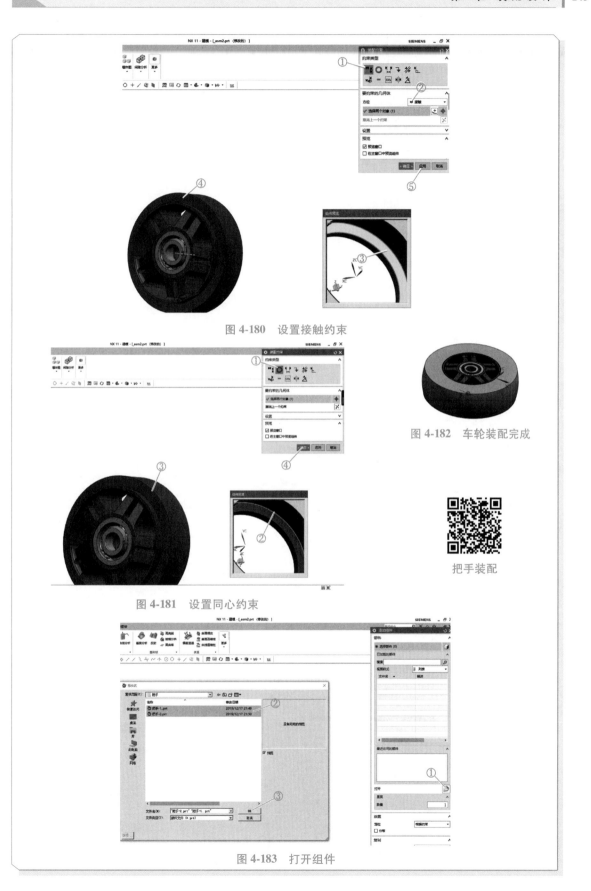

图 4-180　设置接触约束

图 4-181　设置同心约束

图 4-182　车轮装配完成

把手装配

图 4-183　打开组件

30）选择需要添加的组件①；选择定位方式为"绝对原点"②；单击"应用"按钮③，如图 4-184 所示。

图 4-184　添加组件

31）选择需要添加的组件①；选择定位方式为"根据约束"②；单击"应用"按钮③，如图 4-185 所示。

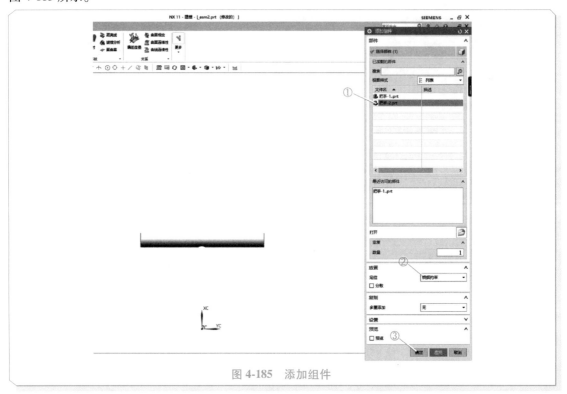

图 4-185　添加组件

32）选择"接触对齐"的装配类型①；方位选择"接触"②；选择约束对象③；选择约束对象④；单击"应用"按钮⑤，如图 4-186 所示。

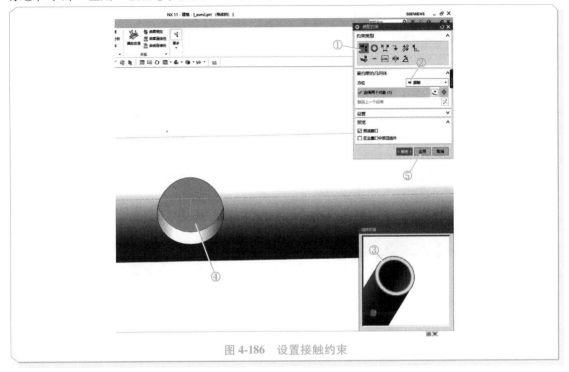

图 4-186 设置接触约束

33）选择"同心约束"的装配类型①；选择约束对象②；选择约束对象③；单击"应用"按钮④，如图 4-187 所示。

图 4-187 设置同心约束

34）选择"平行"的装配类型①；选择平行约束对象②；选择平行约束对象③；单击"确定"按钮④，如图 4-188 所示。效果如图 4-189 所示。

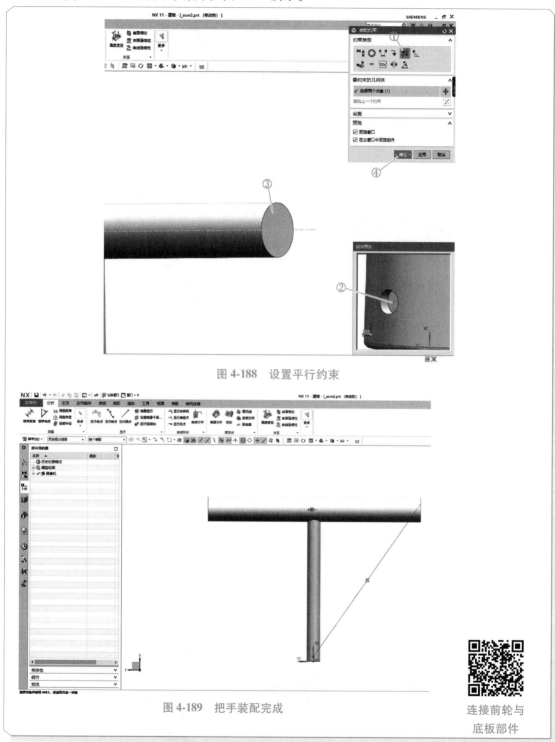

图 4-188　设置平行约束

图 4-189　把手装配完成

连接前轮与
底板部件

35）可调角度前车身的连接。在"添加组件"对话框中单击"打开"按钮①；选择需要添加的组件②；单击"OK"按钮③，如图 4-190 所示。

图 4-190　打开文件

36）选择需要添加的组件①；选择定位方式为"绝对原点"②；单击"应用"按钮③，如图 4-191 所示。

图 4-191　添加组件

37）选择需要添加的组件①；选择定位方式为"根据约束"②；单击"确定"按钮③，如图 4-192 所示。

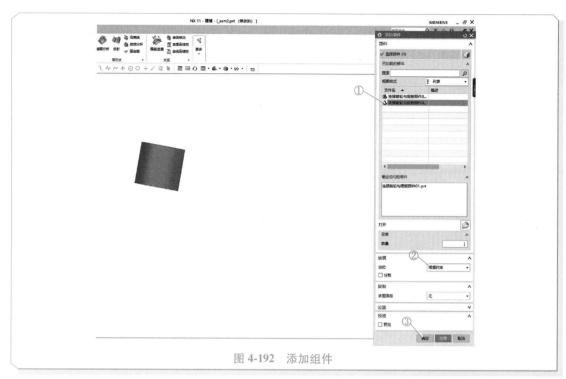

图 4-192　添加组件

38）选择"接触对齐"的装配类型①；选择方位为"对齐"②；选择约束对象③；选择约束对象④；单击"应用"按钮⑤，如图 4-193 所示。

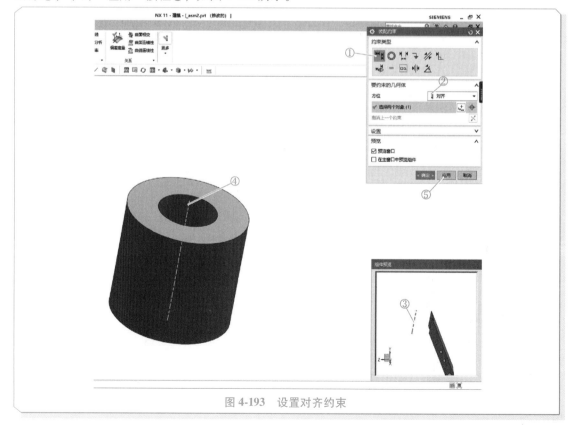

图 4-193　设置对齐约束

39）选择"距离约束"的装配类型①；单击"交点"按钮②；选择约束对象③；选择约束对象④，如图 4-194 所示。

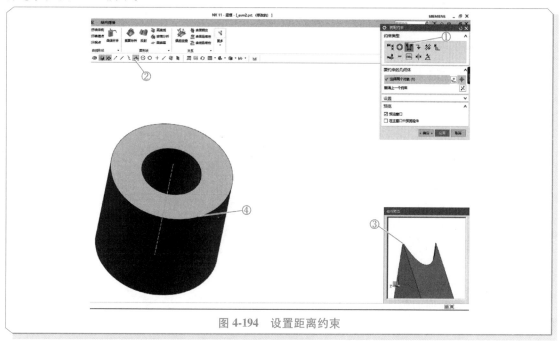

图 4-194 设置距离约束

40）输入距离约束的长度①；单击"确定"按钮②，如图 4-195 所示。

图 4-195 输入距离约束的长度

41）装配机头高端夹紧件。单击"打开"按钮①；选择需要打开的文件②；单击"OK"按钮③，如图 4-196 所示。

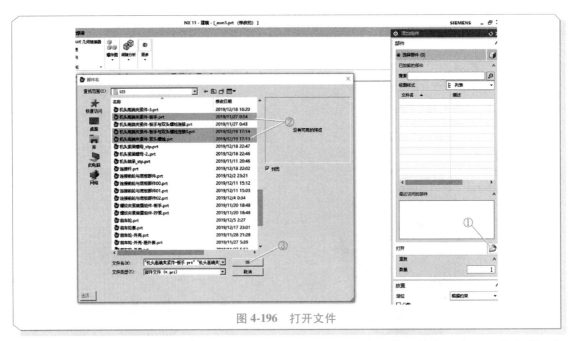

图 4-196 打开文件

42）选择需要添加的组件①；选择定位方式为"绝对原点"②；单击"应用"按钮③，如图 4-197 所示。

图 4-197 添加组件

43）选择需要添加的组件①；选择定位方式为"根据约束"②；单击"应用"按钮③，如图 4-198 所示。

图 4-198 添加组件

44）选择"接触对齐"的装配类型①，方位选择"对齐"②；选择约束对象③；选择约束对象④；单击"应用"按钮⑤，如图 4-199 所示。

图 4-199 设置对齐约束

45）选择"中心约束"的装配类型①；选择约束对象②；选择约束对象③，如图 4-200 所示。切换角度，选择约束对象④；单击"确定"按钮⑤，如图 4-201 所示。

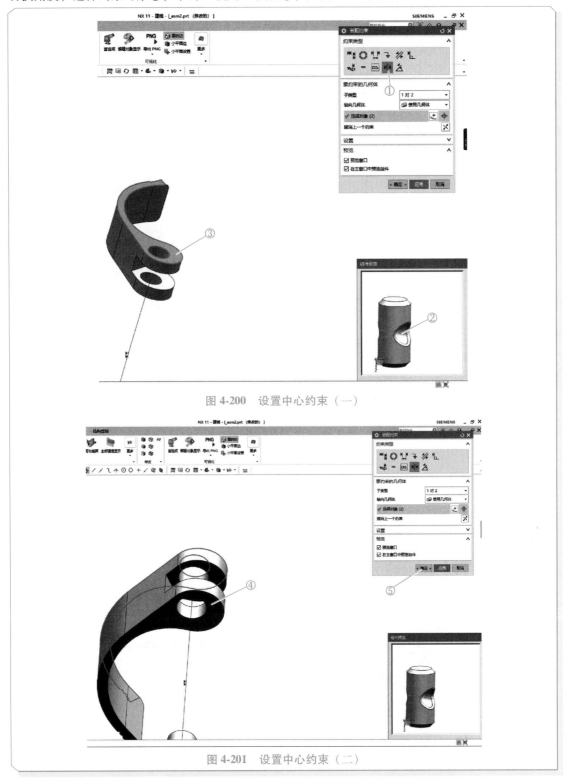

图 4-200　设置中心约束（一）

图 4-201　设置中心约束（二）

46）选择"接触对齐"的装配类型①；选择约束对象②；选择约束对象③；单击"确定"按

钮④，如图 4-202 所示。

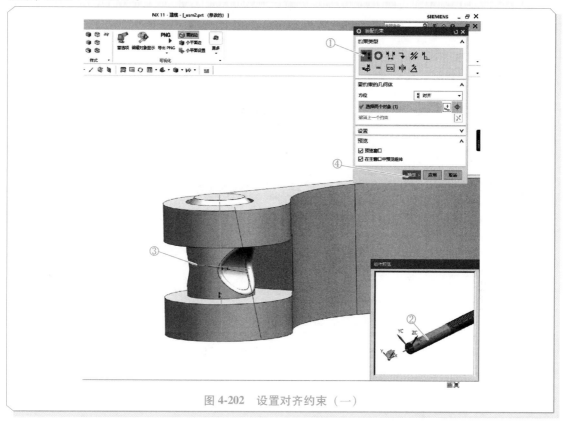

图 4-202　设置对齐约束（一）

47）选择"接触对齐"的装配类型①；选择约束面②；选择约束面③；单击"确定"按钮④，如图 4-203 所示，效果如图 4-204 所示。

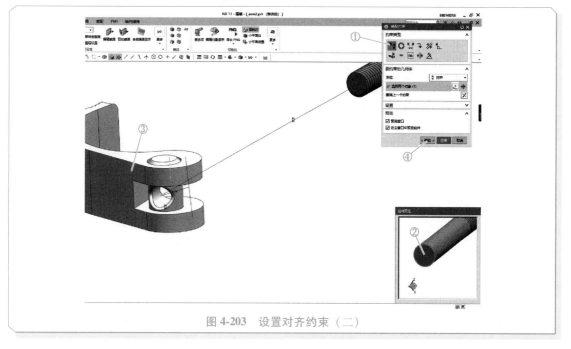

图 4-203　设置对齐约束（二）

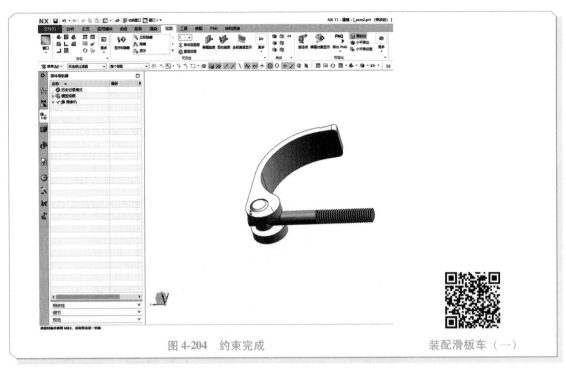

图 4-204 约束完成 装配滑板车(一)

48)装配滑板车。单击"打开"按钮①;将装配滑板车所用的组件全部打开②;单击"OK"按钮③,如图 4-205 所示。

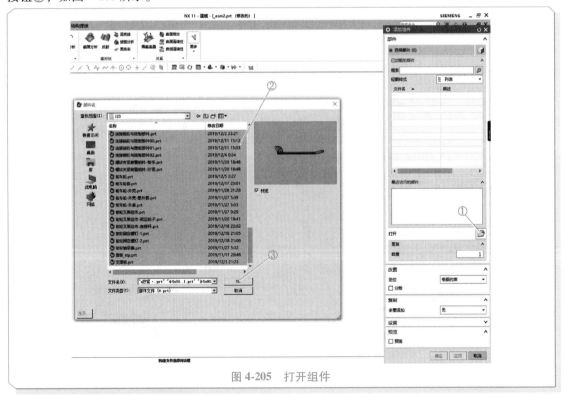

图 4-205 打开组件

49)选择需要添加的组件①;选择定位方式为"绝对原点"②;单击"应用"按钮③,如图 4-206 所示。

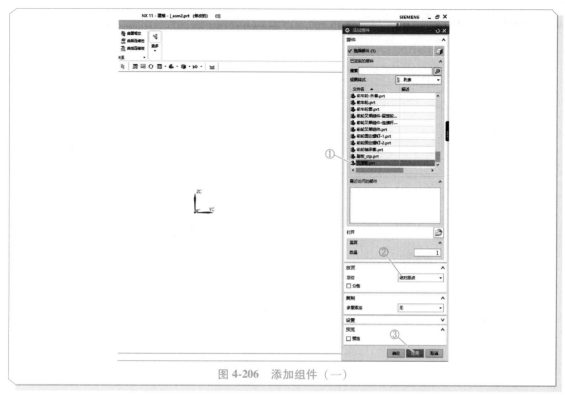

图 4-206 添加组件（一）

50）选择需要添加的组件①；选择定位方式为"根据约束"②；单击"应用"按钮③，如图 4-207 所示。

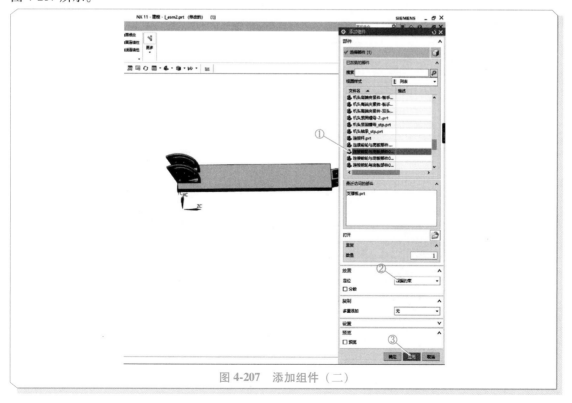

图 4-207 添加组件（二）

51）选择"接触对齐"的装配类型①；方位选择"接触"②；选择约束对象③；选择约束对象④；单击"应用"按钮⑤，如图 4-208 所示。

图 4-208　设置接触约束

52）选择"同心约束"的装配类型①；选择约束对象②；选择约束对象③；单击"应用"按钮④，如图 4-209 所示。

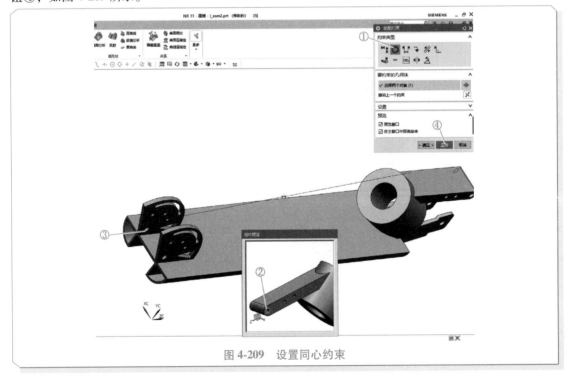

图 4-209　设置同心约束

53）选择需要约束的圆①；选择需要约束的圆②；单击"确定"按钮③，如图 4-210 所示。

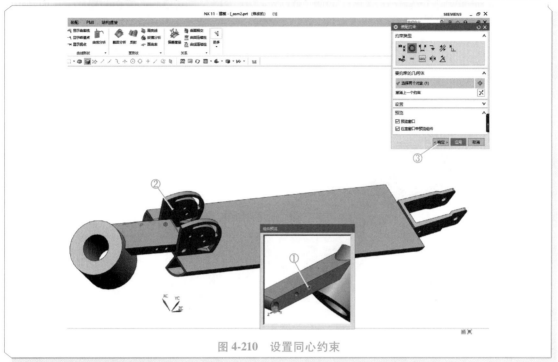

图 4-210　设置同心约束

54）选择需要添加的组件①；单击"应用"按钮②，如图 4-211 所示。

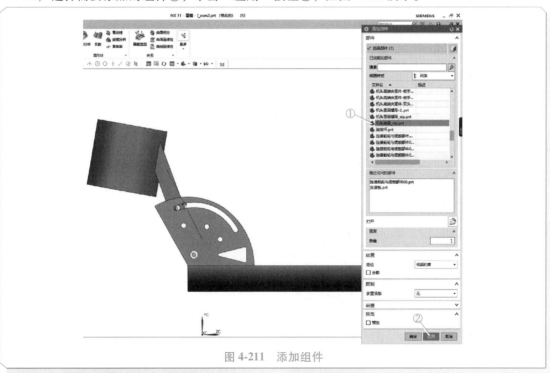

图 4-211　添加组件

55）选择"接触对齐"的装配类型①；选择约束对象②；选择约束对象③；单击"应用"按钮④，如图 4-212 所示。

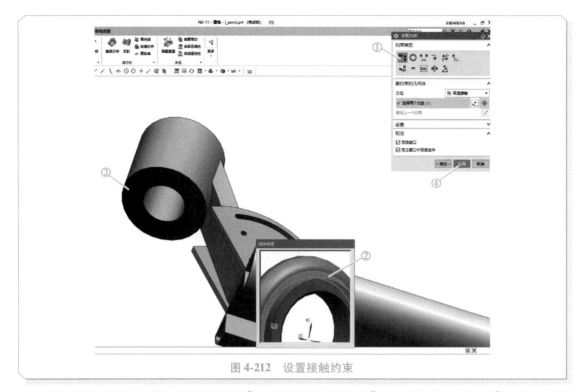

图 4-212 设置接触约束

56）选择"同心约束"的装配类型①；选择要约束的圆②；选择要约束的圆③；单击"应用"按钮④，如图 4-213 所示。

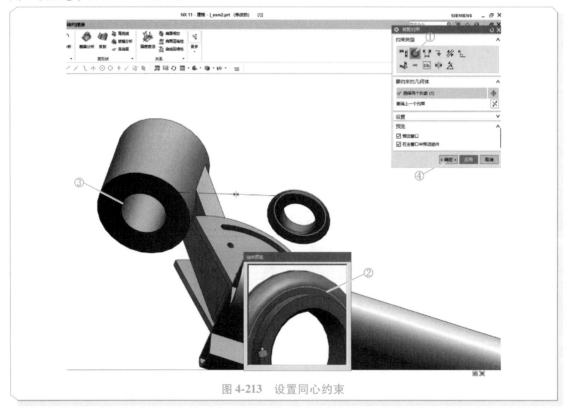

图 4-213 设置同心约束

57）重复上述的操作步骤，完成另一边的机头轴承的装配，装配效果如图 4-214 所示。

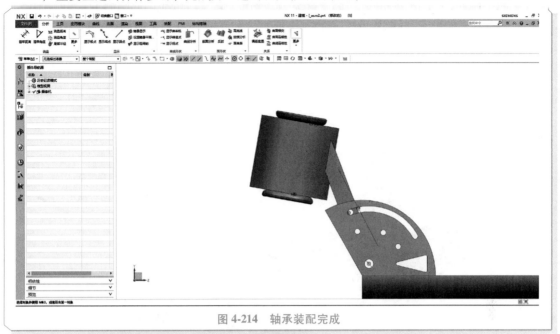

图 4-214　轴承装配完成

58）选择需要添加的组件①；单击"应用"按钮②，如图 4-215 所示。

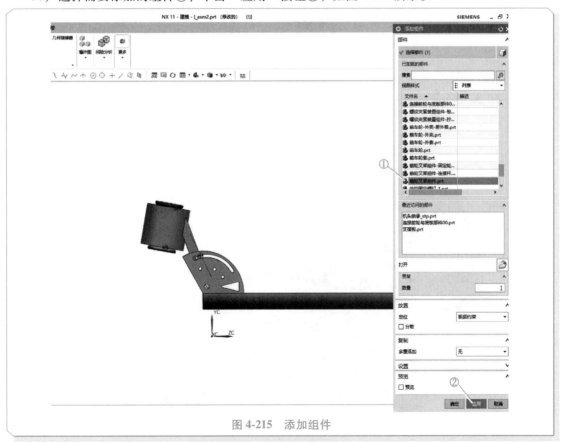

图 4-215　添加组件

59）选择"接触对齐"的装配类型①；选择需要约束的面②；选择需要约束的面③；单击

"应用"按钮④，如图 4-216 所示。

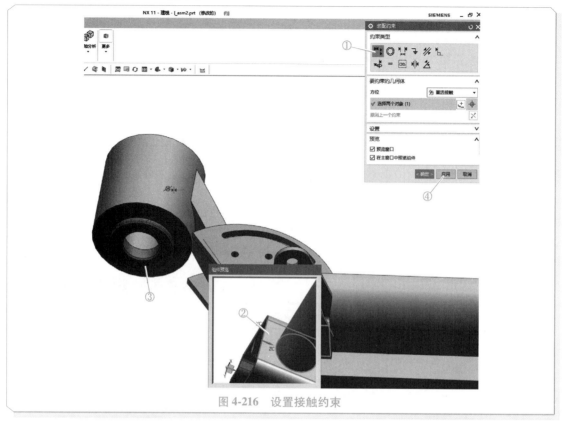

图 4-216　设置接触约束

60）选择"同心约束"的装配类型①；选择需要同心约束的圆②；选择需要同心约束的圆③；单击"应用"按钮④，如图 4-217 所示。

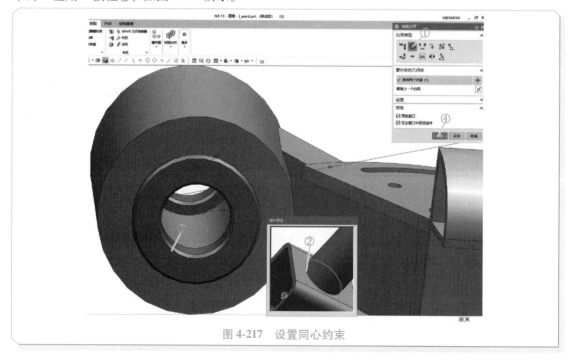

图 4-217　设置同心约束

61）选择"平行约束"的装配类型①；选择需要平行约束的面②；选择需要平行约束的面③；单击"确定"按钮④，如图 4-218 所示。

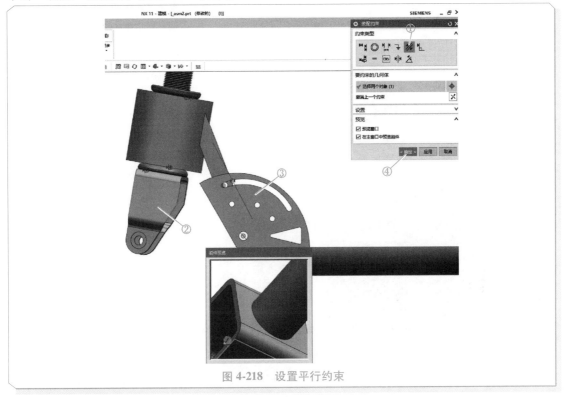

图 4-218 设置平行约束

62）选择需要添加的组件①；单击"应用"按钮②，如图 4-219 所示。

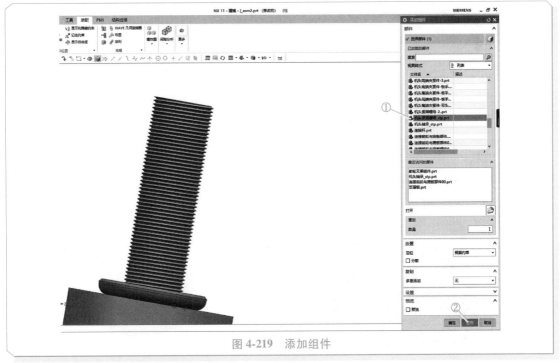

图 4-219 添加组件

63）选择"接触对齐"的装配类型①；选择需要约束的面②；选择需要约束的面③；单击

"应用"按钮④,如图 4-220 所示。

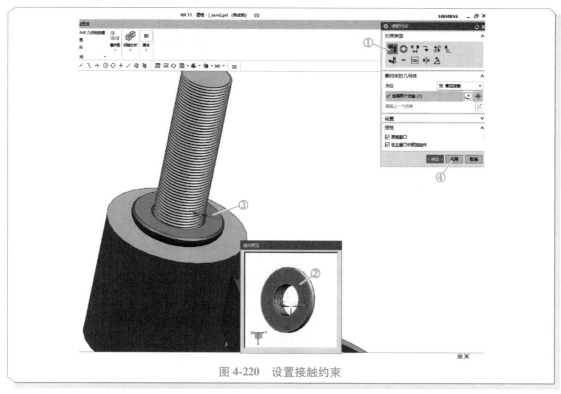

图 4-220 设置接触约束

64)选择"同心约束"的装配类型①;选择需要约束的圆②;选择需要约束的圆③;单击"确定"按钮④,如图 4-221 所示。

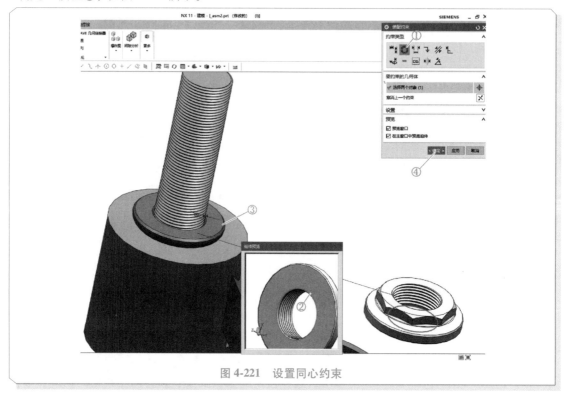

图 4-221 设置同心约束

65）选择需要添加的组件①；单击"应用"按钮②，如图 4-222 所示。

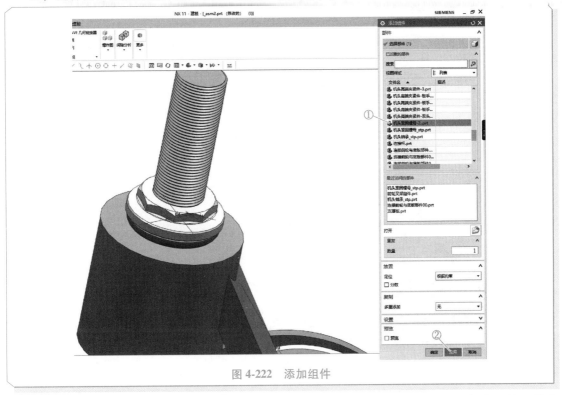

图 4-222 添加组件

66）选择"接触对齐"的装配类型①；选择需要约束的面②；选择需要约束的面③；单击"应用"按钮④，如图 4-223 所示。

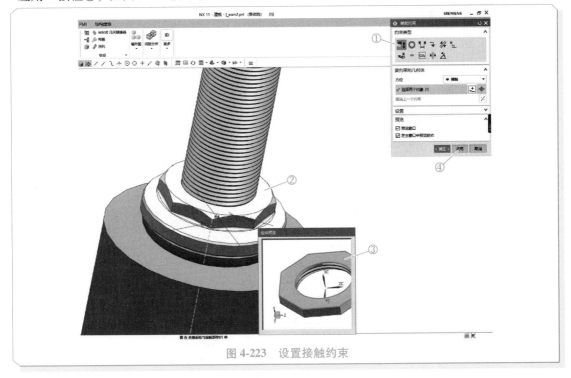

图 4-223 设置接触约束

67）选择"同心约束"的装配类型①；选择需要约束的圆②；选择需要约束的圆③；单击"确定"按钮④，如图 4-224 所示。

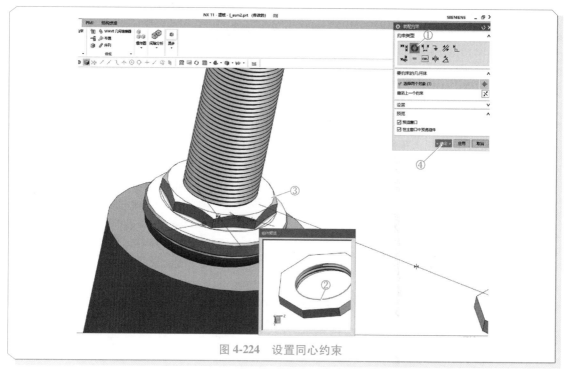

图 4-224　设置同心约束

68）选择需要添加的组件①；单击"应用"按钮②，如图 4-225 所示。

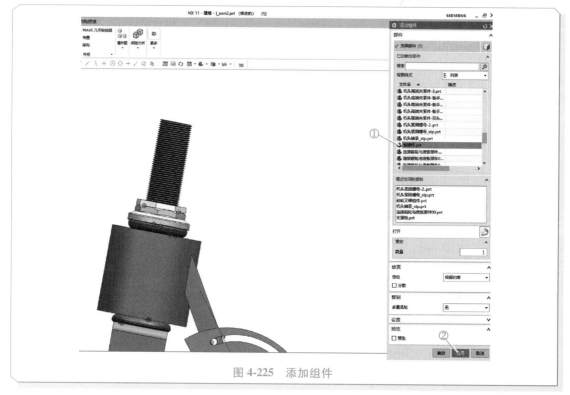

图 4-225　添加组件

69）选择"接触对齐"的装配类型①；选择需要约束的面②；选择需要约束的面③；单击

"应用"按钮④，如图 4-226 所示。

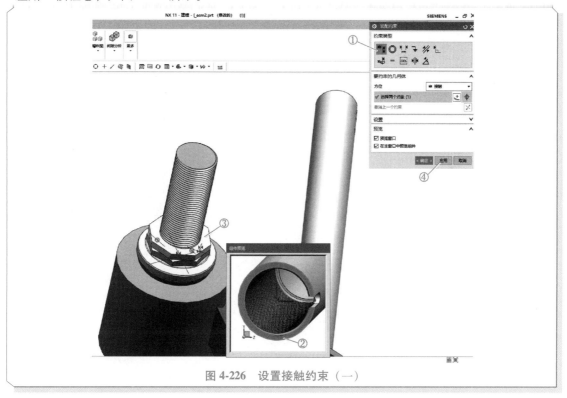

图 4-226　设置接触约束（一）

70）选择"接触对齐"的装配类型①；选择需要约束的线②；选择需要约束的线③；单击"确定"按钮④，如图 4-227 所示。

图 4-227　设置接触约束（二）

71）选择需要添加的组件①；单击"应用"按钮②，如图 4-228 所示。

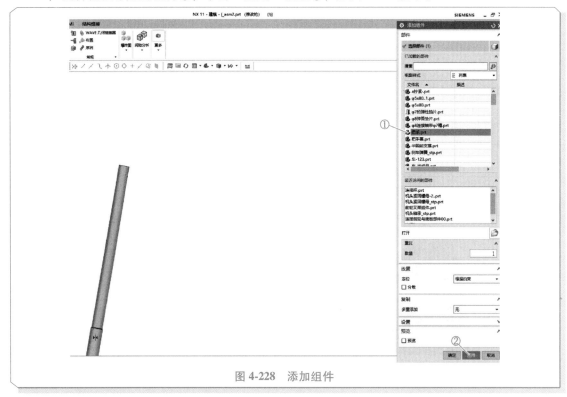

图 4-228　添加组件

72）选择"接触对齐"的装配类型①；选择需要约束的面②；选择需要约束的面③；单击"应用"按钮④，如图 4-229 所示。

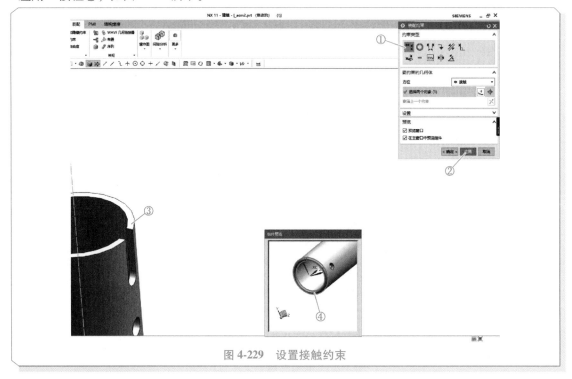

图 4-229　设置接触约束

73）方位选择"对齐"①；选择需要约束的线②；选择需要约束的线③；单击"应用"按钮④，如图 4-230 所示。

图 4-230　设置对齐约束（一）

74）单击左边的约束导航器①；找到接触约束并删除②，删除此约束是因为它的作用是对点找位置，会与后面的约束产生冲突；选择约束的线③；选择约束的线④；单击"确定"按钮⑤，如图 4-231 所示。

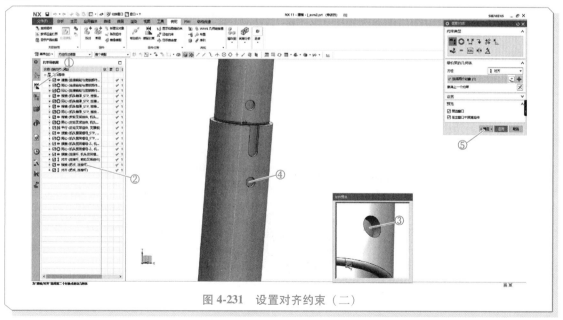

图 4-231　设置对齐约束（二）

75）选择需要添加的组件①；单击"应用"按钮②，如图 4-232 所示。

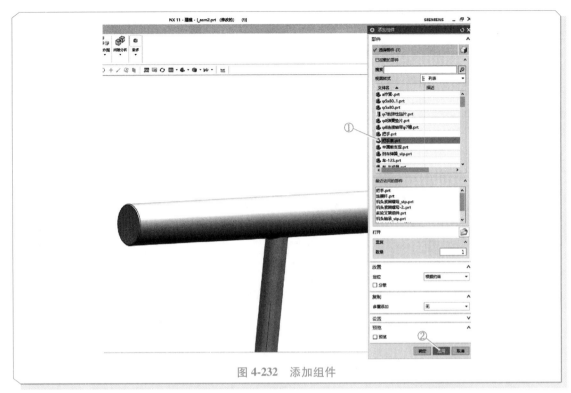

图 4-232 添加组件

76）选择"接触对齐"的装配类型①；方位为"接触"②；选择需要约束的面③；选择需要约束的面④；单击"应用"按钮⑤，如图 4-233 所示。

图 4-233 设置接触约束

77）选择"同心约束"的装配类型①；选择需要约束的圆②；选择需要约束的圆③；单击"确定"按钮④，如图 4-234 所示。

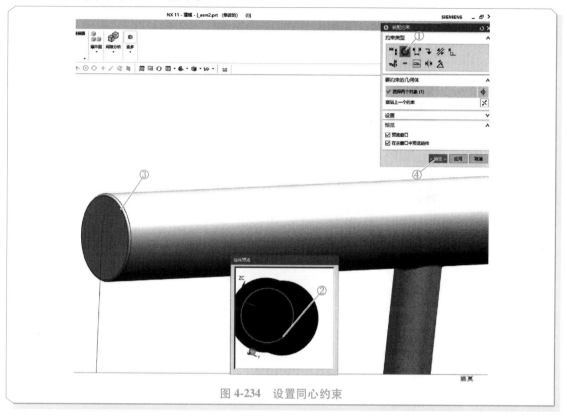

图 4-234　设置同心约束

78）重复步骤 75~77，完成另一边的把手与把手套的装配，如图 4-235 所示。

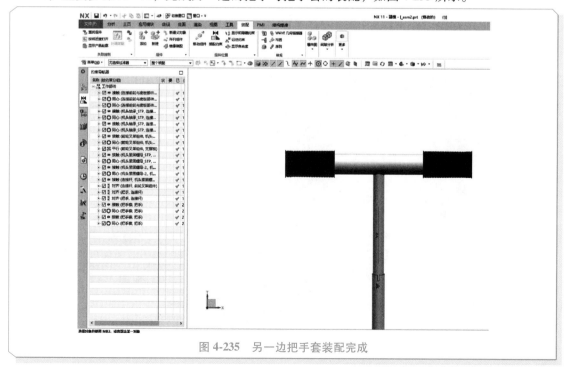

图 4-235　另一边把手套装配完成

79）选择需要添加的组件①；单击"应用"按钮②，如图 4-236 所示。

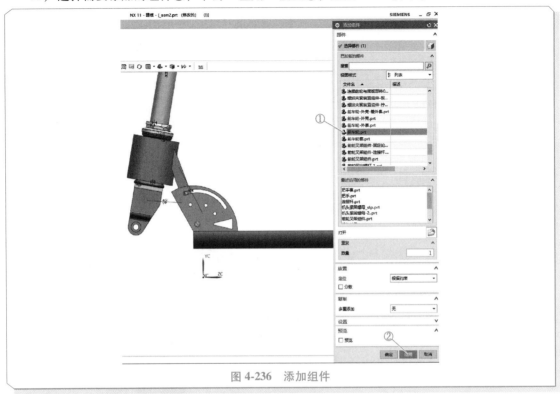

图 4-236　添加组件

80）选择"接触对齐"的装配类型①；选择需要约束的面②；选择需要约束的面③；单击
"应用"按钮④，如图 4-237 所示。

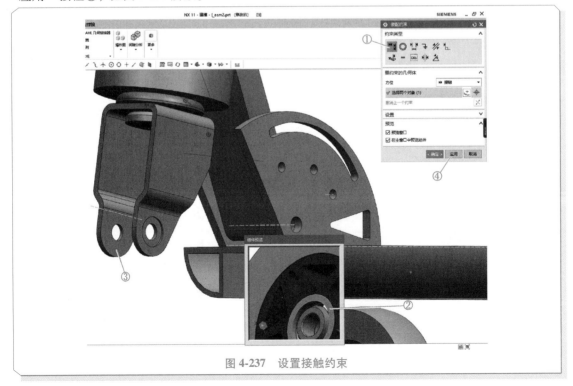

图 4-237　设置接触约束

81）选择"同心约束"的装配类型①；选择需要约束的圆②；选择需要约束的圆③；单击"确定"按钮④，如图 4-238 所示。

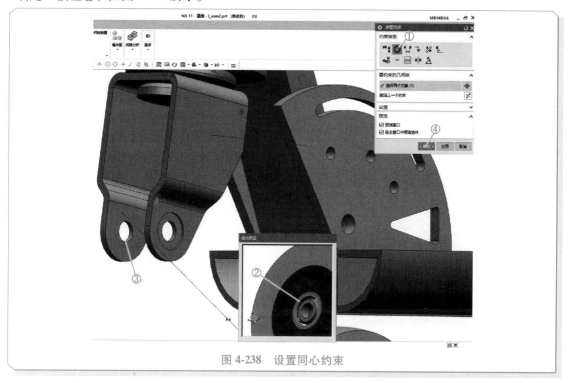

图 4-238 设置同心约束

82）选择需要添加的组件①；单击"应用"按钮②，如图 4-239 所示。

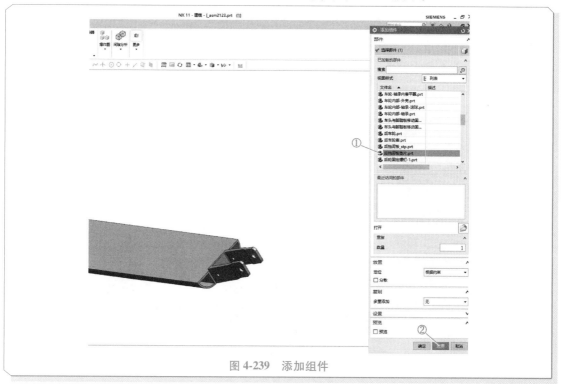

图 4-239 添加组件

83）选择"接触对齐"的装配类型①；选择需要约束的面②；选择需要约束的面③；单击

"应用"按钮④，如图 4-240 所示。

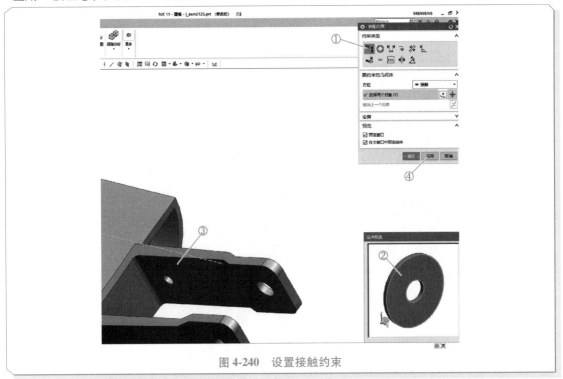

图 4-240　设置接触约束

84）选择"同心约束"的装配类型①；选择需要约束的圆②；选择需要约束的圆③；单击"应用"按钮④，如图 4-241 所示。

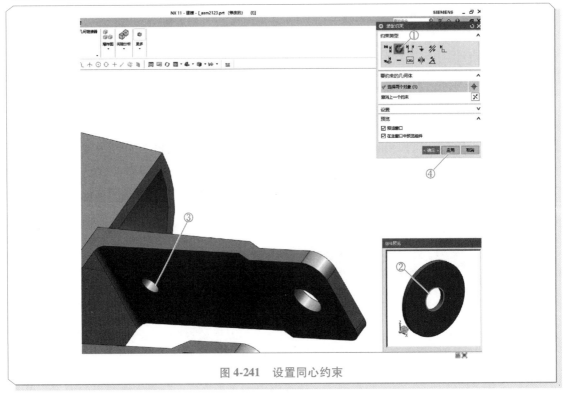

图 4-241　设置同心约束

85）重复上述步骤完成双边垫片的安装，效果如图 4-242 所示。

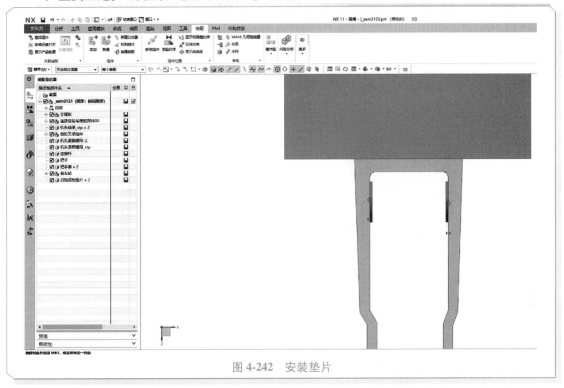

图 4-242　安装垫片

86）选择需要添加的组件①；单击"应用"按钮②，如图 4-243 所示。

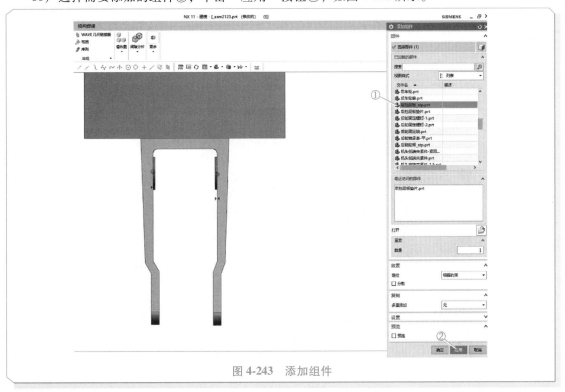

图 4-243　添加组件

87）选择"接触对齐"的装配类型①；选择需要约束的面②；选择需要约束的面③；单击

"应用"按钮④，如图 4-244 所示。

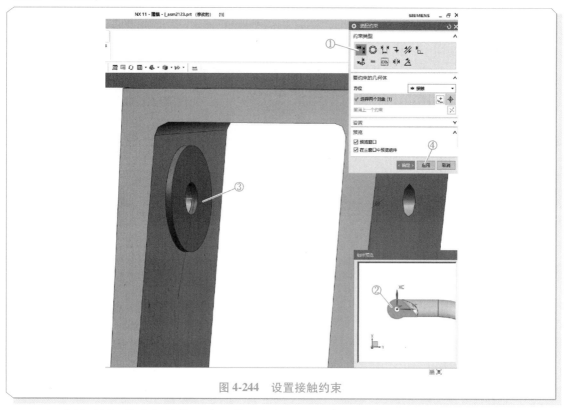

图 4-244　设置接触约束

88）选择"同心约束"的装配类型①；选择需要约束的圆②；选择需要约束的圆③；单击
"应用"按钮④，如图 4-245 所示。

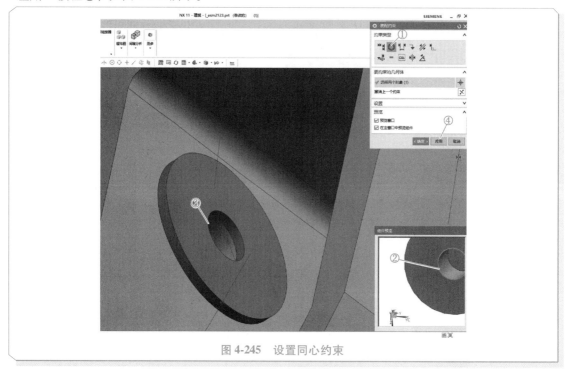

图 4-245　设置同心约束

89）选择需要添加的组件①；单击"应用"按钮②，如图 4-246 按钮。

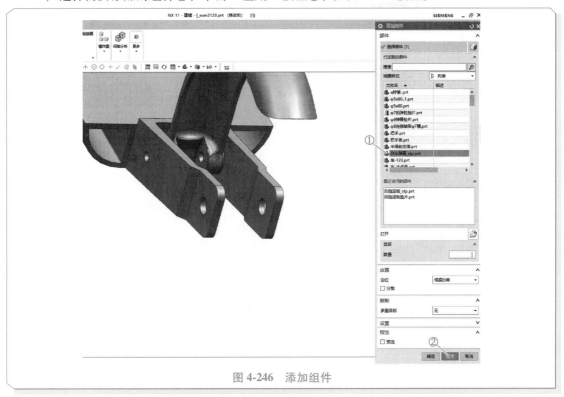

图 4-246　添加组件

90）选择"接触对齐"的装配类型①；方位选择"对齐"②；选择需要约束的线③；选择需要约束的线④；单击"应用"按钮⑤，如图 4-247 所示。

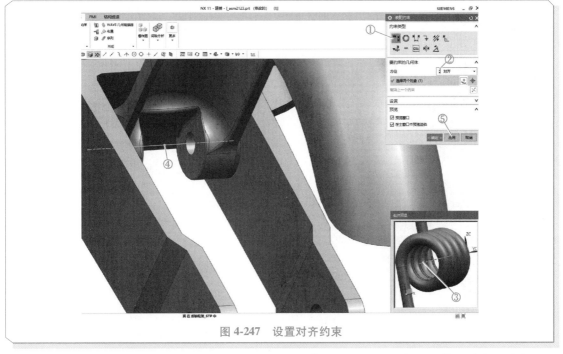

图 4-247　设置对齐约束

91）方位更换为"对齐"①；选择需要约束的面②；选择需要约束的面③；单击"确定"按

钮④，如图 4-248 所示。

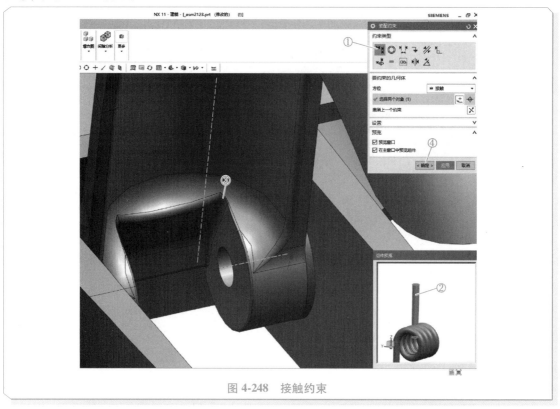

图 4-248 接触约束

92）选择需要添加的组件①；单击"应用"按钮②，如图 4-249 所示。

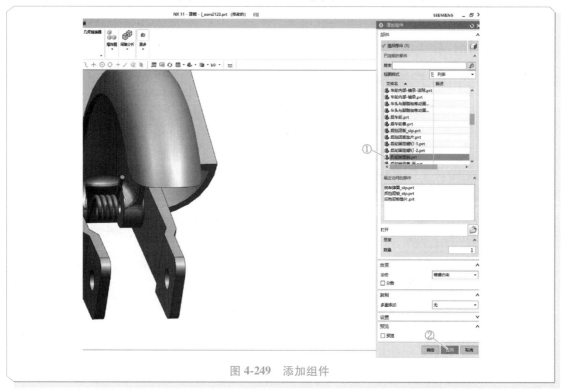

图 4-249 添加组件

93）选择"接触对齐"的装配类型①；方位选择"对齐"②；选择需要约束的线③；选择需要约束的线④；单击"应用"按钮⑤，如图 4-250 所示。

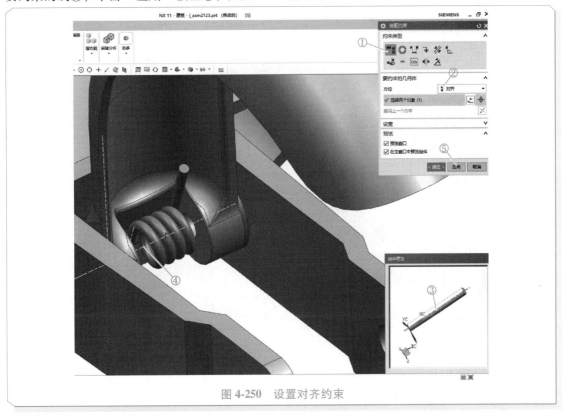

图 4-250　设置对齐约束

94）选择"距离约束"的装配类型①；选择需要约束的面②；选择需要约束的线③；输入约束距离④；单击"应用"按钮⑤，如图 4-251 和图 4-252 所示。

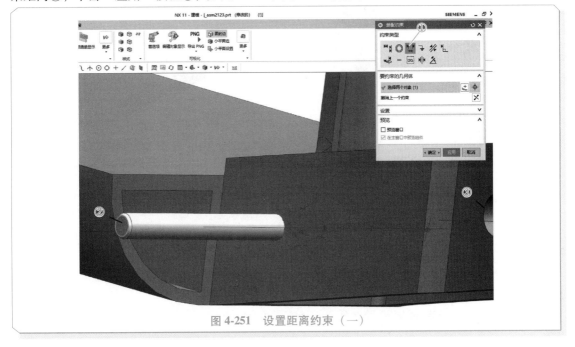

图 4-251　设置距离约束（一）

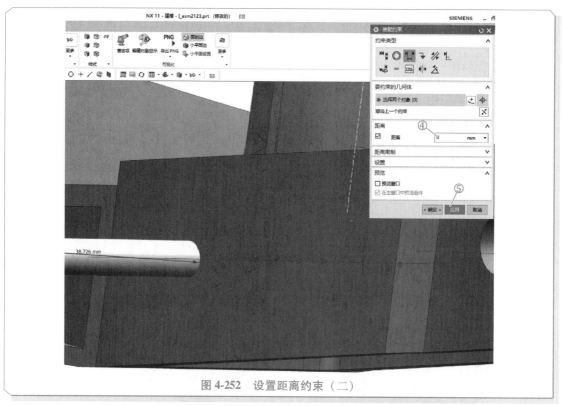

图 4-252　设置距离约束（二）

95）按照上述步骤完成滑板车后车轮的装配，效果如图 4-253 所示。

图 4-253　滑板车后车轮装配完成

装配滑
板车（二）

96）装配滑板车紧固件。选择需要添加的组件①；单击"应用"按钮②，如图 4-254 所示。

97）选择"接触对齐"的装配类型①；选择需要约束的面②；选择需要约束的面③，如图 4-255 所示。

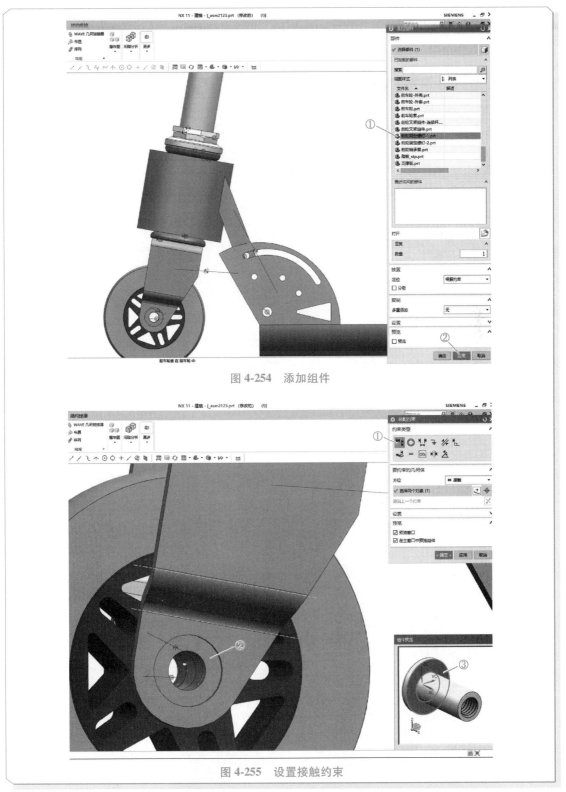

图 4-254　添加组件

图 4-255　设置接触约束

98）选择"同心约束"的装配类型①；选择需要约束的圆②；选择需要约束的圆③；单击"确定"按钮④，如图 4-256 所示。

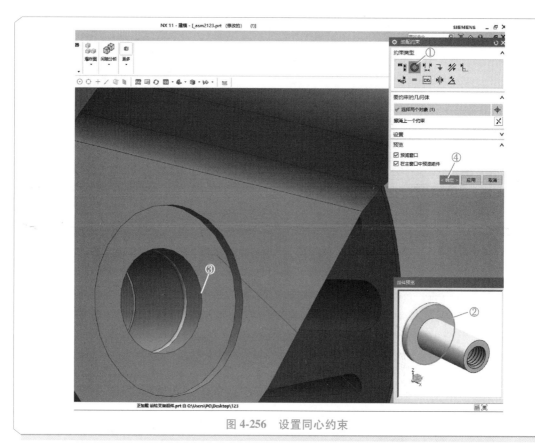

图 4-256　设置同心约束

99）选择需要添加的组件①；单击"应用"按钮②，如图 4-257 所示。

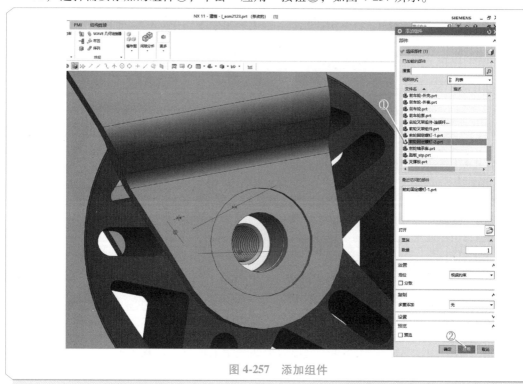

图 4-257　添加组件

100）选择"接触对齐"的装配类型①；选择需要约束的面②；选择需要约束的面③；如图 4-258 所示。

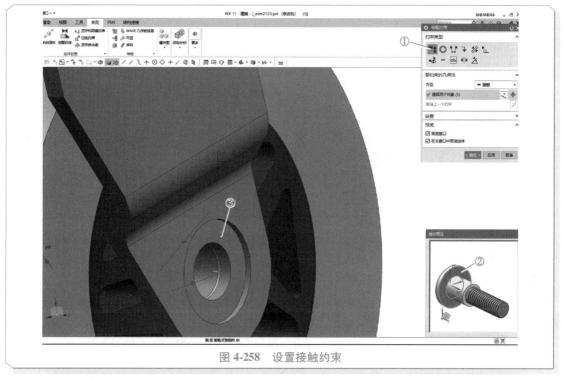

图 4-258　设置接触约束

101）选择"同心约束"的装配类型①；选择需要约束的圆②；选择需要约束的圆③；单击"确定"按钮④，如图 4-259 所示。

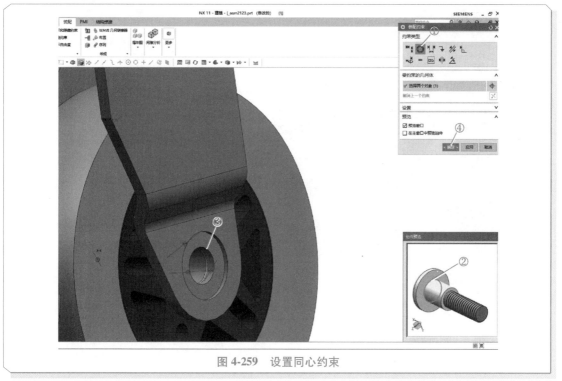

图 4-259　设置同心约束

102）重复上述步骤完成后轮轴的装配，效果如图 4-260 所示。

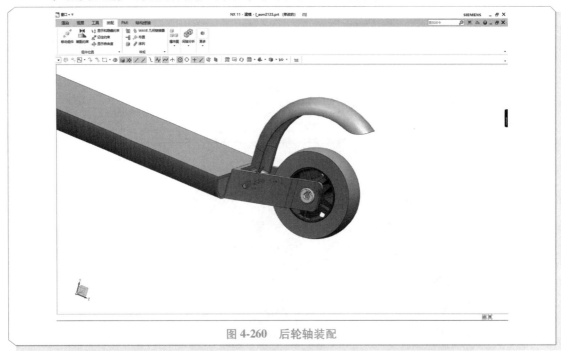

图 4-260　后轮轴装配

103）选择需要添加的组件①；单击"应用"按钮②，如图 4-261 所示。

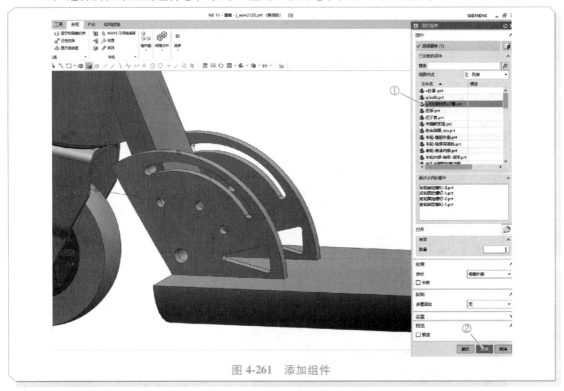

图 4-261　添加组件

104）选择"同心约束"的装配类型①；选择需要约束的圆②；选择需要约束的圆③；单击"确定"按钮④，如图 4-262 所示。

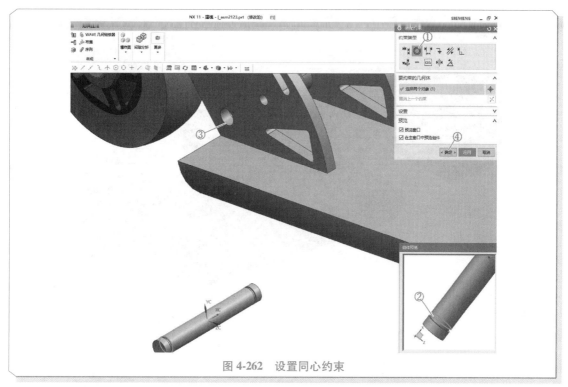

图 4-262　设置同心约束

105）选择需要添加的组件①；单击"应用"按钮②，如图 4-263 所示。

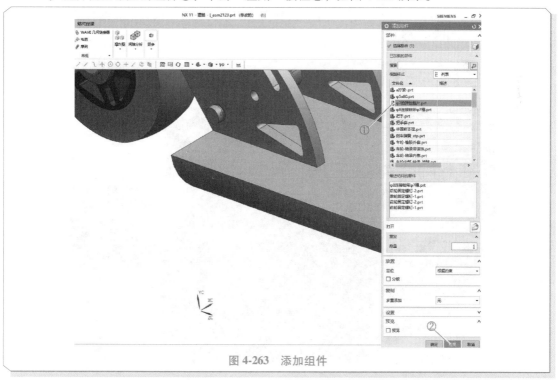

图 4-263　添加组件

106）选择"接触对齐"的装配类型①；选择需要约束的面②；选择需要约束的面③；单击"应用"按钮④，如图 4-264 所示。

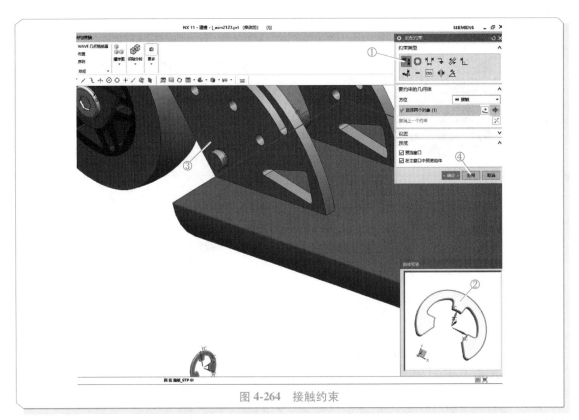

图 4-264　接触约束

107）选择"同心约束"的装配类型①；选择需要约束的圆②；选择需要约束的圆③；单击"确定"按钮④，如图 4-265 所示。

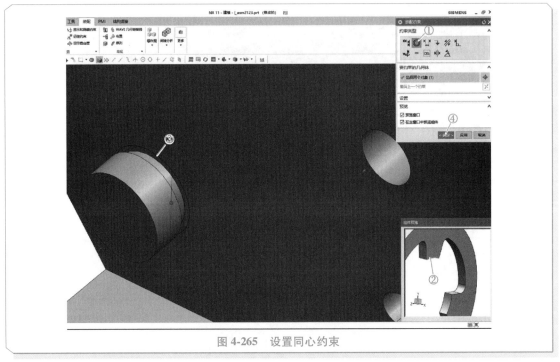

图 4-265　设置同心约束

108）按照上述步骤完成另一边的弹性挡圈的装配，效果如图 4-266 所示。

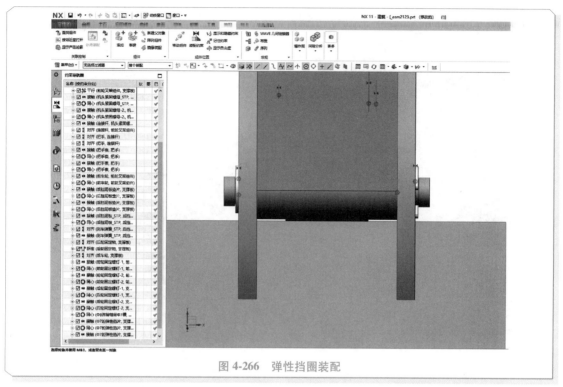

图 4-266　弹性挡圈装配

109）选择需要添加的组件①；单击"应用"按钮②，如图 4-267 所示。

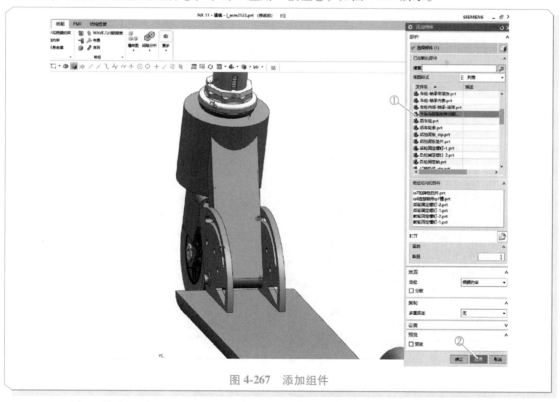

图 4-267　添加组件

110）选择"接触对齐"的装配类型①；选择需要约束的面②；选择需要约束的面③；单击
"应用"按钮④，如图 4-268 所示。

图 4-268　设置对齐约束

111）方位更换为"接触"①；选择需要约束的面②；选择需要约束的面③；单击"确定"
按钮④，如图 4-269 所示。

图 4-269　设置接触约束

112）选择需要添加的组件①；单击"应用"按钮②，如图 4-270 所示。

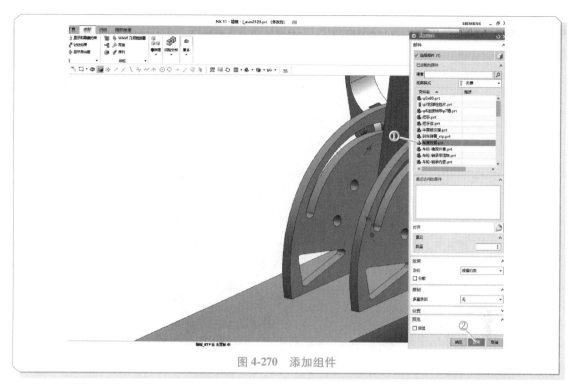

图 4-270 添加组件

113）选择"接触对齐"的装配类型①；选择需要约束的面②；选择需要约束的面③；单击"应用"按钮④，如图 4-271 所示。

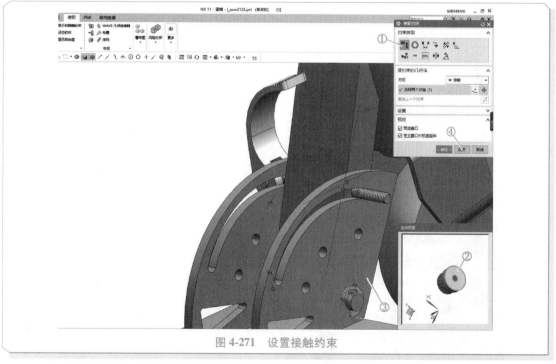

图 4-271 设置接触约束

114）选择"同心约束"的装配类型①；选择需要约束的圆②；选择需要约束的圆③；单击"确定"按钮④，如图 4-272 所示。

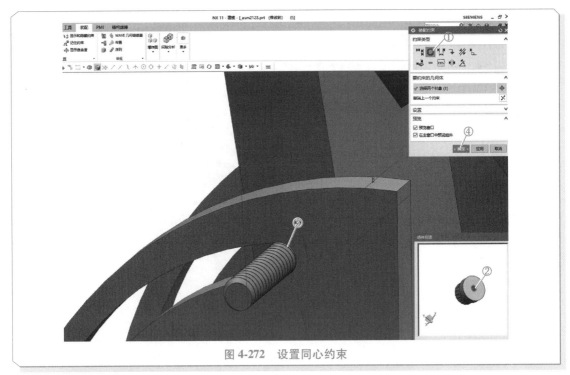

图 4-272　设置同心约束

115）选择需要添加的组件①；单击"应用"按钮②；如图 4-273 所示。

116）选择"接触对齐"的装配类型①；选择需要约束的面②；选择需要约束的面③；如图 4-274 所示。

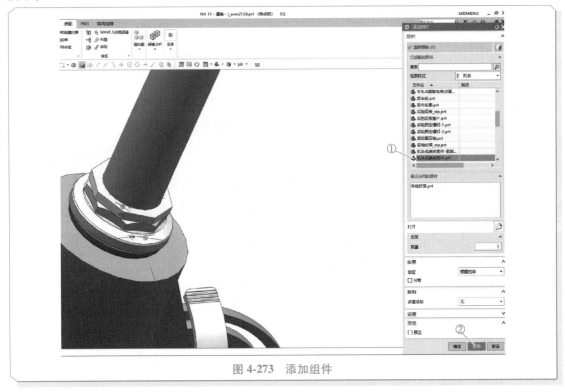

图 4-273　添加组件

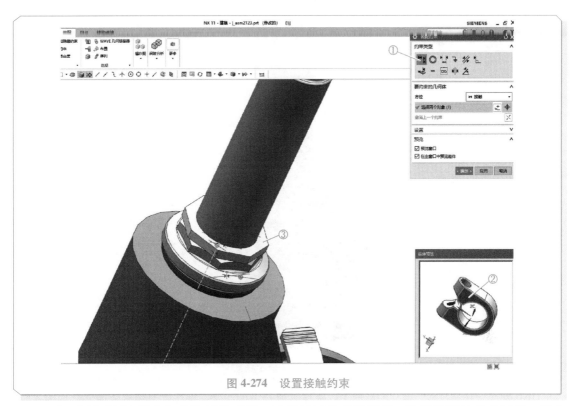

图 4-274　设置接触约束

117）选择"同心约束"的装配类型①；选择需要约束的圆②；选择需要约束的圆③，单击"确定"按钮④，如图 4-275 所示。

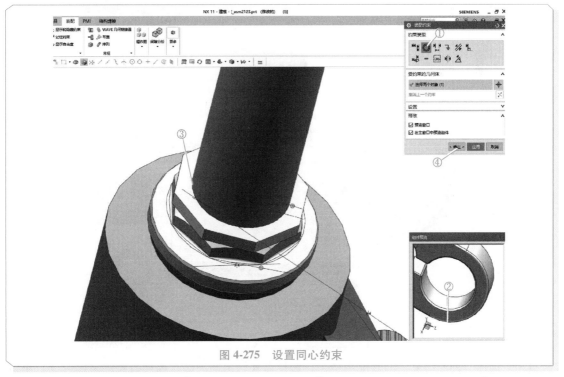

图 4-275　设置同心约束

118）选择需要添加的组件①；单击"应用"按钮②，如图 4-276 所示。

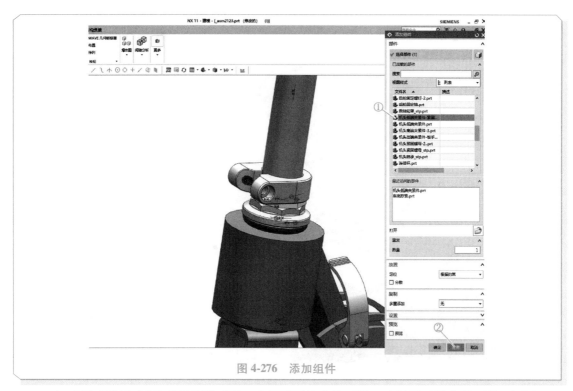

图 4-276　添加组件

119）选择"接触对齐"的装配类型①；选择需要约束的面②；选择需要约束的面③；如图 4-277 所示。

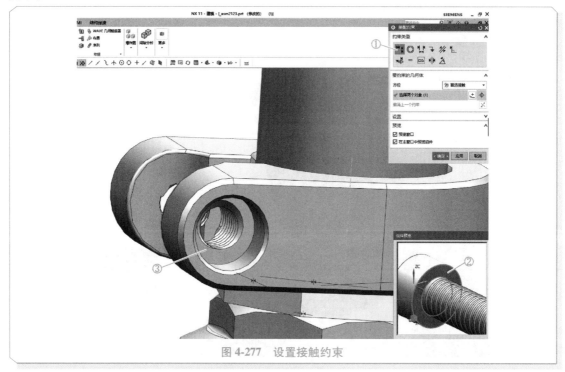

图 4-277　设置接触约束

120）选择"同心约束"的装配类型①；选择需要约束的圆②；选择需要约束的圆③；单击"确定"按钮④，如图 4-278 所示。

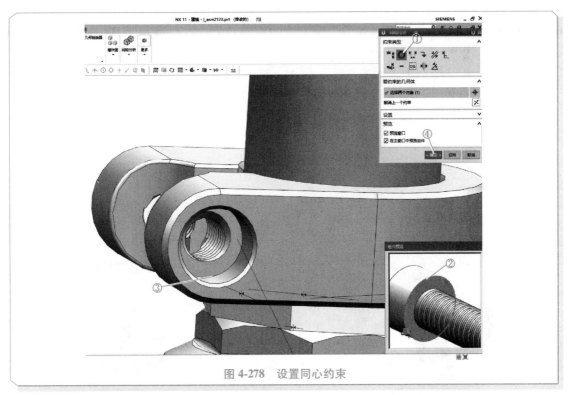

图 4-278 设置同心约束

121）选择需要添加的组件①；单击"应用"按钮②，如图 4-279 所示。

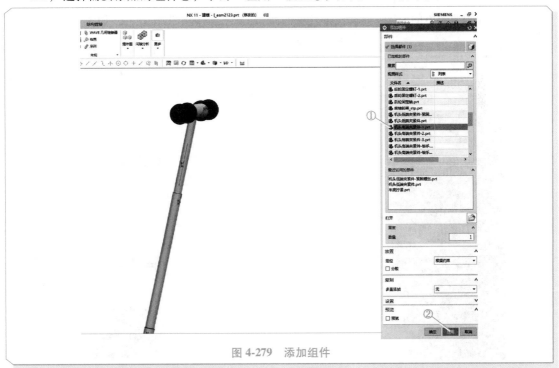

图 4-279 添加组件

122）选择"接触对齐"的装配类型①；方位更换为"对齐"②；选择需要约束的线③；选择需要约束的线④，如图 4-280 所示。

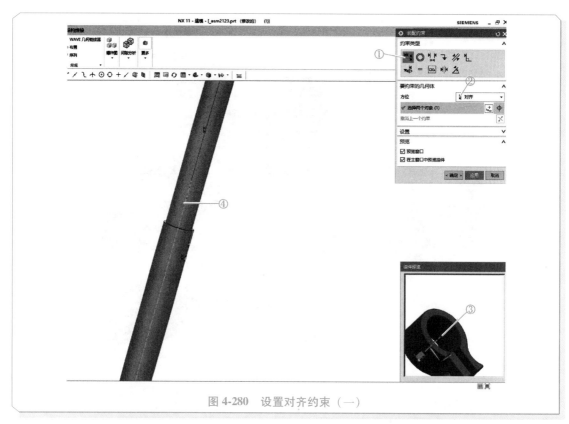

图 4-280　设置对齐约束（一）

123）选择需要约束的面④；选择需要约束的面⑤；单击"确定"按钮⑥，如图 4-281 所示。

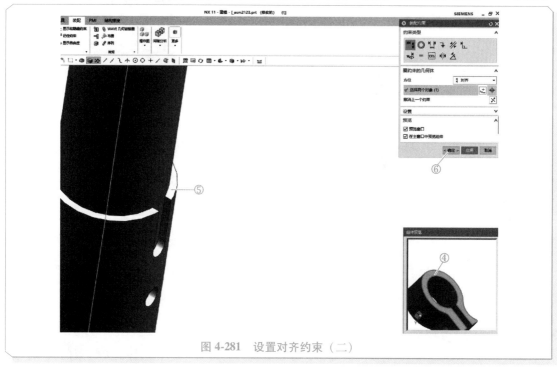

图 4-281　设置对齐约束（二）

124）选择需要添加的组件①；单击"应用"按钮②，如图 4-282 所示。

图 4-282　添加组件

125）选择"接触对齐"的装配类型①；选择需要约束的线②；选择需要约束的线③；单击
"应用"④按钮，如图 4-283 所示。

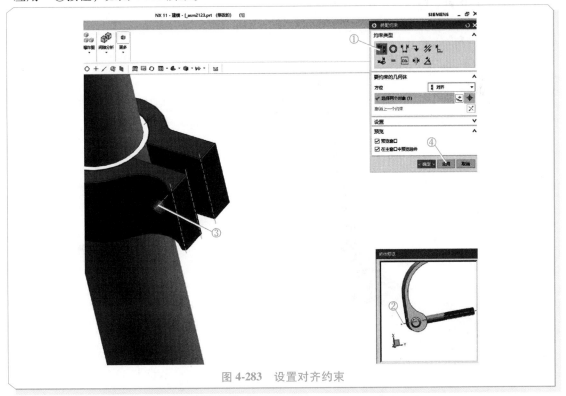

图 4-283　设置对齐约束

126）方位更换为"接触"①；选择需要约束的面②；选择需要约束的面③，如图 4-284 所示。

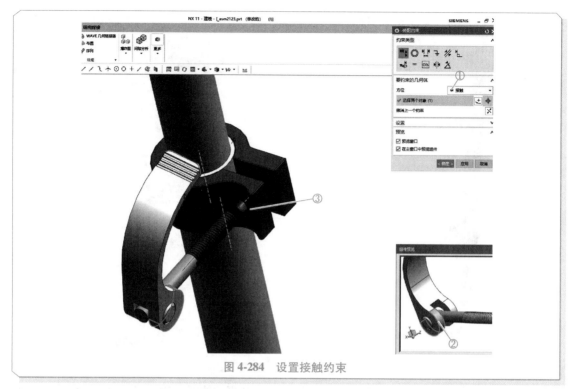

图 4-284 设置接触约束

127）选择"角度约束"的装配类型①；选择需要约束的线②；选择需要约束的面③；输入要约束的角度④；单击"确定"按钮⑤，如图 4-285 所示。

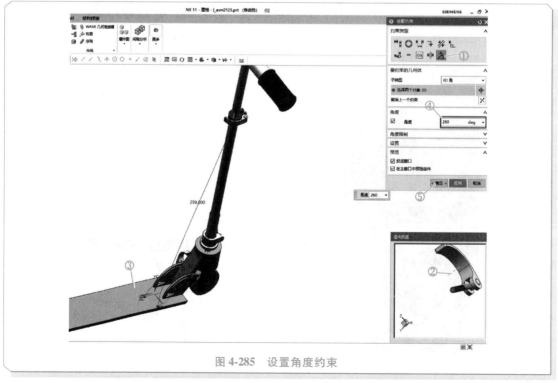

图 4-285 设置角度约束

128）选择需要添加的组件①；单击"确定"按钮②，如图 4-286 所示。

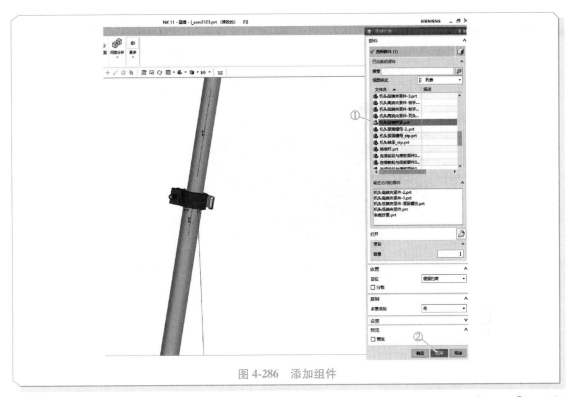

图 4-286　添加组件

129）选择"接触对齐"的装配类型①；方位选择"接触"②；选择需要约束的面③；选择需要约束的面④，如图 4-287 所示。

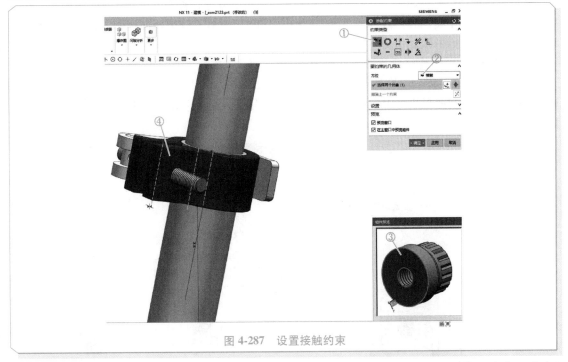

图 4-287　设置接触约束

130）方位更换为"对齐"①；选择需要约束的线②；选择需要约束的线③；单击"确定"按钮④，如图 4-288 所示。滑板车装配完成的效果如图 4-148 所示。

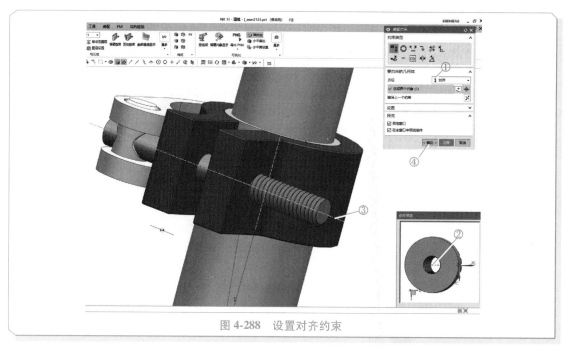

图 4-288   设置对齐约束

【拓展训练】

1. 根据螺旋千斤顶的结构原理及给定的零件三维模型，完成螺旋千斤顶的总装配模型。

螺旋千斤顶结构原理如图 4-289 所示，螺套压入底座，并通过锥端紧定螺钉与底座固定。转动手杆，螺杆在螺套中转动且上升（或下降）。顶垫的内球面和螺杆顶部球面接触，其微量摆动可以改善与被顶物体表面的接触情况。

2. 根据截止阀的结构原理及给定的零件的三维模型，完成截止阀的总装配模型。

截止阀结构原理如图 4-290 所示。转动手轮，带动阀杆上升（或下降），用于开启（或关闭）通道。O 形密封圈和密封垫片用于该部件的密封。若有残留物，则旋松泄压螺钉，使残留物经排泄孔排出。

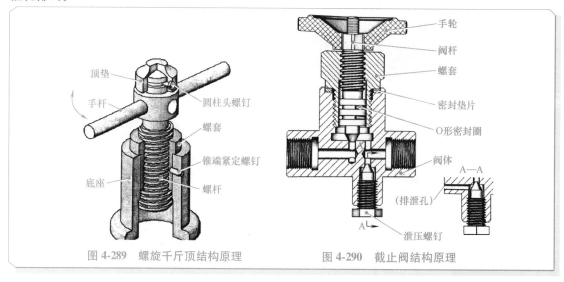

图 4-289   螺旋千斤顶结构原理   图 4-290   截止阀结构原理

第 5 章

曲面及曲面体设计

UG NX11.0 软件提供了强大的曲面建模功能，主要用于形状复杂的零件设计。与一般的三维实体零件建模相比，曲面零件的建模方法和过程有很大不同，本章主要介绍自由曲面的常用创建和编辑方法。

【学习目标】

1）掌握一般曲面的创建方法。

2）掌握曲面的偏置、复制、修剪、延伸和缝合等编辑方法。

3）掌握曲面的实体化方法。

5.1 曲面设计概述

曲面是一种零厚度的特殊几何特征，在 UG NX11.0 软件中，虽然曲面亦称片体，但不要将曲面与实体里的薄壁特征相混淆，曲面无厚度，而薄壁有厚度，后者本质上是实体。

理论上，曲面是直线或曲线在一定约束条件下的运动轨迹。这根运动的直线或曲线，简称动线，也称曲面的母线。母线运动时所受的约束，称为运动的约束条件。当动线按照一定的规律运动时，形成的曲面称为规则曲面；当动线做不规则运动时，形成的曲面称为不规则曲面。形成曲面的母线可以是直线，也可以是曲线。如果曲面是由直线运动形成的，则称为直线面（如圆柱面、圆锥面等）；如果曲面是由曲线运动形成的，则称为曲线面（如球面、环面等）。

在 UG NX11.0 软件中，用曲面创建形状复杂的零件的主要过程如下。

1）创建数个单独的曲面。

2）对曲面进行修剪、填充和等距等操作。

3）将各个单独的曲面缝合为一个整体的面组。

4）将曲面（面组）转化为实体零件。

5.2 创建一般曲面

5.2.1 创建拉伸和旋转曲面

拉伸和旋转特征是 UG NX 软件绘图过程中的基础操作。拉伸特征是将截面曲线沿着指定的矢量方向拉伸一定的深度而成的特征；旋转特征是将截面曲线沿着一根轴旋转而成的特征。拉伸和旋转是最常用的曲面建模方法。

1. 拉伸创建曲面

下面以草图方式创建拉伸特征为例，说明拉伸的基本操作步骤。

1）打开 UG NX11.0 软件，新建一个模型文件。

2）新建草图。单击"创建草图"按钮，弹出"创建草图"对话框，如图 5-1 所示。选取 YZ 平面作为草图平面，单击"确定"按钮，进入"草图"环境，绘制图 5-1 所示的矩形，单击"完成草图"按钮，退出"草图"环境。

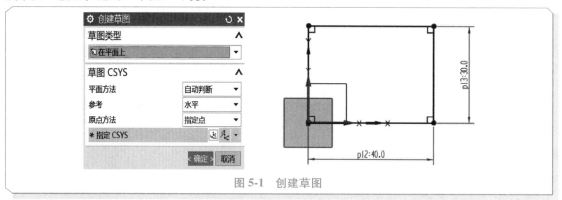

图 5-1　创建草图

3）创建拉伸特征。单击"拉伸"按钮，弹出"拉伸"对话框，如图 5-2 所示，选取草图截面，选择体类型为"片体"，在"限制"选项区域设置开始距离为"0"，结束距离为"50"，单击"确定"按钮，完成拉伸曲面特征的创建。

2. 旋转创建曲面

下面以矩形片体的旋转特征为例，说明旋转的基本操作步骤。

1）打开 UG NX11.0 软件，新建一个模型文件。

2）新建草图。单击"创建草图"按钮，弹出"创建草图"对话框。选取 YZ 平面作为草图平面，单击"确定"按钮，进入"草图"环境，创建图 5-3 所示的草图，单击"完成草图"按钮，退出"草图"环境。

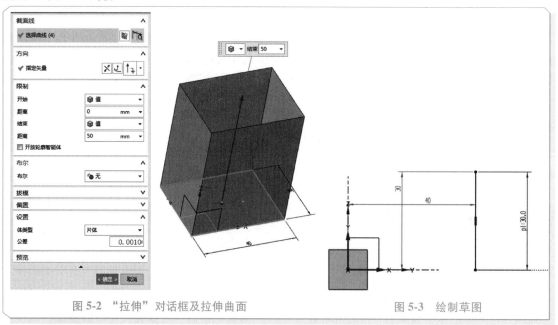

图 5-2　"拉伸"对话框及拉伸曲面　　　　　　图 5-3　绘制草图

3）创建旋转特征。单击"旋转"按钮，弹出"旋转"对话框，如图 5-4 所示。选取绘制的草图曲线，选择 Z 轴作为指定矢量，绝对原点作为指定点，在"限制"选项区域中，设置开始角度为"-90"，结束角度为"90"，单击"确定"按钮，完成旋转曲面特征的创建。

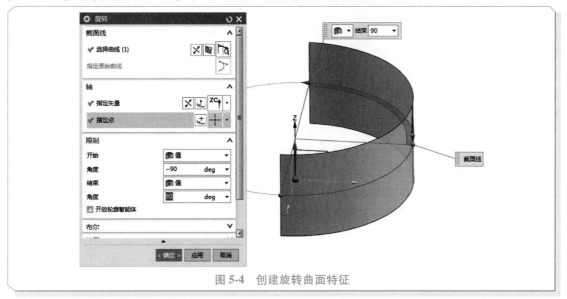

图 5-4　创建旋转曲面特征

5.2.2　创建有界平面

有界平面是将在同一平面内的封闭曲线做成一个平的面，在造型、分模和加工中都可以使用该技巧创建曲面。下面以在封闭的草图曲线中创建有界平面为例，说明其操作步骤。

1）打开 UG NX11.0 软件，新建一个模型文件。

2）选择"曲面"→"更多"→"有界平面"命令，弹出图 5-5 所示的"有界平面"对话框。

3）选择"选择曲线"选项，选取图 5-1 所示草图的 4 条封闭曲线，单击"确定"按钮，完成有界曲面的创建。

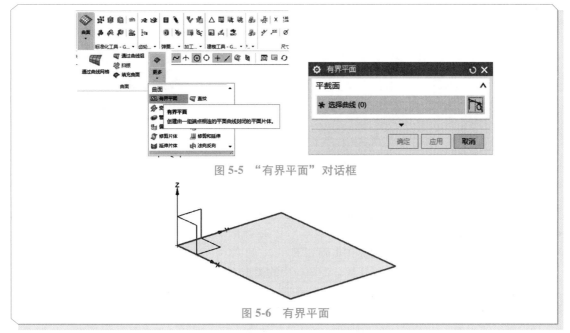

图 5-5　"有界平面"对话框

图 5-6　有界平面

5.2.3 创建扫掠曲面

扫掠曲面是将一个截面以规定的方式沿着一条空间路径扫掠而生成的轨迹。扫掠的截面线串可以由单个或多个对象组成，这些对象不仅可以是线，也可以是面。引导线串在扫掠过程中提供路径方向和比例，在创建扫掠体时，应提供至少一条引导线串。提供一条引导线串时，不能控制截面大小和沿方向变化的趋势，需要进一步指定截面变化的方法；提供两条引导线串时，可以控制截面大小的变化趋势，不能改变尺寸，还需要设置截面比例变化；提供三条引导线串时，可以确定截面大小和变化趋势，无须另添指令。

创建扫掠曲面的基本步骤如下。

1）打开 UG NX11.0 软件，打开教学资源包中的模型文件 5.2.3。

2）选择"曲面"→"扫掠"命令，如图 5-7 所示，系统弹出"扫掠"对话框。

3）定义截面线串。在绘图区选取图 5-8 所示的截面线串，单击鼠标中键确认。

4）定义引导线串。在绘图区选取图 5-8 所示的引导线串，单击鼠标中键确认。

5）单击"扫掠"对话框中的"确定"按钮，完成扫掠曲面的创建，如图 5-9 所示。

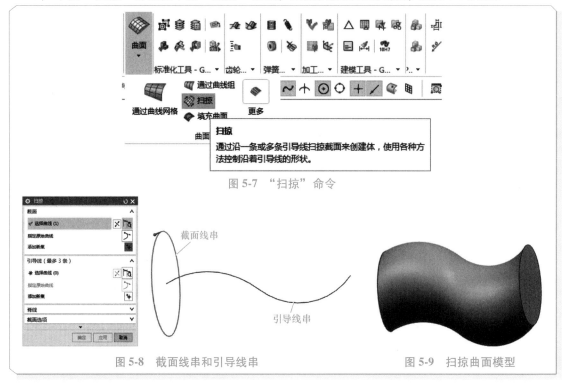

图 5-7 "扫掠"命令

截面线串

引导线串

图 5-8 截面线串和引导线串　　　　图 5-9 扫掠曲面模型

5.2.4 创建网格曲面

网格线主要用于曲面形状特征的显示，对特征没有影响。下面以图 5-10 所示的模型为例来说明创建网格曲面的一般操作过程。

通过静态线框创建网格曲面的操作步骤如下。

1）打开 UG NX11.0 软件，打开教学资源包中的模型文件 5.2.4，如图 5-10a 所示。

2）调整视图显示。选择"视图"→"样式"→"静态线框"命令，模型变为线框状态，如图 5-10b 所示。

3）单击"视图"选项卡上的"编辑对象显示"按钮，系统弹出"类选择"对话框，如图 5-11

所示。

4）在"类选择"对话框的"过滤器"选项区域选择"面"选项，选取图 5-10b 所示模型的右侧面，单击"确定"按钮，系统弹出"编辑对象显示"对话框，如图 5-12 所示。

5）在"编辑对象显示"对话框中的"线框显示"选项区域更改 U、V 参数均为"8"，其他参数使用系统默认数值，如图 5-13 所示。

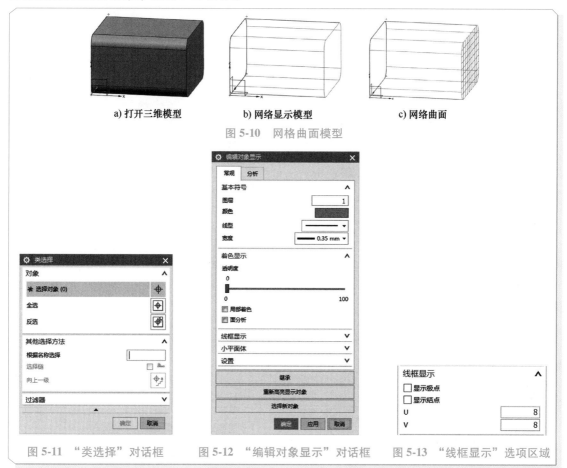

a) 打开三维模型　　　　b) 网络显示模型　　　　c) 网络曲面

图 5-10　网格曲面模型

图 5-11　"类选择"对话框　　　图 5-12　"编辑对象显示"对话框　　　图 5-13　"线框显示"选项区域

6）单击"编辑对象显示"对话框中的"确定"按钮，完成网格曲面的创建，其效果如图 5-10c 所示。

5.2.5　曲面特征分析

曲面特征分析可以帮助用户分析曲面的一些特征，如半径、反射、斜率，以确定曲面是否达到了设计的要求。

1. 创建曲面半径分析彩色分布图

1）使用 UG NX11.0 软件打开教学资源包中的模型文件 5.2.5。

2）在"菜单栏"中选择"分析"→"形状"→"半径"命令，系统弹出图 5-14 所示的"半径分析"对话框。

3）选取要观察曲面半径的曲面，此时曲面上出现一个彩色分布图，如图 5-15 所示，同时系统显示颜色图例，彩色分布图中的不同颜色代表不同大小的曲率，颜色与曲率大小的对应关系可以从颜色图例中查阅。单击"确定"按钮完成曲面半径分析。

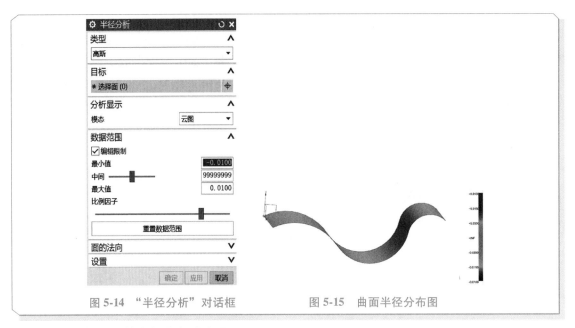

图 5-14 "半径分析"对话框   图 5-15 曲面半径分布图

2. 创建曲面反射分析彩色分布图

1）在"菜单栏"中选择"分析"→"形状"→"反射"命令，系统弹出图 5-16 所示的"反射分析"对话框。

2）选取类型为"直线图像"，目标为要分析的曲面，选择彩色线，单击"确定"按钮，完成反射分析。

3. 创建曲面斜率分析云图

1）在"菜单栏"中选择"分析"→"形状"→"斜率"命令，系统弹出"斜率分析"对话框，如图 5-17 所示。

2）选择面为要观察的面，参考矢量为 Z 轴，选择模态为"云图"，单击"确定"按钮，完成斜率分析。

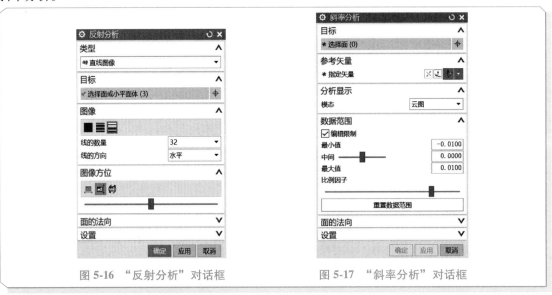

图 5-16 "反射分析"对话框   图 5-17 "斜率分析"对话框

5.3 曲面的偏置

曲面的偏置常用于创建一个或多个现有面的偏置曲面，也可以用于创建一个现有曲面的偏移后曲面。

1. 将现有曲面偏置（保留原曲面）

1）使用 UG NX11.0 软件打开教学资源包中的模型文件 5.3。

2）在"菜单栏"中选择"曲面"→"更多"→"偏置曲面"命令，系统弹出图 5-18a 所示的"偏置曲面"对话框。

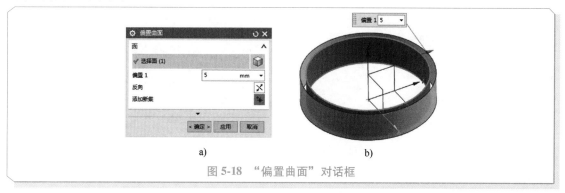

a)   b)

图 5-18 "偏置曲面"对话框

3）选取要偏置的曲面，同时"反向"按钮被激活，单击该按钮，可以完成曲面偏置方向的调整。

4）定义偏置 1 为"5"，如图 5-18b 所示，单击"确定"按钮，完成偏置曲面的创建，保留原曲面。

2. 将现有曲面偏移一定距离（不保留原曲面）

1）在"菜单栏"中选择"插入"→"偏置/缩放"→"偏置面"命令，弹出"偏置面"对话框，如图 5-19 所示。

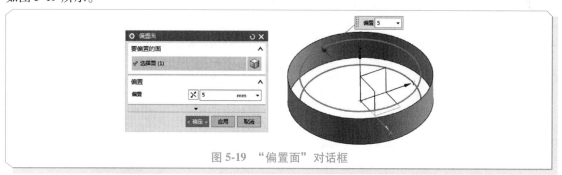

图 5-19 "偏置面"对话框

2）选择草图中要偏置的面，定义偏置的距离值为"5"。

3）单击"确定"按钮，完成面的偏移，不保留原曲面。

5.4 曲面的复制

曲面的复制可以用于创建一个与原曲面形状大小相同的曲面，在实际应用中可以节省建立草图的时间。在草图中复制曲面的操作步骤如下。

1）使用 UG NX11.0 软件打开教学资源包中的模型文件 5.4。

2）单击"复制面"按钮或在"菜单栏"中选择"插入"→"同步建模"→"重用"→"复制面"

命令，系统弹出图 5-20 所示的"复制面"对话框。

3）选择要复制的面，定义变换中的运动为"距离-角度"，指定距离矢量为默认值，设置距离值为"10"，角度值为"0"。

4）单击"确定"按钮，完成曲面的复制。

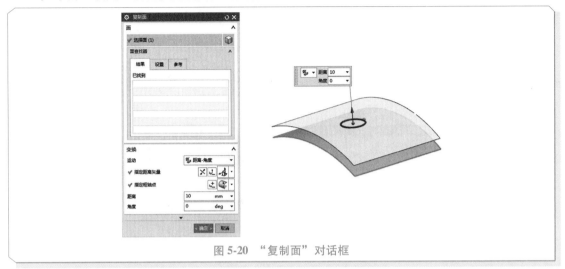

图 5-20　"复制面"对话框

5.5　曲面的修剪

曲面的修剪是对原曲面进行裁剪，去除某一部分。下面以拉伸操作中对曲面进行修剪为例，说明曲面修剪的操作步骤。

1）使用 UG NX11.0 软件打开教学资源包中的模型文件 5.5。

2）单击"草图"按钮，在 XY 平面中绘制如图 5-21 所示的草图。

3）选择"拉伸"命令，弹出"拉伸"对话框，如图 5-22 所示。选择图 5-21 所示曲线，指定矢量选择 Z 轴，设置距离为"5"，布尔选择"减去"，设置选择体为选择曲面。

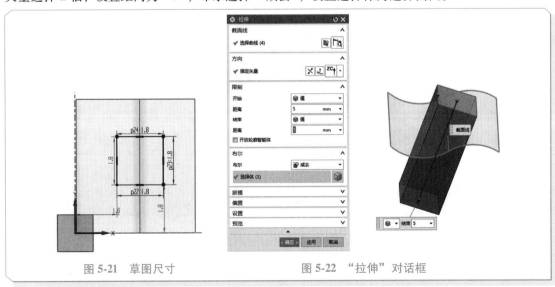

图 5-21　草图尺寸　　　　　　图 5-22　"拉伸"对话框

4）全部步骤完成后单击"确定"按钮，得到图 5-23 所示的修剪结果。

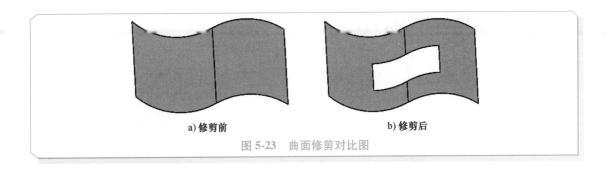

a) 修剪前　　　　　　　　　　　b) 修剪后

图 5-23　曲面修剪对比图

5.6　曲面的延伸

曲面的延伸是对原曲面进行扩大的操作，使其达到指定大小。

1. 延伸曲面

延伸曲面的操作步骤如下。

1）使用 UG NX11.0 软件打开教学资源包中的模型文件 5.6。

2）在"菜单栏"中选择"插入"→"弯边曲面"→"延伸"命令，弹出图 5-24 所示的"延伸曲面"对话框。

3）选择类型为"边"，选择边为图 5-25a 所示的边，设置长度为"75"，延伸后的效果如图 5-25b 所示。

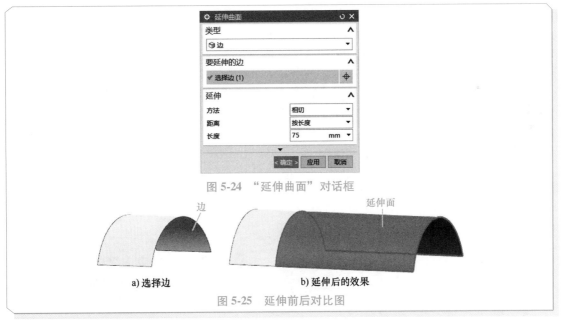

图 5-24　"延伸曲面"对话框

a) 选择边　　　　　　　　　　b) 延伸后的效果

图 5-25　延伸前后对比图

2. 规律延伸

规律延伸的操作步骤如下。

1）使用 UG NX 11.0 软件打开教学资源包中的模型文件 5.6。

2）在"菜单栏"中选择"插入"→"弯边曲面"→"规律延伸"命令，弹出图 5-26 所示的"规律延伸"对话框。

3）选择类型为"面"，选择曲线为图 5-27a 所示的曲线 1，选择面为图 5-27a 所示的曲面 1，设置长度规律值为"10"，单击"确定"按钮，得到图 5-27b 所示的规律延伸曲面。

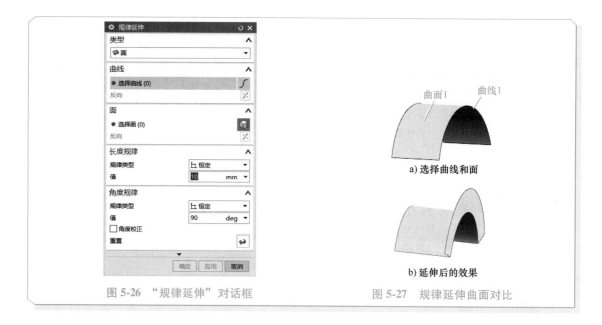

图 5-26 "规律延伸"对话框

图 5-27 规律延伸曲面对比

5.7 曲面的缝合

曲面的缝合是将两个不相连的曲面连接起来,使其变成一个整体。对多个曲面进行缝合的操作步骤如下。

1)使用 UG NX 11.0 软件打开教学资源包中的模型文件 5.7。

2)在"菜单栏"中选择"插入"→"组合"→"缝合"命令,弹出"缝合"对话框,如图 5-28 所示。

3)选择类型为"片体",在"目标"选项区域单击"选择片体"按钮,选择图 5-29a 所示的片体 1,在"工具"选项区域中单击"选择片体"按钮,选择图 5-29a 所示的片体 2,单击"确定"按钮,缝合后的效果如图 5-29b 所示,其中片体 1 与片体 2 缝合在一起。

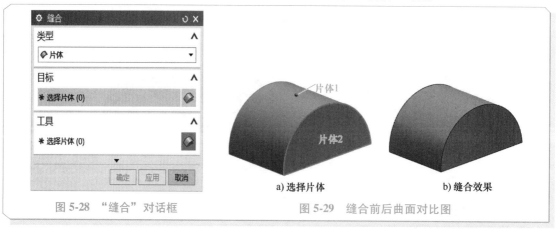

图 5-28 "缝合"对话框

图 5-29 缝合前后曲面对比图

5.8 曲面的实体化

曲面的实体化就是在 UG NX 软件中让片体变成实体。

1. 对原曲面进行加厚

1）使用 UG NX 11.0 软件打开教学资源包中的模型文件 5.8. a。

2）在"菜单栏"中选择"插入"→"偏置/缩放"→"加厚"命令，系统弹出图 5-30 所示的"加厚"对话框。

3）单击"选择面"按钮，选择图 5-31a 所示加厚前的曲面，设置厚度为"2.5"，单击"确定"按钮，加厚后的效果如图 5-31b 所示。加厚之后的片体为实体。

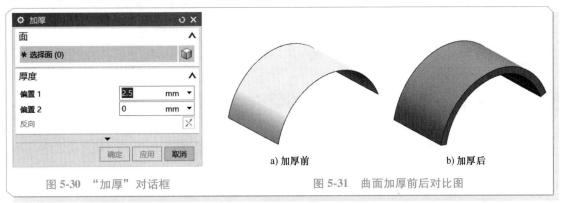

图 5-30　"加厚"对话框　　　　　　　a) 加厚前　　　　　b) 加厚后

图 5-31　曲面加厚前后对比图

2. 封闭曲面的实体化

1）使用 UG NX11.0 软件打开教学资源包中的模型文件 5.8. b。

2）在"菜单栏"中选择"视图"→"截面"→"新建截面"命令，弹出图 5-32 所示的"视图剖切"对话框。单击图 5-33a 所示的模型，得到图 5-33b 所示的剖视图。可以看出，此模型为片体。

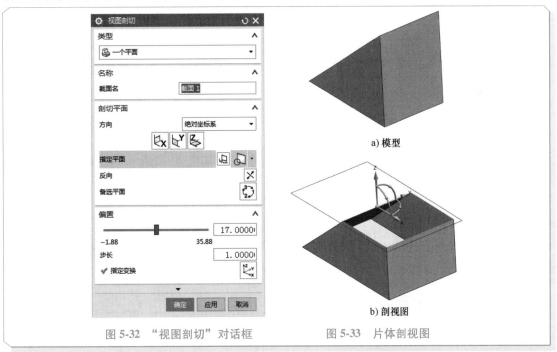

a) 模型

b) 剖视图

图 5-32　"视图剖切"对话框　　　　　图 5-33　片体剖视图

3）在"菜单栏"中选择"插入"→"组合"→"缝合"命令或单击"缝合"按钮，弹出图 5-34 所示的"缝合"对话框，将任一曲面设为目标片体，其他曲面作为工具片体，进行缝合操作，其余参数均采用默认值，将全部曲面依次缝合之后便可得到实体。

4）再次利用"新建截面"命令，得到图 5-35 所示的截面视图，可看出模型已经变为实体。

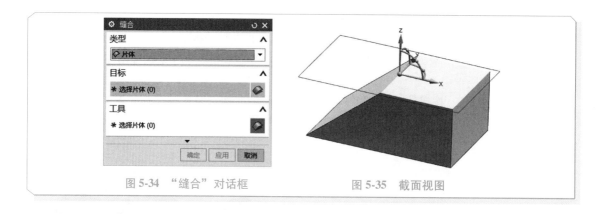

图 5-34 "缝合"对话框　　　　　　图 5-35 截面视图

5.9 水壶的设计

本节主要介绍水壶的设计思路和步骤。水壶三维造型效果图如图 5-36 所示，其建模思路如下。

1）水壶壶身的创建：创建基本草图，利用曲面的旋转创建壶体。

2）壶柄的创建：创建基准平面，在基准平面上画出椭圆截面，以椭圆为截面，基本草图中的壶柄为引导线，扫掠出壶柄。

3）壶嘴的创建：在顶部创建壶嘴平面草图，以创建的壶嘴草图为截面，基本草图中的壶嘴线为引导线，扫掠得出曲面。

4）倒圆角：将壶嘴底部和壶柄上、下部倒圆，使用边倒圆命令完成。

操作步骤如下。

1）打开 UG NX11.0 软件，新建一个模型文件。

2）在"菜单栏"中选择"插入"→"在任务环境中绘制草图"命令，以 XY 平面作为工作平面，进入"草图"环境，绘制图 5-37 所示的草图，然后单击"完成草图"按钮，退出"草图"环境。

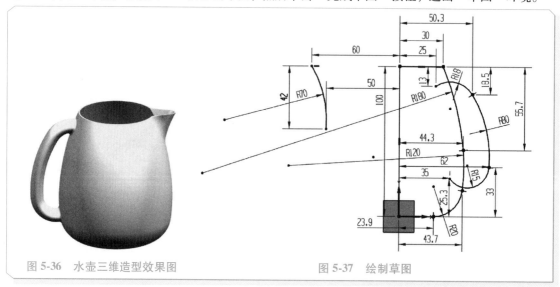

图 5-36 水壶三维造型效果图　　　　　　图 5-37 绘制草图

3）单击"旋转"按钮，弹出"旋转"对话框，如图 5-38 所示。此时，用户必须将工具栏中的"曲线规则"选项由"自动判断曲线"改为"单条曲线"，否则草图曲线只能全选。选择图 5-37 中壶的截面线，指定矢量为 ZC 轴，开始角度为"0"，结束角度为"360"，单击"确定"按钮，完成旋转操作。

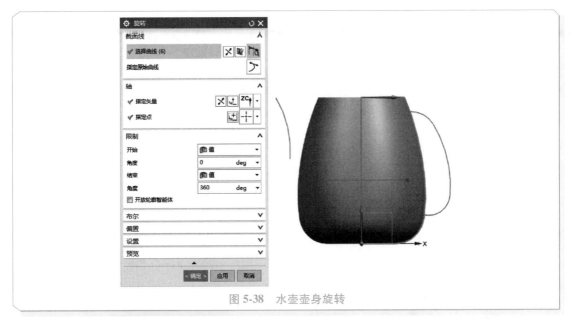

图 5-38　水壶壶身旋转

4）在"菜单栏"中选择"插入"→"在任务环境中绘制草图"命令，弹出"创建草图"对话框，如图 5-39a 所示。选择草图类型为"基于路径"，选择路径为图 5-39b 中的曲线 1，选择位置为"弧长百分比"，设置弧长百分比为"6"，其他参数为系统默认，单击"确定"按钮。

5）创建壶柄截面草图。进入"草图"环境后，在平面上绘制一个椭圆，如图 5-40 所示，设置大半径为"5"，小半径为"8"，需要注意的是，椭圆圆心在基准平面的原点上。

6）对壶柄进行扫掠操作。单击"扫掠"命令按钮，在"扫掠"对话框中进行参数设置，如图 5-41a 所示，

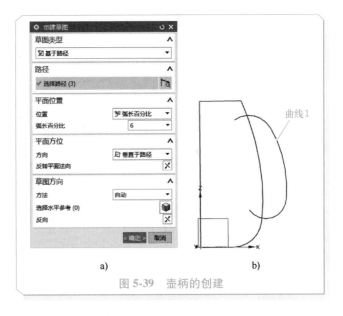

图 5-39　壶柄的创建

其中截面曲线为图 5-41b 中的曲线 1，引导线为曲线 2，其余为系统默认值，单击"确定"按钮完成扫掠操作，扫掠后壶柄如图 5-42 所示。

7）创建壶嘴。在"菜单栏"中选择"插入"→"在任务环境中绘制草图"命令，选择草图类型为"在平面上"，以壶的顶部平面为工作平面，进入"草图"环境，绘制图 5-43 所示的壶嘴曲线，单击"完成草图"按钮，退出"草图"环境。

8）选择"扫掠"命令，选择图 5-44 所示的曲线 1 作为截面，选择曲线 2 作为引导线，单击"确定"按钮，完成壶嘴的扫掠。扫掠后壶嘴的模型如图 5-45 所示。

9）在"菜单栏"中选择"插入"→"组合"→"合并"命令，弹出"合并"对话框，选择壶身模型作为目标体，壶嘴和壶柄作为工具体，将壶身、壶柄和壶嘴合并为一体，合并效果如图 5-46 所示。

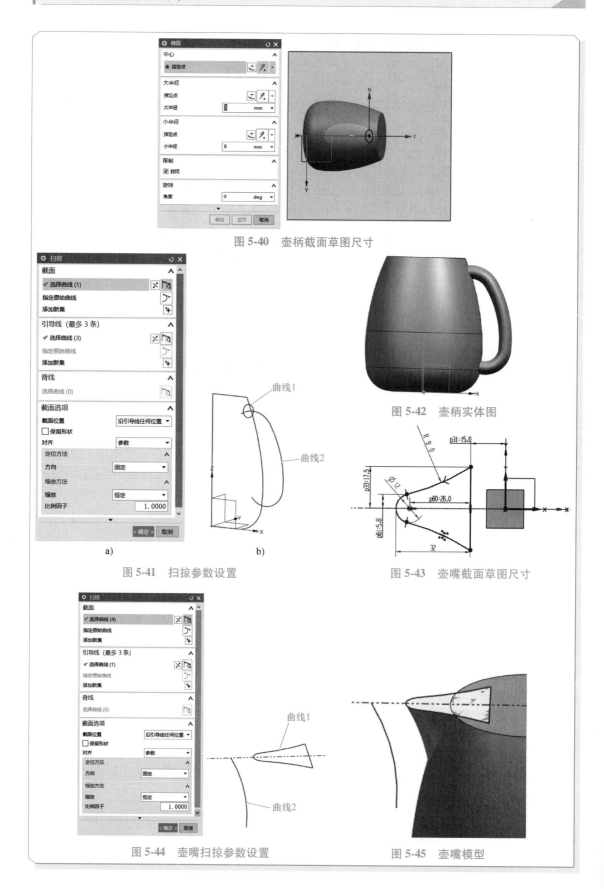

图 5-40 壶柄截面草图尺寸

图 5-41 扫掠参数设置

图 5-42 壶柄实体图

图 5-43 壶嘴截面草图尺寸

图 5-44 壶嘴扫掠参数设置

图 5-45 壶嘴模型

10）对水壶进行抽壳。在"菜单栏"中选择"插入"→"偏执/缩放"→"抽壳"命令，在"抽壳"对话框中选择类型为"移除面，然后抽壳"，选择面为水壶顶面，设置厚度为"1"，单击"确定"按钮完成抽壳，如图 5-47 所示。

图 5-46　"合并"对话框及合并效果图　　　图 5-47　"抽壳"对话框及抽壳效果图

11）创建壶身与壶嘴和壶柄衔接处倒圆角及壶嘴附近的圆角特征。在"菜单栏"中选择"插入"→"细节特征"→"边倒圆"命令，弹出"边倒圆"对话框，详细参数设置如图 5-48 所示，选择连续性为"G1 相切"，半径为"10"，选择边为曲线 1，倒圆角效果如图 5-49 所示。

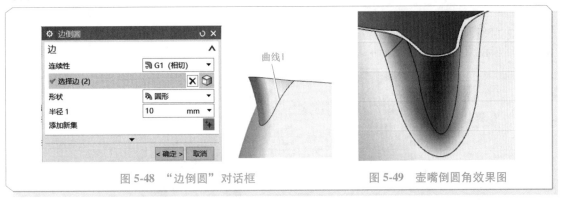

图 5-48　"边倒圆"对话框　　　　　图 5-49　壶嘴倒圆角效果图

12）以上一步骤的倒圆角为参考，采用相同方法对壶柄与壶身连接部分进行倒圆角，设置半径为"3"，单击"确定"按钮完成边倒圆，倒圆角效果如图 5-50 所示。

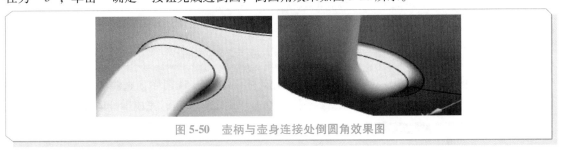

图 5-50　壶柄与壶身连接处倒圆角效果图

5.10　吊环的设计

本节主要介绍吊环造型的思路和步骤。吊环三维造型效果图如图 5-51 所示，其建模思路如下。

1）吊环外形轮廓的创建：分析和绘制吊环截面的轮廓曲线，通过扫掠生成曲面。

2）吊环细节结构的创建：通过网格曲面的创建、镜像片体、修剪片体、等参数曲线等命令对吊环曲面进行构建与修剪。

3）吊环实体的创建：通过有界平面的创建，对封闭片体进行缝合，并对其进行抽壳，完成吊环实体的创建。

操作步骤如下。

1）打开 UG NX11.0 软件，新建一个模型文件。

2）在"菜单栏"中选择"插入"→"在任务环境中绘制草图"命令，以 XY 平面作为工作平面，绘制图 5-52 所示的草图曲线。

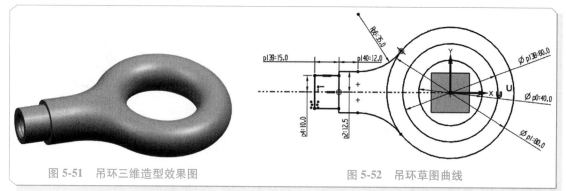

图 5-51　吊环三维造型效果图　　　　　　图 5-52　吊环草图曲线

3）在"菜单栏"中选择"插入"→"扫掠"→"管"命令，参数设置如图 5-53a 所示，选择曲线为图 5-52 中直径为 60mm 的圆，设置外径为"20"，内径为"0"，单击"确定"按钮，完成操作，吊环弯心部分如图 5-53b 所示。

a)　　　　　　　　b)

图 5-53　"管"对话框与吊环弯心实体图

4）选择"拆分体"命令，弹出"拆分体"对话框，如图 5-54 所示。选择图 5-53b 所示吊环弯心实体，选择工具平面为基准坐标系 XZ 平面，单击"确定"按钮，完成拆分体操作。

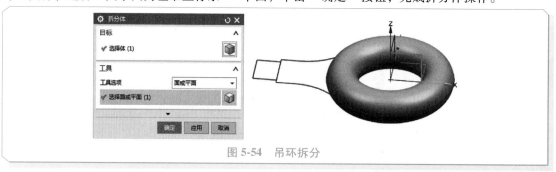

图 5-54　吊环拆分

5）创建吊环的吊钩部分。选择"旋转"命令，系统弹出"旋转"对话框，如图 5-55 所示，将工具栏中的"曲线规则"选项由"自动判断曲线"改为"单条曲线",选取上部三条线段作为截面线,指定轴为 XC 轴,指定点为绝对原点,单击"确定"按钮,完成旋转体创建。

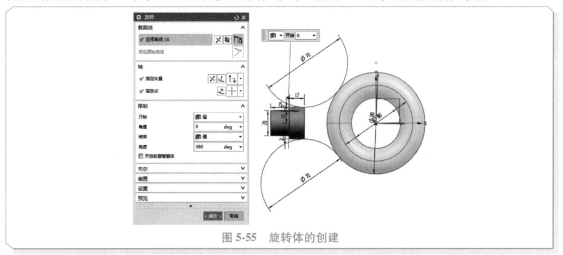

图 5-55　旋转体的创建

6)在"菜单栏"中选择"插入"→"曲线"→"直线"命令,选择起点为圆弧与大圆(直径为80mm)的切点,选择终点为大圆圆心,绘制两条直线。在"菜单栏"中选择"插入"→"基准/点"→"基准 CSYS"命令,在切点处插入两个基准坐标系,并调整基准坐标系的 X 轴方向为绘制的两条直线方向,如图 5-56 所示。

7)选择"修剪体"命令,弹出"修剪体"对话框,如图 5-57 所示。选择体为图 5-54 所示的拆分体,选择工具平面为图 5-56 插入基准坐标系的 XZ 平面,完成分段修剪操作。

8)在"菜单栏"中选择"插入"→"派生曲线"→"等参数曲线"命令,系统弹出"等参数曲线"对话框,如图 5-58a 所示,设置数量为"3",其余参数默认。分别选择图 5-58b 所示的吊环和吊钩,单击"确定"按钮,得到三段曲线。

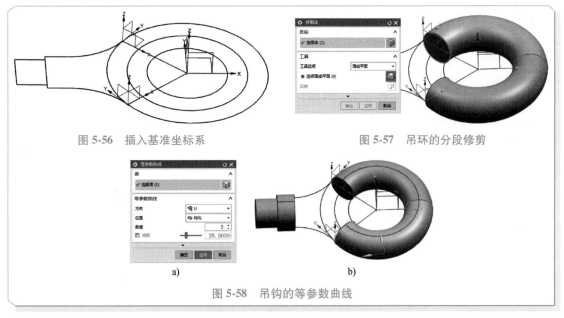

图 5-56　插入基准坐标系　　　　　　　　　图 5-57　吊环的分段修剪

a)　　　　　　　　　　　b)

图 5-58　吊钩的等参数曲线

9)在"菜单栏"中选择"派生曲线"→"桥接"命令,弹出"桥接曲线"对话框,对刚刚绘制的等参数曲线进行桥接(为避免互相影响,在下一个桥接操作之前,可将上一个等参数曲线隐藏)，如图 5-59 所示。

10）在"菜单栏"中选择"插入"→"在任务环境中绘制草图"命令，以吊钩右端面作为工作平面，绘制图 5-60 所示的 3 段圆弧草图，圆弧的端点分别为图 5-58b 所示的等参数曲线以及图 5-52 所示草图曲线与右端面的交点。重复上述过程，分别以吊环的端面作为工作平面，各绘制三段圆弧草图。

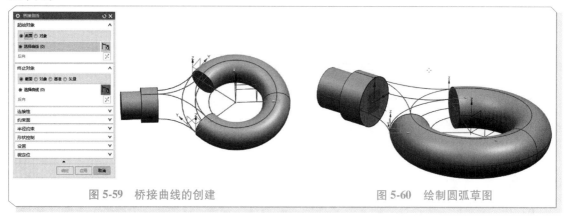

图 5-59　桥接曲线的创建　　　　　　　　　图 5-60　绘制圆弧草图

11）在"菜单栏"中选择"插入"→"网格曲面"→"通过曲线网格"命令或直接单击"通过曲线网格"按钮，系统弹出"通过曲线网格"对话框，如图 5-61 所示，构成网格的 4 条曲线如图 5-62 所示。在"通过曲线网格"对话框中，先选择主曲线，分别选择曲线 1（单击鼠标中键确认）和曲线 2（单击鼠标中键确认），然后连续单击鼠标中键，直至提示选择交叉曲线，分别选择曲线 3（单击鼠标中键确认）和曲线 4，单击"确定"按钮，完成第一个网格曲面的创建。

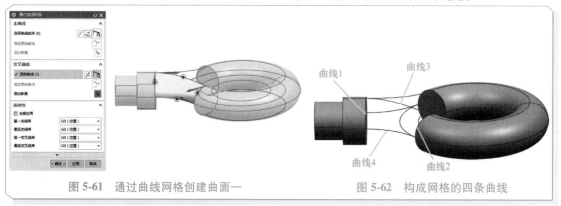

图 5-61　通过曲线网格创建曲面一　　　　　　图 5-62　构成网格的四条曲线

12）重复通过曲线网格创建曲面操作，创建图 5-63 所示的曲面二。

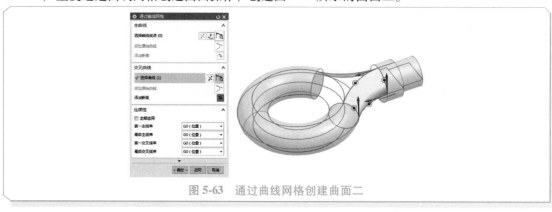

图 5-63　通过曲线网格创建曲面二

13）在"菜单栏"中选择"插入"→"在任务环境中绘制草图"命令，以基准坐标系 XY 平面作为工作平面，绘制图 5-64 所示草图曲线，单击"完成草图"按钮，退出"草图"环境。

14）重复通过曲线网格创建曲面操作，创建图 5-65 所示的曲面三。

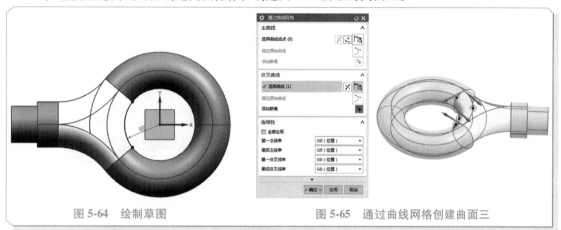

图 5-64　绘制草图　　　　　　　　图 5-65　通过曲线网格创建曲面三

15）在"菜单栏"中选择"插入"→"曲面"→"填充曲面"命令或直接单击"填充曲面"按钮，系统弹出"填充曲面"对话框，如图 5-66 所示，选择 3 条桥接曲线，单击"确定"按钮，完成填充曲面操作。

16）在"菜单栏"中选择"插入"→"关联复制"→"镜像特征"命令，弹出"镜像特征"对话框，如图 5-67 所示，选择 3 个通过曲线网格创建的曲面以及填充曲面，镜像平面选择基准坐标系 XY 平面，单击"确定"按钮，完成镜像特征操作。

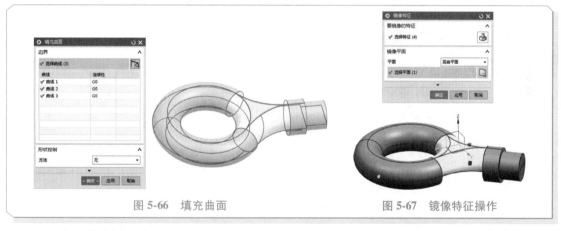

图 5-66　填充曲面　　　　　　　　图 5-67　镜像特征操作

17）在"菜单栏"中选择"插入"→"曲面"→"有界平面"命令或直接单击"有界平面"按钮，系统弹出"有界平面"对话框，如图 5-68a 所示，选择图 5-68b 所示的圆弧曲线，创建 3 个有界平面。

18）在"菜单栏"中选择"插入"→"组合"→"缝合"命令，弹出"缝合"对话框，如图 5-69 所示，选择所有曲面片体，单击"确定"按钮，完成缝合操作。

19）选择"合并"命令，弹出"合并"对话框，选择所有实体特征，单击"确定"按钮，完成实体合并操作，合并后的效果如图 5-70 所示。

20）最后创建"螺纹孔"。在"菜单栏"中选择"插入"→"设计特征"→"孔"命令，弹出"孔"对话框，如图 5-71 所示，选择类型为"螺纹孔"，选择指定点为吊钩端面圆心，螺纹尺寸大小为"M14×2"，螺纹深度为"15"，单击"确定"按钮，完成吊环三维模型的设计。

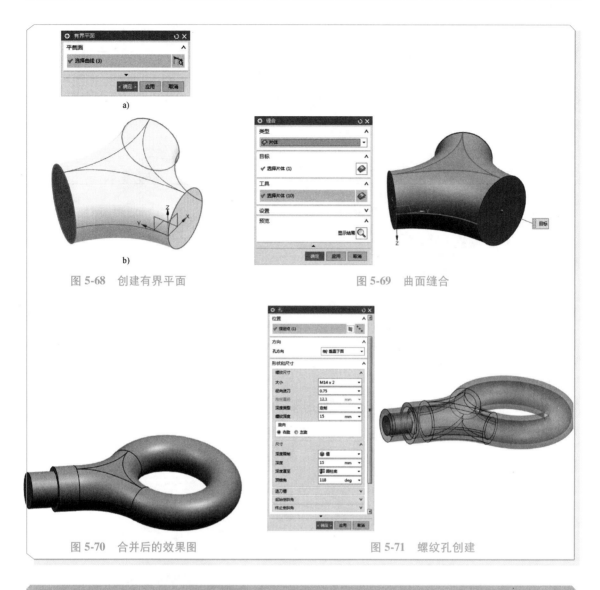

图 5-68　创建有界平面　　　　图 5-69　曲面缝合

图 5-70　合并后的效果图　　　　图 5-71　螺纹孔创建

5.11　节能灯的设计

本节主要介绍节能灯的设计思路和步骤。节能灯三维造型效果图如图 5-72 所示，其建模思路如下。

1）底座的创建：利用旋转命令创建底座特征。

2）灯管的创建：通过螺旋线命令和管命令创建灯管特征。

3）底座螺纹的创建：通过螺旋线命令和管命令创建螺纹特征。

操作步骤如下。

1）打开 UG NX 11.0 软件，新建一个模型文件。

图 5-72　节能灯三维造型效果图

2）在"菜单栏"中选择"插入"→"在任务环境中绘制草图"命令，选择 XY 平面作为工作平面，单击"确定"按钮，进入"草图"环境，绘制图 5-73 所示的草图，单击"完成草图"按钮，退出"草图"环境。

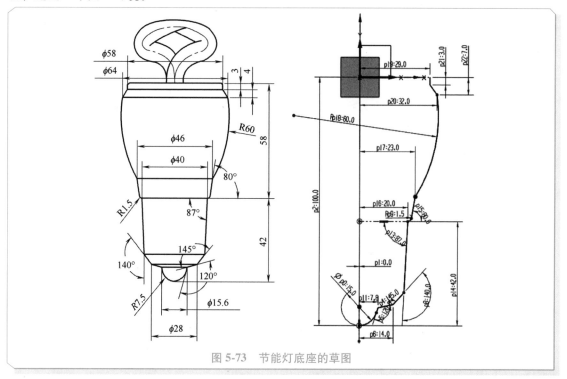

图 5-73　节能灯底座的草图

3）选择"旋转"命令，选择截面线为图 5-73 所示的草图曲线，选择指定矢量为 YC 轴，选择绝对原点为指定点，选择限制为"值"，设置开始角度为"0"，结束角度为"360"，选择体类型为"实体"，单击"确定"按钮，得到旋转实体，如图 5-74 所示。

4）在"菜单栏"中选择"插入"→"曲线"→"螺旋线"命令，系统弹出"螺旋线"对话框，如图 5-75 所示，指定坐标系为 YC 轴，角度为"0"，选中"直径"单选按钮，设置规律类型为"恒定"，值为"40"，螺距规律类型为"恒定"，值为"45"，长度起始限制为"20"，终止限制为"110"。在"设置"选项区域中设置旋转方向为"右手"，距离公差为"0.001"，角度公差为"0.05"，单击"确定"按钮。重复上述过程，创建另一条螺旋线，更改角度为"180"，其余值与前一条螺旋线相同。

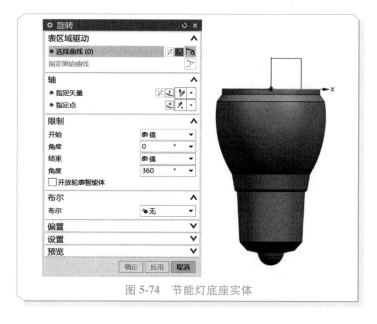

图 5-74　节能灯底座实体

5）在"菜单栏"中选择"插入"→"在任务环境中绘制草图"命令，以 XY 平面作为基准平面，单击"确定"按钮，进入"草图"环境，绘制图 5-76 所示的曲线。

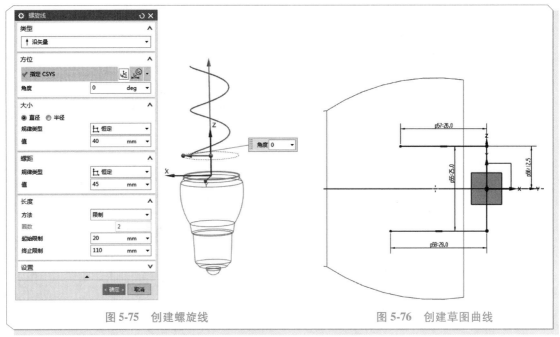

图 5-75　创建螺旋线　　　　　　　　　图 5-76　创建草图曲线

6）在"菜单栏"中选择"插入"→"派生曲线"→"桥接"命令，系统弹出图 5-77a 所示的"桥接曲线"对话框，选择起始对象为"截面"，选取左侧螺旋线末端，设置终止对象为"截面"，选取图 5-77b 中左侧的线段，选择形状控制方法为相切幅值，开始与结束值皆为"0"，单击"确定"按钮完成一侧桥接曲线的创建。重复上述过程，完成另一侧桥接曲线的创建。

7）在"菜单栏"中选择"插入"→"基准/点"→"基准平面"命令，弹出"基准平面"对话框，如图 5-78 所示，选择类型为"按某一距离"，选择基准坐标系的 XZ 平面作为平面参考，定义距离值为"115"，创建基准平面一。

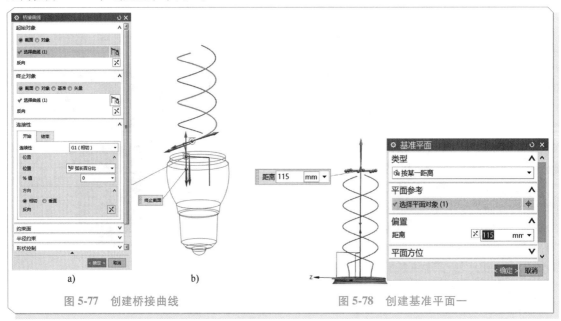

a)　　　　　　　　b)

图 5-77　创建桥接曲线　　　　　　　　　图 5-78　创建基准平面一

8）在"菜单栏"中选择"插入"→"在任务环境中绘制草图"命令，以图 5-78 中的基准平面一作为工作平面，创建图 5-79 所示草图。

图 5-79　创建草图

9）在"菜单栏"中选择"插入"→"基准/点"→"基准平面"命令，弹出"基准平面"对话框，如图 5-80 所示，选择基准坐标系中的 XZ 平面作为参考平面，定义偏置距离为"120"，创建基准平面二。

10）在"菜单栏"中选择"插入"→"在任务环境中绘制草图"命令，以图 5-80 中创建的基准平面二作为工作平面，绘制图 5-81 所示草图。

图 5-80　创建基准平面二　　　　　　　　　　　图 5-81　草图尺寸

11）在"菜单栏"中选择"插入"→"曲线"→"艺术样条"命令，按照从左到右的顺序依次选取图 5-82 所示的点，其他参数按照默认设置，单击"确定"按钮，完成样条曲线的创建。

12）在"菜单栏"中选择"插入"→"扫略"→"管"命令，弹出"管"对话框，如图 5-83 所示，选取螺旋线，设定外径为"8"，内径为"0"，输出为"单段"，公差为"0.001"，单击"确定"按钮，完成灯管的创建。

13）在"菜单栏"中选择"插入"→"在任务环境中绘制草图"命令，以 YZ 基准平面作为工作平面，绘制图 5-84 所示的草图曲线。

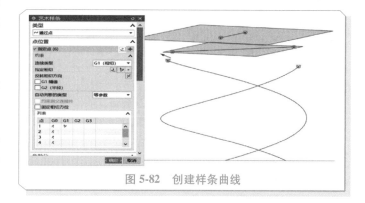

图 5-82　创建样条曲线

14）在"菜单栏"中选择"插入"→"曲线"→"螺旋线"命令，系统弹出"螺旋线"对话框，如图 5-85 所示，选择类型为"沿矢量"，选择方位（指定 CSYS），为"对象的

CSYS"，选择对象为基准坐标系 XZ 平面，选择大小为"半径"，规律类型为"根据规律曲线"，将工具栏中的"曲线规则"选项由"自动判断曲线"改为"单条曲线"，选择图 5-84 中上部的 3 条曲线作为规律曲线，下部竖直线作为基线，选择螺距规律类型为"恒定"，值为"8"，长度方法为"限制"，定义起始限制为"-63"，终止限制为"-83"，单击"确定"按钮，完成螺旋线的创建。

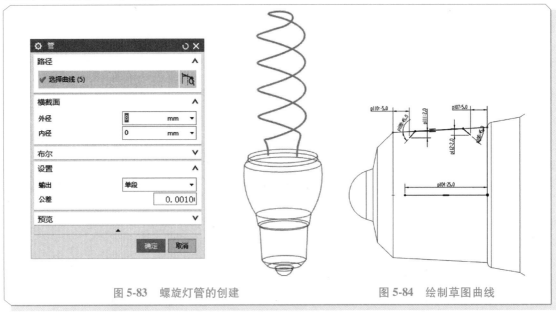

图 5-83　螺旋灯管的创建　　　　　　　图 5-84　绘制草图曲线

15）在"菜单栏"中选择"插入"→"扫略"→"管"命令，弹出"管"对话框，如图 5-86 所示。选取图 5-85 中的螺旋线，设定外径为"5"，内径为"0"，输出为"单段"，公差为"0.001"，单击"确定"按钮，完成底座螺纹的创建。选择"合并"命令，进行创建实体的合并，完成节能灯的三维造型建模。

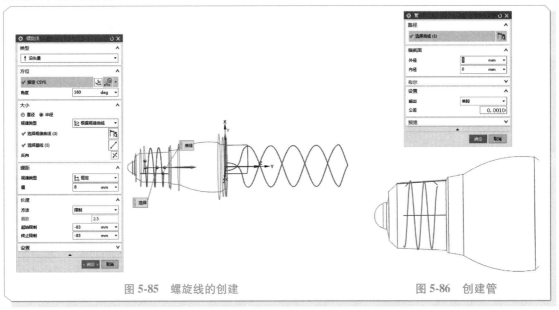

图 5-85　螺旋线的创建　　　　　　　图 5-86　创建管

1. 创建扇子模型，尺寸可以自行设定，图 5-87 中的尺寸供参考，效果图如图 5-88 所示。

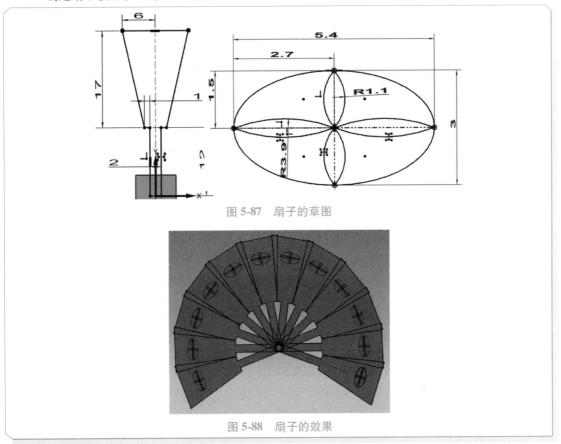

图 5-87　扇子的草图

图 5-88　扇子的效果

2. 根据图 5-89 所示企鹅草绘截面线，运用旋转、缩放体、扫掠等命令，创建企鹅的实体模型，效果如图 5-90 所示。

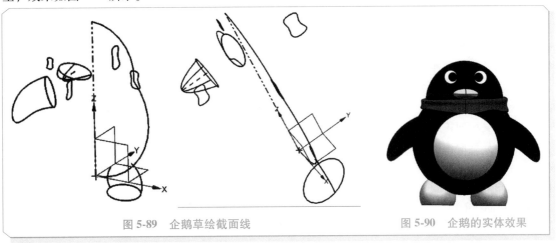

图 5-89　企鹅草绘截面线　　　　　　　　　　图 5-90　企鹅的实体效果

第6章

注射模设计

注射模由动模和定模（上模和下模）两部分组成。动模安装在注射机的移动工作台面上，定模安装在注射机的固定工作台面上。动模与定模闭合后，已塑化的塑料熔体通过浇注系统注入模具型腔中冷却、固化与定型。动模与定模分开后，塑件留在动模一侧，利用动模内的推出机构将塑件从模内推出。本章主要介绍基于 UG MoldWizard 的注射模设计方法和过程。

【学习目标】

1) 了解注射模的分类和结构。
2) 了解 MoldWizard 的功能和设计流程。
3) 掌握 MoldWizard 提供的曲面补片方法。
4) 掌握分型面设计和型芯型腔创建方法。
5) 掌握模具布局及流道和浇口点的设计方法。
6) 掌握冷却管道的设计方法。
7) 掌握模具标准件的导入方法。

6.1 注射模的分类和结构

注射模的分类方法很多，按成型塑料的品种可分为热塑性塑料注射模和热固性塑料注射模；按注射机的类型可分为立式、卧式和角式注射模；按其在注射机上的安装方式可分为移动式和固定式注射模；按其采用的流道形式可分为普通流道和热流道注射模；按其结构特征可分为单分型面注射模、双分型面注射模、斜导柱（弯销、斜导槽、斜滑块、齿轮齿条）侧向分型与抽芯注射模、带有活动镶块的注射模、定模带有推出装置的注射模和自动卸螺纹的注射模等。

为了塑件和浇注系统凝料的脱出以及安放嵌件的需要，模具型腔通常由两部分或更多部分组成，这些可分离部分的接触表面称为分型面。本章主要介绍单分型面注射模，如图 6-1 所示。单分型面注射模又称两板式注射模，它是注射模中最简单的一种，对塑件成型的适应性很强，应用十分广泛。单分型面注射模中的型腔一部分设在动模上，一部分设在定模上。其主流道设在定模一侧，分流道设在分型面上，开模后塑件连同流道凝料一起留在动模上。动模一侧设有推出机构，用以推出塑件及流道凝料。

单分型面注射模结构简单，操作方便，除了采用直接浇口外，型腔的浇口位置只能在塑件的侧面。

根据模具中各个零件的不同功能，注射模可由以下 8 个系统或机构组成。

1. 成型零部件

它是构成模具型腔、直接与塑料接触或部分接触并决定塑件形状及尺寸公差的零件。在图 6-1

所示模具中，模具闭合后，凹模 5、型芯 4 和动模板 11 构成模具型腔。

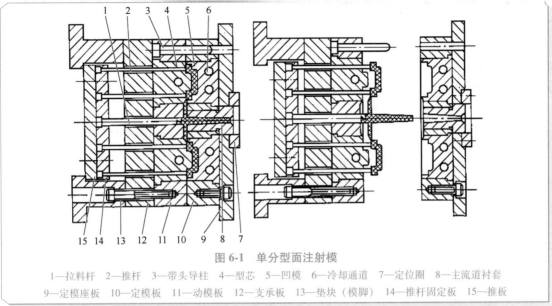

图 6-1 单分型面注射模

1—拉料杆 2—推杆 3—带头导柱 4—型芯 5—凹模 6—冷却通道 7—定位圈 8—主流道衬套
9—定模座板 10—定模板 11—动模板 12—支承板 13—垫块（模脚） 14—推杆固定板 15—推板

2. 浇注系统

由注射机喷嘴到型腔之间的进料通道为浇注系统，通常由主流道、分流道、浇口和冷料穴组成。图 6-1 中主流道衬套 8 和拉料杆 1 等构成模具浇注系统。

3. 导向与定位机构

为确保动模和定模或上模和下模闭合时能准确定位和导向，需要分别在动模和定模上设置导柱和导套。图 6-1 所示模具中，带头导柱 3 和带导向孔的定模板 10 构成模具导向与定位机构。

4. 推出机构

推出机构是指开模过程的后期，将塑件从模具中推出的机构。如图 6-1 所示，推杆 2、推杆固定板 14 和推板 15 构成推出机构。

5. 侧向分型与抽芯机构

带有侧孔与侧凹的塑件，在被推出模具之前，必须先进行侧向分型，将侧型芯从塑件中抽出。

6. 支承零件

如图 6-1 所示，支承零件有定模座板 9、定模板 10、动模板 11、支承板 12 和垫块（模脚）13，起装配、定位和安装作用。

7. 模具温度调节系统

为了满足注射成型工艺对模具温度的要求，模具应设置冷却或加热的温度调节系统。如图 6-1 中在凹模 5 和型芯 4 上开设有冷却通道 6，以便调节模具温度。

8. 排气系统

为了在注射成型过程中将型腔中原有的空气和塑料熔体中逸出的气体排除，在模具上需要设置排气系统。

6.2 MoldWizard 模块介绍

1. 关于 MoldWizard

MoldWizad 是 UG NX 软件中设计注射模的专业模块，可以提供快捷 3D 实体的解决方案。Mold-

Wizard 为注射模设计中的型芯、型腔、滑块、顶杆、镶块等集成了进一步的建模工具，使模具设计变得更加简捷和容易。使用它能创建出与产品参数相关的三维模具设计结果，并能用于加工。

2. 注射模具向导的结构组成

MoldWizard 创建的文件是一个装配文件，这个自动产生的装配结构是复制了一个隐藏在 Mold-Wizard 内部的种子装配，该种子装配是用 UG NX 软件的高级装配和 WAVE 链接器所提供的部件间参数关联的功能建立的，专门用于复杂模具装配的管理。

3. MoldWizad 注射模设计流程

MoldWizad 采用设计注射模需要的专用功能来简化注射模设计过程。它通过对注射模设计过程中各个参数的详尽输入完成模具的设计，可大大提高效率。

MoldWizard 模具设计一般可按照图 6-2 所示流程进行。

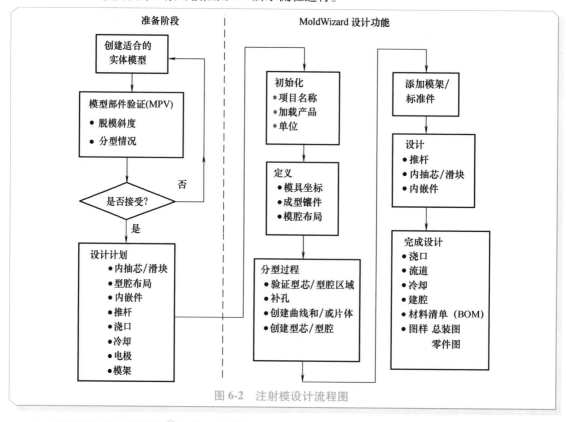

图 6-2　注射模设计流程图

4. UG NX11.0 注塑模[○]向导工作界面

单击"应用模块"中的"注塑模"按钮，进入"注塑模向导"选项卡，如图 6-3 所示。该选项卡中包含创建产品模型的相关命令按钮，用户使用命令按钮可创建一些曲面或实体，进行修补孔、槽或其他的结构特征，这些特征会影响正常的分模过程。

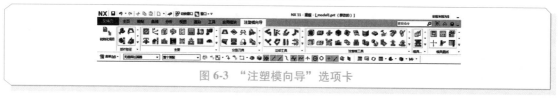

图 6-3　"注塑模向导"选项卡

───────────

○　国家标准中为注射模，软件中称为注塑模。

6.3 注射模设计过程

运用 MoldWizard 对塑件进行模具设计，主要包括模具坐标系的设定、工件、曲面修补、创建分型面、定义型腔和型芯、合并腔、模架调入、标准件的添加、冷却系统及流道的设计等。

1. 项目初始化

在"注塑模向导"选项卡中单击"初始化项目"按钮，可打开一个"注塑模向导"项目，以实现将产品零件导入 MoldWizard 模具设计模块。初始化项目设置中主要包含了模具设计时参考零件的选取和项目参数（路径信息、名称信息、选用的材料、材料的收缩率及配置模板目录）。

2. 模具 CSYS

某些产品需要重新定位，以使它们在装配后的模具中具有正确的位置。模具坐标系功能是重定位收缩件中产品模型的链接复制件。在维持相关性方面，链接体及装配重定位的方法要比变换操作方便。"注塑模向导"假设绝对坐标系的 Z 轴正方向为模具顶出的方向，那么 Z=0 的面是模具装配的分型面。模具坐标系确定了脱模方向、模架分型面位置，同时也是加载一些标准件时的参考坐标系，在"注塑模向导"中的地位非常重要。

3. 检查区域

模具分型前，要对产品出模进行一个可行性分析。检查区域使用型腔和型芯侧面的可见性执行区域分析，是 MoldWizard 自动分型时用户分析产品的可模压性和可制造性的常用工具，单击"检查区域"按钮，弹出"检查区域"对话框，该对话框中包含"计算""面""区域""信息"选项卡。其中，"计算"选项卡主要用来对产品进行区域分析、面脱模分析前的基本设置，如分析对象指定、脱模方向指定，以及重新分析等；"面"选项卡用来进行产品表面分析，分析结果为用户修改产品提供了可靠的参考数据，产品表面分析包括面的底切分析和脱模分析；"区域"选项卡的主要作用就是分析并计算出型腔、型芯区域面的个数，以及对区域面进行重新指派；"信息"选项卡用于显示产品分析后的属性，如面属性、模型属性和尖角等。

4. 收缩

收缩率是一个比例系数，用于塑胶产品模型冷却时的收缩后补偿。如果型腔、型芯模型是相关的，则可以在模具设计过程中的任何时候设置或调整该收缩率的值。收缩率功能可自动搜索装配，并设置 Shrink（收缩）部件为工作部件，然后在 Shrink 部件中产品模型的几何链接复制件中加上比例特征。

UG NX11.0 软件根据塑料性能及制品的结构特征设置了三种比例模型，即"均匀的""轴对称""一般"。

提示： 设置塑料的收缩主要是由于塑料制件在冷却过程中会收缩，如果按产品原模型去创建型芯和型腔，则会造成成型后的塑件比实际要求的小，因此事先就需要按比例放大。

5. 工件

工件用于定义型腔和型芯的镶块体，有多种方法来定义工件。定义标准块或是另外工件的方法有下面几种。

1）使用标准块、工件库，以及型芯与型腔等创建工件。

2）使用在建模中创建的实体作为工件。

MoldWizard 用一个比产品模型体积大些的材料容积包容产品，然后通过后继的分型工具使其成型，从而作为模具的型芯和型腔。

6. 型腔布局

型腔布局就是通常所说的"一模几腔"。它指的是产品模型在模具型腔内的排布数量。它是用来定义多个成型镶件各自在模具中的相对位置的。

UG NX11.0 软件的"注塑模向导"模块（MoldWizard）提供了矩形和圆形排列两种模具型腔布局方式。

型腔布局可以添加、移除或重定位模具装配结构中的分型组件。在该过程中，布局组件下有多个产品节点，每添加一个型腔，就会在布局节点下添加一个产品子装配树的整列子节点。

开始布局功能时，一个型腔会高亮显示，作为初始化操作的型腔，可以选定或取消要重定位的型腔。

7. 模型修补

在进行模具设计时，分型前要把产品模型的孔、槽等部位修补起来，然后才能够顺利分型。模型修补的方法有两种，分别是实体修补和片体修补，它们都可以用于封闭开口区域。

1) 实体修补：在开口区域创建实体，用于填充缺口。对于复杂的结构，此方法可用于简化分型流程，具体工具有包容体、分割实体和实体补片。

2) 片体修补：在开口区域创建曲面片体。创建的片体能够被系统自动识别，并用于填充缺口，具体工具有曲面补片、扩大曲面和修剪区域补片。

MoldWizard 提供的修补方法十分完善和详尽，如实体补片、边缘补片、修剪区域补片等。"注塑模向导"选项卡中也提供了一整套的工具来实现模型的修补。

8. 定义区域

定义区域用于定义型腔区域和型芯区域，并抽取出区域面。区域面就是产品外侧和内侧的复制曲面。单击"分型刀具"模块中的"定义区域"按钮，可弹出"定义区域"对话框，选项区的区域列表中列出了参考数据，也就是区域分析的结果数据。

9. 设计分型面

分型是基于塑件的产品模型创建型芯、型腔的过程。分型是模具设计中必不可少的一个步骤。在注射模设计中，定义分型线、创建分型面以及分离型芯和型腔是一个比较复杂的设计流程，尤其是在处理复杂的分型线和分型面时，体现得更加明显。MoldWizard 提供了一组简化分型面设计的功能，并且当产品被修改时，仍与后续的设计工作相关联。

"分型刀具"模块中的"设计分型面"按钮主要用于模具分型面的主分型面设计。用户可以通过此命令按钮来创建主分型面、编辑分型线、编辑分型段和设置公差等。

10. 定义型腔和型芯

当 MoldWizard 的模具设计流程进行到分型面完成阶段时，就可以使用定义型腔和型芯来创建模具的型腔和型芯等部件。单击"分型刀具"模块中的"定义型腔和型芯"按钮，系统弹出"定义型腔和型芯"对话框。

若用户没有对产品进行项目初始化操作，而直接进行型腔或型芯的分割操作，这就要求用户手工添加或删除分型面；若用户对产品进行了项目初始化操作，在"选择片体"选项区域的列表中选择"型腔区域"选项，单击"应用"按钮，程序会自动选择并缝合型腔区域面、主分型面和型腔侧曲面补片；如果缝合的分型面没有间隙、重叠或交叉等问题，程序则自动分割出型腔部件。

11. 合并腔

合并腔是将多个开腔合并，从而创建一个大的镶件，或者从一个大的镶件中减去多个小镶件。单击"注塑模工具"模块中的"合并腔"按钮，可通过弹出的"合并腔"对话框进行操作。

12. 添加模架

注射模标准模架是指由结构、形式和尺寸都标准化、系列化并具有一定互换性的零件成套组合而成的模架。用户可在已经建立的模具装配方案中选择增加一个标准模架。在模具设计过程中使用标准模架和标准件可以大大缩短模具设计的时间，简化模具设计过程。

13. 浇注系统设计

注射机将熔化的塑料注入模具型腔形成塑料产品。浇注系统是指模具中从接触注射机喷嘴升始到进入型腔为止的塑料流动通道。其作用是使熔体平稳地充满型腔。浇注系统的设计对产品成型的质量有重要的影响。其设计正确与否直接影响能否顺利进行注射成型。浇注系统是模具设计的重点之一。浇注系统的设计关系产品成型的质量，如浇口的形式和位置直接影响产品外观质量。

14. 定位环和浇口衬套设计

一般情况下，创建标准模架时，已经创建了导柱、导套、螺钉等标准件，但是有些标准件需要另行添加，包括浇口套、顶杆、滑块等。

15. 顶出系统设计

MoldWizard 标准部件库中包含了常用的标准件，如螺钉、弹簧、垫圈等，同时包含流道系统、顶出系统、冷却系统等系统结构中所需要的标准件，如定位环、浇口套、喷嘴、水管接头等。

16. 冷却系统设计

在塑料注射成型过程中，模具的温度直接影响制品的质量和生产率。由于各种塑料性能和成型工艺的不同，对模具温度的要求也不同。

模具不但是成型设备，也是热量传递的交换工具，注射模温度调节能力的好坏直接影响塑件产品的外观质量、物理性能及尺寸精度。

17. 开腔

建立开腔是模具设计后期工作中不可忽视的一部分，它为模具中的各个组件在模板上建立孔洞，并在模架上将其定位。MoldWizard 提供了为模具组件自动建立开腔的功能，并将建立的开腔参数以数据文件形式进行保存，方便模具设计完成后的加工。

6.4　壳体零件成型零部件设计

本节通过使用 MoldWizard 进行壳体塑件分型设计的实例，详细说明 MoldWizard 注射模分型设计的方法以及注射模型腔、型芯设计的一般过程。

操作步骤如下。

1. 项目初始化

启动 UG NX11.0 软件，单击"打开"按钮，打开教学资源包中的 Ch6 \ 01_ke_ti \ ke_ti. prt 实例文件，单击"应用模块"中的"注塑模"按钮，进入"注塑模向导"界面，打开壳体塑件 3D 模型，如图 6-4 所示。在"注塑模向导"选项卡中单击"初始化项目"按钮，弹出图 6-5 所示的对话框。

（1）产品　选择体：选择壳体塑件 3D 模型。

（2）项目设置

1）路径：设置用来放置模具子目录的文件夹位置。可先在硬盘上创建一个文件夹，如图 6-5 中的 D: \ ch6 \ 01_ke_ti。

2）Name：用来命名所创建的文件的项目名称，本项目设置为"ke_ti"。

3）材料：设置产品成型所用的塑料材料。

4）收缩：当选中一个塑料材料后，都会在"收缩"文本框中显示对应的收缩数值，如图 6-5 所示，选择材料

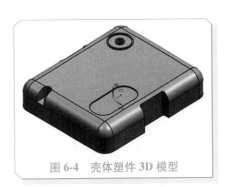

图 6-4　壳体塑件 3D 模型

为 "ABS"，收缩为 "1.006"。

5）配置：默认为 "Mold. V1"。

（3）设置　项目单位：默认为 "毫米"。

设置所要创建的装配文件各部件或组件的单位，必须与加载产品的原模型单位一致。国内一般使用的是毫米。

具体参数按图 6-5 所示内容设置。单击 "确定" 按钮，MoldWizard 模块自动按照所选的 "配置" 方式加载装配所需的组件，创建完成的装配树如图 6-6 所示，选择 "文件"→"保存"→"全部保存" 命令，完成装配文件保存操作。

图 6-5　"初始化项目" 对话框　　　图 6-6　"装配导航器"

2. 模具坐标系（Mold Csys）

MoldWizard 规定模具坐标系的原点必须在模架分型面的中心，坐标主平面或 XC-YC 平面定义在动、定模的分型面上，并且+ZC 方向指向喷嘴。

单击 "主要" 模块中的 "模具 CSYS" 按钮，弹出图 6-7 所示的 "模具 CSYS" 对话框。用户在此对话框中可重新定位产品模型坐标，将坐标系从原坐标原点移动到合适的位置。

提示： 当选中 "产品实体中心" 或 "选定面的中心" 单选按钮时，要先取消勾选 "锁定" 复选框，然后选取产品模型或边界面，再勾选 "锁定" 复选框，否则模具坐标系不会应用到产品体的中心或边界面的中心。

由于壳体塑件 3D 模型的工作坐标系（WCS）的坐标原点落在主分型面上，并且+ZC 方向指向塑件型腔侧，已满足要求，故不需要再做调整。单击 "确定" 按钮，完成模具 CSYS 设置。

3. 检查区域

模具分型前，要对产品出模进行一个可行性分析。

单击 "部件验证" 模块中的 "检查区域" 按钮，弹出图 6-8 所示的 "检查区域" 对话框。此对话框主要用于脱模，定义型芯、型腔区域，进行模型属性的分析。

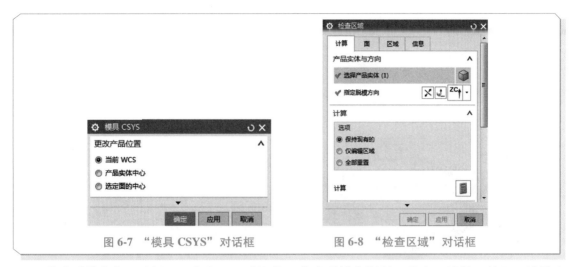

图 6-7 "模具 CSYS"对话框   图 6-8 "检查区域"对话框

"指定脱模方向"选择+ZC 方向；以默认的 3°作为脱模角限制。单击"计算"按钮，计算完成后，生成的结果主要包括以下内容。

1)"面"选项卡中生成的结果如图 6-9 所示。

2)"区域"如图 6-10 所示。

图 6-9 "面"选项卡   图 6-10 "区域"选项卡

3)对"未定义区域"进行指派，指派"交叉竖直面"到型腔区域。在图 6-10 所示的选项卡中单击"设置区域颜色"按钮，把模型表面染上对应颜色。单击"选择区域面"按钮，点选模型周边及两个通孔内表面共 22 个面，如图 6-11 所示。单击"应用"按钮，把这些面指派到"型腔区域"。单击"确定"按钮，退出"检查区域"对话框。

4. 收缩

单击"主要"模块中的"收缩"按钮，弹出"缩放体"对话框，如图 6-12 所示。

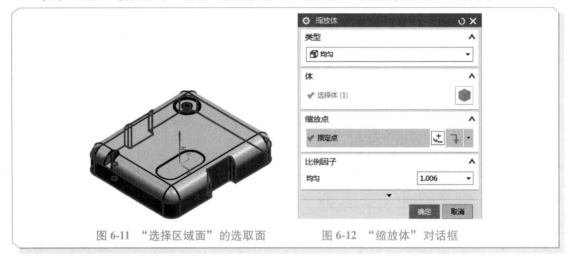

图 6-11　"选择区域面"的选取面　　　图 6-12　"缩放体"对话框

在"初始化项目"对话框的选项中也有设置收缩的选项，它与此处的收缩选项效果是类似的，不过此处的收缩可以设置非均匀比例。由于此命令与建模模块下的"缩放体"功能一样，因此其用法不再赘述。

5. 工件

工件用于定义型芯、型腔的镶块体。

单击"主要"模块中的"工件"按钮，弹出"工件"对话框，如图 6-13 所示。此对话框中包括类型、工件方法、尺寸等参数。

在对话框中选择类型为"产品工件"，选择工件方法为"用户定义的块"，将限制参数中开始值改为"-30"，结束值为默认"45"，单击"应用"按钮，可以查看工件设置的各项参数大小。单击"确定"按钮，退出"工件"对话框，完成工件的设置。选择"文件"→"保存"→"全部保存"命令，完成装配文件保存操作。

6. 型腔布局

模具的型腔布局就是通常所说的"一模几腔"。

对于本实例，模具应为"一出二"，即有两个型腔，一次注射成型两个产品。因此，需要按此要求进行型腔布局设计，即采用一模二腔的布局方式。

单击"注塑模向导"选项卡上"主要"模块中的"型腔布局"按钮，系统弹出"型腔布局"对话框，如图 6-14 所示。

在"布局类型"下拉列表中选择"矩形"选项，并选中"平衡"单选按钮；在"型腔数"下拉列表中选择"2"，表示有两个型腔，"缝隙距离"默认值为"0"，可修改成"-20"；在"指定矢量"右侧的下拉列表中选择"+XC 轴"；也可通过单击"反向"按钮选择不同的方向。

单击"开始布局"按钮，生成一模二腔的型腔布局。单击"自动对准中心"按钮，模具坐标系自动对准中心位置。单击"关闭"按钮，生成的型腔布局结果如图 6-15 所示。

7. 模型修补

用户进行模具设计时，在分型前要把产品模型的孔、槽等部位修补好，然后才能够顺利分型。下面通过本实例简单说明"曲面补片"命令的操作方法。

单击"分型刀具"模块中的"曲面补片"按钮，弹出"边补片"对话框，如图 6-16 所示。

在"环选择"选项区域的"类型"下拉列表中选择"体"选项，"选择体"目标选择链接体

（1）"UM_PROD_BODY"，系统将自动搜索体内未修补的封闭环，同时将结果显示在绘图区和"列表"列表框中，如图 6-17 所示。

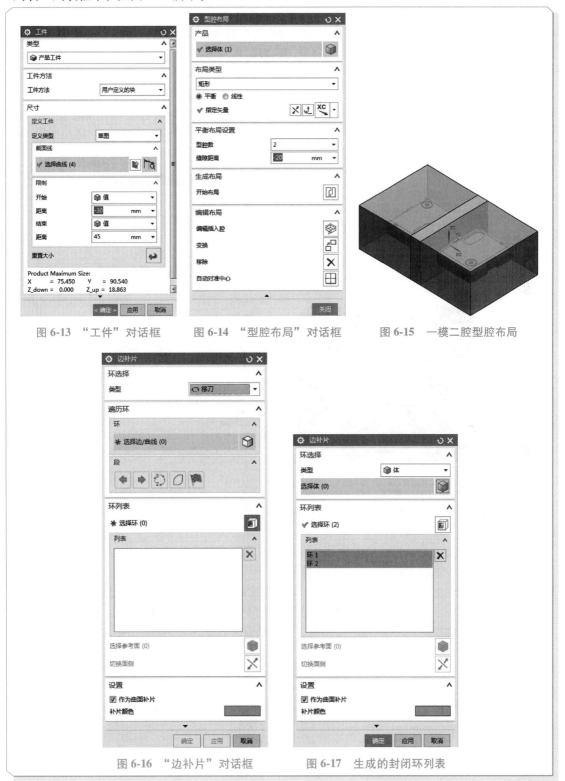

图 6-13　"工件"对话框　　　图 6-14　"型腔布局"对话框　　　图 6-15　一模二腔型腔布局

图 6-16　"边补片"对话框　　　图 6-17　生成的封闭环列表

提示：系统会自动过滤已修补的孔。

在"列表"列表框中选择某个封闭环，该封闭环将在绘图区高亮显示。如果需要移除该封闭环，则先选择该封闭环，再单击"移除"按钮删除某个环。

通过仔细查看旋转链接体（1）"UM_PROD_BODY"模型，确认列表中的封闭环都是需要进行修补的，可单击"应用"按钮，完成曲面补片，如图 6-18 所示。单击"取消"按钮，退出"边补片"对话框。

8. 定义区域

定义区域可以用于抽取此前利用检查区域识别的型腔和型芯区域片体，同时抽取型腔区域和型芯区域间的外部边界，即分型线。

单击"分型刀具"模块中的"定义区域"按钮，弹出"定义区域"对话框，如图 6-19 所示。

图 6-18　生成的补片　　　　图 6-19　"定义区域"对话框

"定义区域"选项包括所有面、未定义的面、型腔区域和型芯区域。型腔区域、型芯区域特指定义到型腔区域、型芯区域的面。

提示：如果没有进行检查区域涉及的"区域"指派而直接进行"定义区域"，会出现产品模型有些面无法自动定义到型腔或型芯区域的情况。

单击"创建新区域"按钮，可新建一个区域；双击新建区域名称处，可修改区域名称。

提示：选择区域，单击鼠标右键，选择"删除"命令，可删除选中区域。

通过图 6-19 所示的"定义区域"对话框，可得到以下信息。

壳体产品模型所有面的总数量为 80；归属到型腔区域的面数量为 51；归属到型芯区域的面数量为 29。51+29＝80，说明产品模型所有面都已经自动定义到型腔或型芯区域，此时无未定义的面，其数量为 0。

选择指定区域后（如型腔区域），单击"选择区域面"按钮，可选择模型上的任意面，单击"应用"按钮将其指定到相应区域。

提取区域的步骤如下。

在"定义区域"对话框中选择型腔区域或型芯区域，并在"设置"选项区域中勾选"创建区域"和"创建分型线"复选框，单击"应用"按钮，系统自动完成型腔区域和型芯区域的提取及分型线的提取。单击"取消"按钮，退出"定义区域"对话框。

单击"分型刀具"模块中的"分型导航器"按钮，弹出"分型导航器"对话框，如图 6-20 所示。从该对话框中可看到，在分型管理树列表中增加了分型线、型腔区域和型芯区域等节点的相关内容。

提示：在"分型导航器"对话框的分型管理树列表中可以查看对象的位置。同时，分型管理树列表允许用户在分型的过程中控制分型对象的可见性。

9. 设计分型面

分型面位于模具动模和定模之间或在注射件最大截面处，设计的目的是为了注射件和凝料的取出。

提示：注射模有的只有一个分型面，有的有多个分型面，而且有的分型面是平面，有的分型面是曲面或斜面。

单击"分型刀具"模块中的"设计分型面"按钮，弹出图 6-21 所示的"设计分型面"对话框。

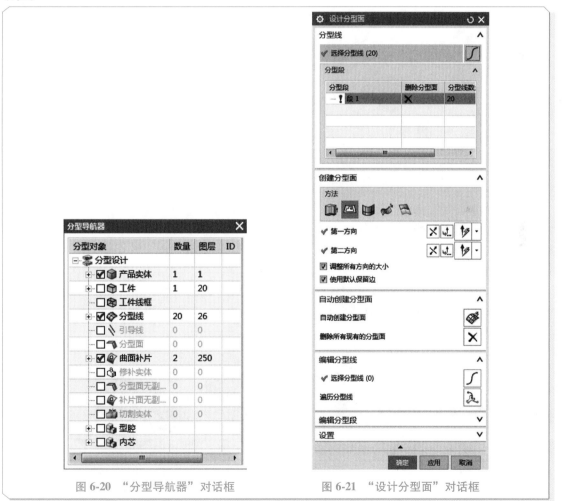

图 6-20　"分型导航器"对话框　　　　图 6-21　"设计分型面"对话框

从产品模型的形状特征可分析出，该壳体塑件的分型面应该是一个平面。另外，因在上一步定义区域中已经完成分型线的提取，故在弹出"设计分型面"对话框后，系统自动使用提取的分型线，应用"有界平面"命令自动创建产品模型的分型面，如图 6-22 所示。

单击"应用"按钮，完成分型面的创建。单击"取消"按钮，退出"设计分型面"对话框。

提示：当分型线都处于同一个平面内时，程序自动提供"有界平面"方法供用户创建分型面，所创建的分型面与分型线处于同一个平面内。

10. 定义型腔和型芯

单击"分型刀具"模块中的"定义型腔和型芯"按钮，系统弹出"定义型腔和型芯"对话框，如图 6-23 所示。

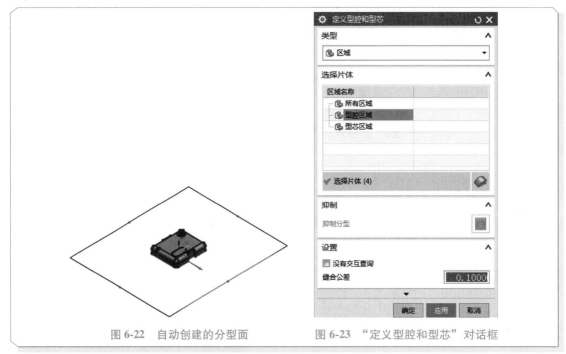

图 6-22　自动创建的分型面　　　　　图 6-23　"定义型腔和型芯"对话框

选择"型腔区域"选项，"选择片体"提示选择了四个片体，"缝合公差"一般取默认值"0.1"。单击"确定"按钮，系统弹出"查看分型结果"对话框，如图 6-24 所示，同时将要查看的型腔生成结果预显出来，如图 6-25 所示。确认该型腔生成的预显结果符合要求后，单击"确定"按钮，最终生成型腔。

按同样的操作步骤创建型芯。选择"型芯区域"选项，单击"确定"按钮，系统弹出"查看分型结果"对话框，同时将要查看的型芯生成结果预显出来，如图 6-26 所示。单击"确定"按钮，最终确认生成型芯。

图 6-24　"查看分型结果"　　　图 6-25　要查看的型腔　　　图 6-26　要查看的型芯
　　　　对话框　　　　　　　　　生成结果预显　　　　　　　生成结果预显

选择"文件"→"保存"→"全部保存"命令，完成装配文件保存操作。

至此，该壳体塑件的注射模分型设计基本完成。

6.5　手机壳成型零部件设计

本节通过使用 MoldWizard 完成注射模分型设计的第二个实例，继续系统地介绍注射模分型设计的方法与步骤。在 MoldWizard 模块中，使用最常用的"扫掠"方法，创建带台阶曲面的分型面，解决中等复杂程度产品模型的分型问题。通过实例详解，让用户对分型有更加深入的了解。在学完本小节知识后，用户可独立完成模型的分型设计。

操作步骤如下。

1. 项目初始化

启动 UG NX11.0 软件，单击"打开"按钮，打开教学资源包中的 ch6\02_shou_ji_wai_ke_shang_gai \ shou_ji_wai_ke_shang_gai. prt 实例文件，单击"应用模块"中的"注塑模"按钮，进入"注塑模向导"界面，打开手机外壳上盖塑件 3D 模型，如图 6-27所示。

图 6-27　手机外壳上盖塑件 3D 模型

在"注塑模向导"选项卡中单击"初始化项目"按钮，弹出"初始化项目"对话框。可参照图 6-28 所示内容设置具体参数。

（1）产品　选择体：选择手机外壳上盖塑件 3D 模型。

（2）项目设置

1）路径：D:\ ch6 \ 02_shou_ji_wai_ke_shang_gai。

2）Name：shou_ji_wai_ke_shang_gai。

3）材料：PC+ABS。

4）收缩：1.0045。

5）配置：Mold. V1。

（3）设置　项目单位：毫米。

单击"确定"按钮，MoldWizard 模块自动按照所选的"配置"方式加载装配所需组件，创建完成的装配树如图 6-29 所示。

图 6-28　实例"初始化项目"对话框

图 6-29　实例"装配导航器"

选择"文件"→"保存"→"全部保存"命令，完成装配文件保存操作。

2. 模具坐标系（Mold Csys）

由于手机外壳上盖塑件 3D 模型的工作坐标系（WCS）的坐标原点落在主分型面上，并且+ZC 方向指向塑件型腔侧，已满足要求，故不需要再做调整，可略过"模具 CSYS 设置"这个环节。

3. 检查区域

单击"部件验证"模块中的"检查区域"按钮，弹出"检查区域"对话框，可进行脱模、定义型芯、型腔区域等。

"指定脱模方向"选择+ZC 方向；以默认的 3°作为脱模角限制。单击"计算"按钮，计算完成后，生成的结果主要包括以下内容。

1）"面"选项卡中生成的结果如图 6-30 所示。

2）"区域"选项卡中生成的结果如图 6-31 所示。

图 6-30　实例"面"选项卡　　　　图 6-31　实例"区域"选项卡

在图 6-31 所示选项卡中单击"设置区域颜色"按钮，把模型表面染上对应颜色。单击"选择区域面"按钮，点选模型中的 99 个交叉竖直面。单击"应用"按钮，把这些面指派到"型腔区域"。单击"确定"按钮，退出"检查区域"对话框。

4. 收缩

在"初始化项目"对话框选项中已经进行了收缩选项的设置，产品模型收缩设定效果已达到，故此选项可不用设置。

5. 工件

单击"主要"模块中的"工件"按钮，弹出"工件"对话框，如图 6-32 所示，可在此对话框中设置类型、工件方法、尺寸等参数。

在工件对话框中，类型选项选择"产品工件"，选择工件方法为"用户定义的块"，将限制参数中开始的值改为"-30"，结束值改为"45"。单击"确定"按钮，退出"工件"对话框，完成工件的设置。

选择"文件"→"保存"→"全部保存"命令，完成装配文件保存操作。

6. 型腔布局

同样，手机外壳上盖塑件模具设计这个实例，其模具也应为"一出二"，即采用一模二腔的布局方式。

单击"注塑模向导"选项卡上"主要"模块中的"型腔布局"按钮，系统弹出"型腔布局"对话框。

在"布局类型"下拉列表中选择"矩形"选项，并选中"平衡"单选按钮；在"型腔数"下拉列表中选择"2"，表示有两个型腔，"缝隙距离"默认值为"0"，可修改成"-10"；在"指定矢量"右侧的下拉列表中选择"+YC 轴"。

单击"开始布局"按钮，生成一模二腔的型腔布局。单击"自动对准中心"按钮，模具坐标系自动对准中心位置。单击"关闭"按钮，生成的型腔布局结果如图 6-33 所示。

图 6-32　实例"工件"对话框

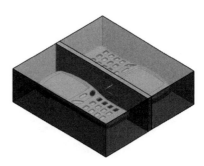

图 6-33　实例一模二腔型腔布局

7. 模型修补

单击"分型刀具"模块中的"曲面补片"按钮，弹出"边补片"对话框。

在"环选择"选项区域的"类型"下拉列表中选择"体"选项，"选择体"目标选择链接体（1）"UM_PROD_BODY"，系统将自动搜索体内未修补的封闭环，同时将结果显示在绘图区和"列表"列表框中，如图 6-34 所示。

通过仔细查看旋转链接体（1）"UM_PROD_BODY"模型，确认列表中的封闭环都是需要进行修补的，可单击"应用"按钮，完成曲面补片，如图 6-35 所示。单击"取消"按钮，退出"边补片"对话框。

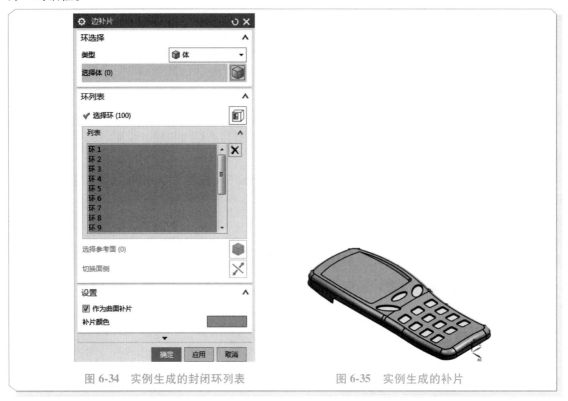

图 6-34　实例生成的封闭环列表　　　　　图 6-35　实例生成的补片

8. 定义区域

单击"分型刀具"模块中的"定义区域"按钮，弹出"定义区域"对话框。

通过"定义区域"对话框，可得到以下信息。

手机外壳上盖产品模型所有面的总数量为 235；归属到型腔区域的面数量为 133；归属到型芯区域的面数量为 102。133+102=235，说明产品模型所有面都已经自动定义到型腔或型芯区域，此时无未定义的面，其数量为 0。

提取区域：

在"定义区域"选项区域中选择型腔区域或型芯区域，并在"设置"选项区域中勾选"创建区域"和"创建分型线"复选框，单击"应用"按钮，系统自动完成型腔区域和型芯区域的提取及分型线的提取。单击"取消"按钮，退出"定义区域"对话框。

单击"分型刀具"模块中的"分型导航器"按钮，弹出"分型导航器"对话框。可以看到，在分型管理树列表中已有了分型线、型腔区域和型芯区域等节点的相关内容。

9. 设计分型面

单击"分型刀具"模块中的"设计分型面"按钮，弹出"设计分型面"对话框。从手机外壳上盖产品模型的形状特征中可分析出，该塑件的分型面应该是一个中等复杂台阶曲面。因在上一步定义区域中已经完成分型线的提取，故在弹出"设计分型面"对话框后，系统自动加亮提取的分型线，可在创建出相关引导线后，应用"扫掠"方法，创建产品模型的分型面。

（1）创建引导线　引导线可将分型线进行分段处理，以便用户针对不同编辑分型段的分型线段采取不同的处理方法，从而完成复杂的分型面设计。

单击"编辑分型线"按钮，展开"编辑分型线"选项区域，如图 6-36 所示。可在此选择分型或引导线、过渡曲线及编辑引导线。

接着单击该选项区域中的"编辑引导线"按钮,弹出"引导线"对话框,如图 6-37 所示。

图 6-36　"编辑分型线"选项区域　　　　　图 6-37　"引导线"对话框

提示:此时可在"引导线"选项区域中设置引导线长度和方向。

(2)编辑引导线

1)修改引导线的长度　常用的是常量,通过设置常量来控制引导线的长度。

2)修改引导线的方向　常用的是"对齐 WCS 轴"和"矢量",用来控制引导线的方向。

(3)删除引导线　MoldWizard 提供了两种删除引导线的方法:"删除选定引导单线"单选按钮(用于删除选定的引导线)和"删除所有引导线"单选按钮(用于删除所有引导线)。

在"引导线"对话框中,设置引导线长度为"80",如图 6-37 所示,在"方向"下拉列表中选择"对齐 WCS 轴"选项。

在提取分型线的前提下,可按以下操作步骤创建引导线。

1)单击"设计分型面"按钮,系统弹出"设计分型面"对话框。

2)单击"编辑分型段"选项区域或"引导线"对话框中的"选择分型或引导线"按钮。

3)将产品模型定向,定向视图设为俯视图。在绘图区中将指针移动到拟创建引导线的分型线处(主要是产品模型上、下、左、右四个圆角)。此时,在靠近指针的曲线断点处,将出现红色箭头,为拟创建的引导线方向,如图 6-38 所示。

4)单击鼠标左键,选择曲线段,创建引导线。

按同样的方法,在产品模型上、下、左、右四个圆角的首、尾处各创建两条引导线,共八条引导线,如图 6-39 所示。

图 6-38　确定引导线所选取的分型线　　　　　图 6-39　创建的引导线

提示：选取引导线并单击鼠标右键，弹出修改引导线的快捷菜单，系统提供了法向、相切、对齐 WCS 轴和删除四种修改方式。

在"设计分型面"对话框中，单击"应用"按钮，确认创建的引导线。我们发现，此对话框与原来对比，增加了"创建分型面"选项区域，如图 6-40 所示。与图 6-21 所示对话框相比，图 6-40 中创建分型面的"方法"也增加了两个选项。

（4）使用扫掠方法创建分型面　扫掠方法可沿指定的引导线扫掠高亮显示的分型段生成分型面。

提示：分配的分型线段必须是光滑且连续的，才能使用此方法。

单击"扫掠"按钮，使用"扫掠"方法创建分型面。

设置第一方向与第二方向分别为分型面的导向和扩展方向。

利用"扫掠"方法创建分型面的具体操作步骤如下。

1）在图 6-40 所示的"创建分型面"选项区域中，指定创建分型面的方法为"扫掠"，即单击"扫掠"按钮，使用"扫掠"方法创建分型面。

2）在"分型线"选项区域中单击"选择分型线"按钮或直接点选，选择图 6-41 所选取的分型线段。

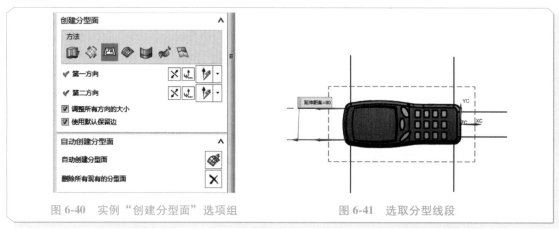

图 6-40　实例"创建分型面"选项组　　　　图 6-41　选取分型线段

3）单击"应用"按钮，确认所选分型线段生成的分型曲面，系统会（按顺时针方向顺序）自动选择下一个分型线段，单击"扫掠"按钮，再单击"应用"按钮，确认生成的分型曲面。如此继续下去，直至所有的分型线段都应用扫掠方法生成分型曲面，如图 6-42 所示。

提示：在产品模型的四个圆角处，如 80mm 延伸距离不够，可拖动"曲面延伸距离"滑块标记，更改曲面的延伸距离，直到直线超出工件多一些。

单击"取消"按钮，退出"设计分型面"对话框。

10. 定义型腔和型芯

单击"分型刀具"模块中的"定义型腔和型芯"按钮，系统弹出"定义型腔和型芯"对话框。

选择"型腔区域"选项，单击"确定"按钮，系统弹出"查看分型结果"对话框，同时将要查看的型腔生成结果预显出来，如图 6-43 所示。确认该型腔生成的预显结果符合要求后，单击"确定"按钮，最终生成型腔。

按同样的操作步骤创建型芯。选择"型芯区域"选项，单击"确定"按钮，系统弹出"查看分型结果"对话框，并将要查看的型芯生成结果预显出来，如图 6-44 所示。单击"确定"按钮，最终确认生成型芯。

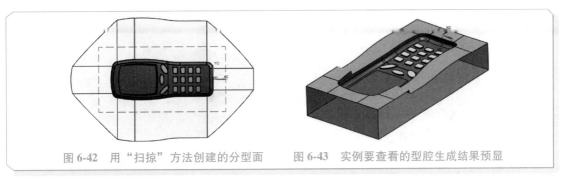

图 6-42 用"扫掠"方法创建的分型面　　图 6-43 实例要查看的型腔生成结果预显

11. 合并腔

1）单击"注塑模工具"模块中的"合并腔"按钮，弹出"合并腔"对话框，如图 6-45 所示。

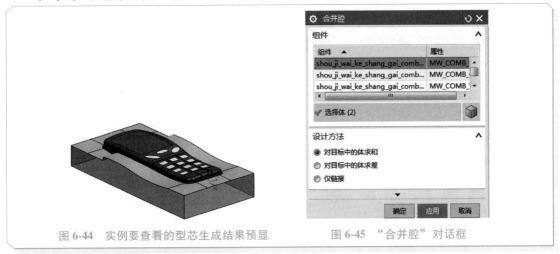

图 6-44 实例要查看的型芯生成结果预显　　图 6-45 "合并腔"对话框

　　提示：系统提供三种合并腔方法：MW_COMB_CAVITY（用于型腔合并）、MW_COMB_CORE（用于型芯合并）和 MW_COMB_WP（用于工件合并）。

2）在"设计方法"选项区域中选中"对目标中的体求和"单选按钮。

3）合并型腔。在"组件"选项区域中选择"MW_COMB_CAVITY"（用于型腔合并）。

4）单击"选择体"按钮，分别选择图 6-46 所示的型腔。

5）单击"应用"按钮。

6）合并型芯。在"组件"选项区域中选择"MW_COMB_CORE"（用于型芯合并）。

7）单击"选择体"按钮，分别选择图 6-47 所示的型芯。

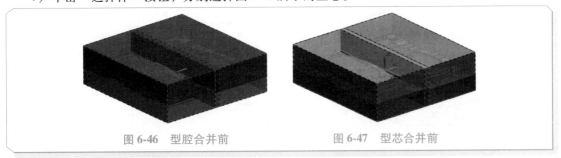

图 6-46 型腔合并前　　　　图 6-47 型芯合并前

8）单击"应用"按钮，合并腔如图 6-48 所示。

9）单击"取消"按钮，退出"合并腔"对话框，完成合并型腔、型芯大镶件的操作。

　　提示：可单击"隐藏"按钮，隐藏单个的型芯和型腔，只显示合并生成的大镶件，如图 6-49

所示。

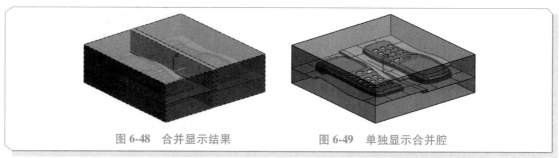

图 6-48 合并显示结果	图 6-49 单独显示合并腔

选择"文件"→"保存"→"全部保存"命令，完成装配文件保存操作。至此，该手机外壳上盖塑件注射模分型设计完成。

6.6 上盖塑件注射模设计

本节将系统地说明注射模分型与模具设计的方法与步骤，解决一般难度产品模型的模具设计问题。

通过实例详解，让用户对模具设计有初步的了解。在学完本节内容后，用户可独立完成简单产品模型的分型与模具设计。

操作步骤如下。

1. 项目初始化

启动 UG NX11.0 软件，单击"打开"按钮，打开教学资源包中的 ch6 \ 03_shang_gai \ shang_gai. prt 实例文件，单击"应用模块"中的"注塑模"按钮，进入"注塑模向导"界面，打开上盖塑件 3D 模型，如图 6-50 所示。

在"注塑模向导"选项卡中单击"初始化项目"按钮，弹出"初始化项目"对话框，可参照图 6-51 中所示内容设置具体参数。

图 6-50 上盖塑件 3D 模型	图 6-51 实例 1 "初始化项目"对话框

（1）产品 选择体：选择上盖塑件 3D 模型。

（2）项目设置

1）路径：D：\ ch6 \ 03_shang_gai。

2）Name：shang_gai。

3）材料：PS。

4）收缩：1.006。

5）配置：Mold.V1。

（3）设置　项目单位：毫米。

单击"确定"按钮，MoldWizard 模块自动按照所选的"配置"方式加载装配所需的组件，创建完成装配树。

选择"文件"→"保存"→"全部保存"命令，完成装配文件保存操作。

2. 模具坐标系（Mold Csys）

由于上盖塑件 3D 模型的工作坐标系（WCS）的坐标原点落在主分型面上，并且+ZC 方向指向塑件型腔侧，已满足要求，故不需要再做调整，可略过"模具 CSYS 设置"这个环节。

3. 检查区域

单击"部件验证"模块中的"检查区域"按钮，弹出"检查区域"对话框，可进行脱模，定义型芯、型腔区域，模型属性分析等。

"指定脱模方向"选择+ZC 方向；以默认的 3°作为脱模角限制。单击"计算"按钮，完成计算，并进行检查区域的设置。

1）在"检查区域"对话框中的"面"选项区域，单击"设置区域颜色"按钮，把模型表面染上对应颜色。

2）在"检查区域"对话框中的"区域"选项区域，单击"选择区域面"按钮，点选模型中的 8 个交叉竖直面。单击"应用"按钮，把这些面指派到"型腔区域"。单击"确定"按钮，退出"检查区域"对话框。

4. 收缩

在"初始化项目"对话框中已经进行了收缩选项的设置，产品模型收缩设定效果已达到，故此选项可不用设置。

5. 工件

单击"主要"选项区域中的"工件"按钮，弹出"工件"对话框，类型选项选择"产品工件"，选择工件方法为"用户定义的块"，将限制参数的开始值改为"-30"，结束值改为"50"。单击"确定"按钮，退出"工件"对话框，完成工件的设置。

选择"文件"→"保存"→"全部保存"命令，完成装配文件保存操作。

6. 型腔布局

上盖塑件这个实例的模具设计也采用"一出二"，即一模二腔的布局方式。

单击"注塑模向导"选项卡上"主要"模块中的"型腔布局"按钮，系统弹出"型腔布局"对话框。

在"布局类型"下拉列表中选择"矩形"选项，并选中"平衡"单选按钮；在"型腔数"下拉列表中选择"2"，表示有两个型腔，"缝隙距离"默认值为"0"，修改成"-20"；在"指定矢量"右侧的下拉列表中选择"+XC 轴"。

单击"开始布局"按钮，生成一模二腔的型腔布局。单击"自动对准中心"按钮，模具坐标系自动对准中心位置。单击"关闭"按钮，生成的型腔布局结果如图 6-52 所示。

7. 模型修补

单击"分型刀具"模块中的"曲面补片"按钮，弹出"边补片"对话框。

在"环选择"选项区域的"类型"下拉列表中选择"面"选项，"选择面"目标分次选择要补片的模型内侧的三个带孔平曲面，系统将自动搜索面内未修补的封闭环，并将结果显示在绘图区和"列表"列表框中。全选列表框中的环 1、环 2、环 3、环 4，再单击"应用"按钮，完成曲面补片。可在绘图区查看补片结果，如图 6-53 所示。单击"取消"按钮，退出"边补片"对话框。

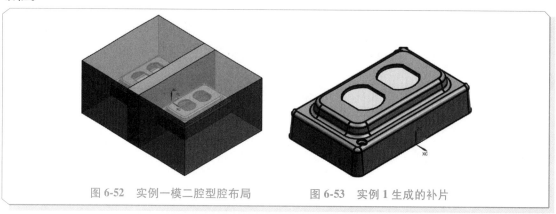

图 6-52　实例一模二腔型腔布局　　　　图 6-53　实例 1 生成的补片

8. 定义区域

单击"分型刀具"模块中的"定义区域"按钮，弹出"定义区域"对话框。

通过"定义区域"对话框，可得到以下信息。

上盖产品模型所有面的总数量为 103；归属到型腔区域的面数量为 56；归属到型芯区域的面数量为 47。56+47＝103，说明产品模型所有面都已经自动定义到型腔或型芯区域，此时无未定义的面，其数量为 0。

在"定义区域"选项区域中选择型腔区域或型芯区域，并在"设置"选项区域中选中"创建区域"和"创建分型线"复选框，单击"应用"按钮，系统自动完成型腔区域和型芯区域的提取及分型线的提取。单击"取消"按钮，退出"定义区域"对话框。

9. 设计分型面

单击"分型刀具"模块中的"设计分型面"按钮，弹出"设计分型面"对话框。

从产品模型的形状特征中可分析出，该上盖塑件的分型面应该是一个平面。另外，因在上一步定义区域中已经完成分型线的提取，故在弹出"设计分型面"对话框后，系统自动使用提取的分型线，应用"有界平面"命令，自动创建产品模型的分型面，如图 6-54 所示。

单击"应用"按钮，完成分型面的创建。单击"取消"按钮，退出"设计分型面"对话框。

10. 定义型腔和型芯

单击"分型刀具"模块中的"定义型腔和型芯"按钮，系统弹出"定义型腔和型芯"对话框。

选择"型腔区域"选项，单击"确定"按钮，系统弹出"查看分型结果"对话框。同时将要查看的型腔生成结果预显出来，如图 6-55 所示。确认该型腔生成的预显结果符合要求后，单击"确定"按钮，最终生成型腔。

按同样的操作创建型芯。选择"型芯区域"选项，单击"确定"按钮，系统弹出"查看分型结果"对话框，并将要查看的型芯生成结果预显出来，如图 6-56 所示。单击"确定"按钮，最终确认生成型芯。

11. 合并腔

1）单击"注塑模工具"模块中的"合并腔"按钮，弹出"合并腔"对话框。

2）在"设计方法"选项区域中选中"对目标中的体求和"单选按钮。

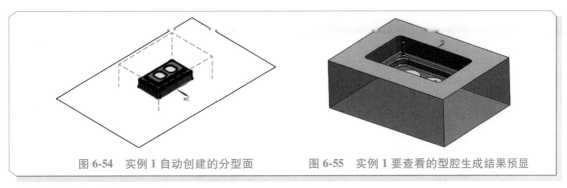

图 6-54　实例 1 自动创建的分型面　　　　图 6-55　实例 1 要查看的型腔生成结果预显

3）合并型腔。在"组件"选项区域中选择"MW_COMB_CAVITY"（用于型腔合并）。

4）单击"选择体"按钮，分别选择两型腔体。

5）单击"应用"按钮。

6）合并型芯。在"组件"选项区域中选择"MW_COMB_CORE"（用于型芯合并）。

7）单击"选择体"按钮，分别选择两型芯体。

8）单击"应用"按钮，合并腔如图 6-57 所示。

9）单击"取消"按钮，退出"合并腔"对话框，完成合并型腔、型芯大镶件的操作。

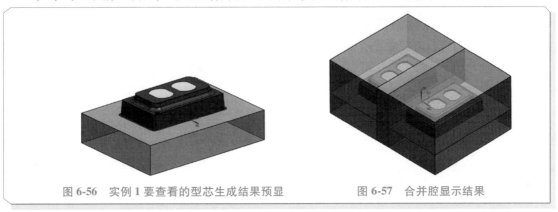

图 6-56　实例 1 要查看的型芯生成结果预显　　　　图 6-57　合并腔显示结果

选择"文件"→"保存"→"全部保存"命令，完成装配文件保存操作。至此，该上盖塑件的注射模分型设计完成。

12. 添加模架

模架和标准件一样都是有国家标准和行业标准的，因此用户可以根据所设计的模具尺寸和其他要求很方便地选择合适的模架型号。

下面以上盖塑件模具设计为例，简单介绍标准模架的添加和管理方法，以便用户对 MoldWizard 中导入标准模架的过程有基本的了解。

单击"注塑模向导"选项卡上"主要"模块中的"模架库"按钮，弹出"模架库"对话框，系统自动改变显示部件到 top 层部件，并在右侧弹出"信息"对话框，这是当前模架库所选择模架的简单结构图，"模架库"对话框及"信息"对话框如图 6-58 和图 6-59 所示。

（1）重用库　从模架开始，"重用库"将多次被使用，都是在激活某个命令后，"重用库"得到激活。如图 6-60 所示为激活模架后，"重用库"显示的标准模架选择界面，对话框中包括"名称""搜索""成员选择""预览"选项区域。

（2）成员选择　在"重用库"对话框的"成员选择"列表框中列出了指定供应商所提供的标准模具的详细类型。

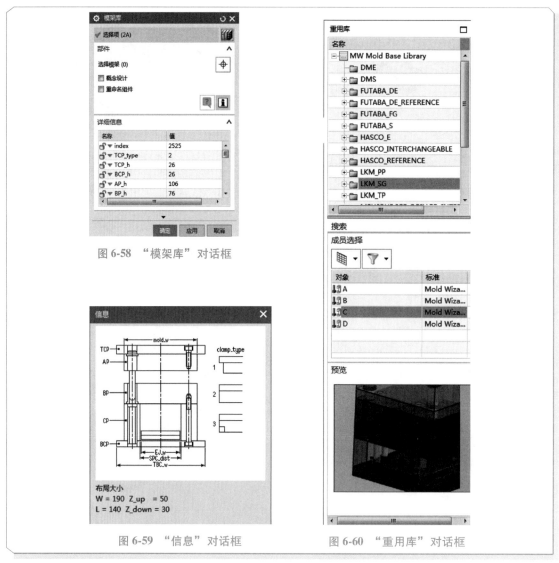

图 6-58 "模架库"对话框

图 6-59 "信息"对话框

图 6-60 "重用库"对话框

（3）信息　前面讲的"信息"对话框为所选模架类型的示意图。

（4）详细信息　"模架库"对话框的"详细信息"列表框中所示的尺寸是所选的标准模架在 XY 平面投影的有效尺寸。

（5）旋转模架　用户可单击"旋转模架"按钮，将模架绕 Z 轴旋转 90°，而保持镶块布局不变。

（6）编辑组件　模架导入后，可打开"编辑组件"对话框，编辑可互换的模架组件参数。

（7）编辑模架组件，模架加载

1）在"重用库"对话框的"名称"列表框中选择"LKM_SG"选项，在"成员选择"列表框中选择"C"选项，即 2 板式 C 型。进行初步设置以后，单击"模架库"对话框中的"应用"按钮，再单击"旋转模架"按钮，完成初步设置模架的加载。

2）此时相应的模架已加载到绘图区中，并且"模架库"对话框已改变，可以对模架的相关零件进行尺寸编辑操作。

（8）编辑详细信息，导入模架　如图 6-61 所示，设置所选 LKM_SG，C 型"模架库"对话框"详细信息"选项组中的参数。

1）选择 index 为"2527"，index 选项用于设置模架规格，其依据是保存在布局信息中的型腔布局信息。

2）设置 AP 板厚，在"AP_h"下拉列表中选择"70"。

3）设置 BP 板厚，在"BP_h"下拉列表中选择"70"。

4）设置 Mold_type = I；模架类型为工字模（I 型）。

5）设置 GTYPE = 0：OnB；导柱位置在 B 板。

6）设置 fix_open 和 move_open 均为"0.0"。

7）设置 CP 板厚，在"CP_h"下拉列表中选择"80"。

8）单击"确定"按钮，接受其余默认值，导入修改后的标准模架。

9）导入模架后，可以调整视图并检查模架，如图 6-62 所示。

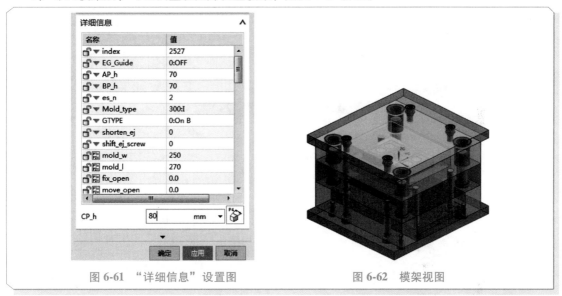

图 6-61　"详细信息"设置图　　　　　　　图 6-62　模架视图

选择"文件"→"保存"→"全部保存"命令，完成装配文件保存操作，完成本实例模架的导入。

13. 浇注系统设计

浇注系统是指模具中从注射机喷嘴开始到进入型腔为止的塑料流动通道。

（1）浇注系统的组成及设计思路　普通浇注系统由主流道、分流道、冷料穴和浇口组成。浇注系统的设计是注射模具设计的一个重要环节。

（2）浇注系统组件的设计　UG NX11.0 软件打破原有的分流道和浇口设计方式，原"浇口库"按钮仅可进行浇口设计，现在把此按钮改称为"设计填充"，可对分流道和浇口进行库添加设计，将设计过程变得更加直观、简洁。

提示：为了使浇注系统设计及查看结果方便，可只显示"shang_gai_comb-core_008"这个模具零件，把其他模具组、零件隐藏起来。

单击"注塑模向导"选项卡中的"设计填充"按钮，系统弹出"设计填充"对话框和"信息"对话框，如图 6-63 和图 6-64 所示。通过和图 6-65 所示"重用库"对话框的配合，可进行浇口和分流道的设计。

1）设计填充条件。

在型腔布局类型中选择"平衡"或"非平衡"。

确定浇口的位置在型芯或型腔处，如果选择型芯，则系统默认浇口添加到型芯侧。

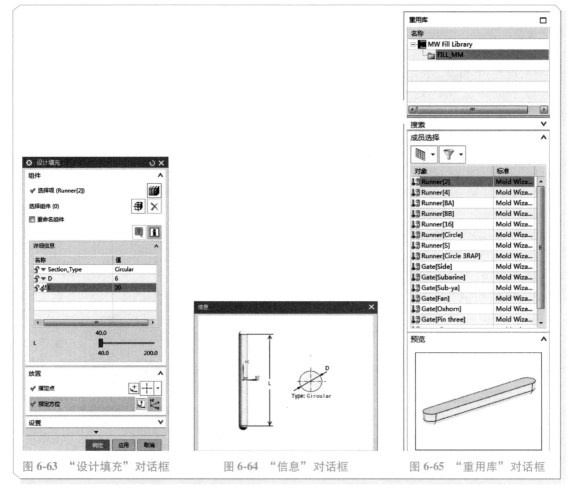

图 6-63 "设计填充"对话框　　　图 6-64 "信息"对话框　　　图 6-65 "重用库"对话框

一般用"浇口点表示"打开点构造器设置浇口位置,使用点构造器可以准确地定位浇口的位置。

在浇口库中选择浇口的类型。

成功添加浇注系统后,可使用"建腔"工具从型腔或型芯剪掉浇口/分流道的几何特征。

2)"重用库"对话框和"设计填充"对话框。

选择"名称"列表框中的"FILL_MM"选项,在"成员选择"选项区域中选择类型,即可加载相关类型的分流道或浇口,和加载标准件的方式一样。

在"设计填充"对话框的"组件"选项区域中,可进行部件选择、修改、删除、重命名等操作,与标准件操作方法一致。

在"设计填充"对话框的"详细信息"选项区域中,可进行相关部件的详细信息设置,以得到所需要的零部件,与标准件的操作方法一致。

分流道选择一个点放置位置,而浇口位置选择是以分流道作为对象。

对标准件的注册器和数据库进行设置。

3)添加分流道。熔体经过主流道后,首先经过分流道分流,UG NX11.0 软件中添加分流道的方式有 8 种。

注意:用户可通过设置"详细信息"选项区域中的"Section_Type"来设置分流道的断面。

4)添加浇口。熔体流经分流道后就抵达浇口,UG NX11.0 软件提供了七种浇口。

5）设计填充实例的步骤。UG NX11.0 软件简化了分流道和浇口的设计步骤，下面简要介绍一下当前操作所需的步骤。

打开先前进行分型完毕、导入模架的模具，仅将"shang_gai_comb-core_008"型芯大镶件显示在绘图区，对其他零件进行隐藏操作。

单击"设计填充"按钮，弹出"设计填充"对话框。选择"重用库"对话框"名称"列表框中的"FILL_MM"，选择"成员选择"选项区域中的"Runner［2］"，如图 6-65 所示。

单击"设计填充"对话框"放置"选项区域中的指定点"点"按钮，弹出"点"对话框，设置坐标中的 X、Y、Z 值均为"0"，即模具中心基准点，如图 6-66 所示。单击"点"对话框中的"确定"按钮，将初始分流道加载到零部件中。

单击"设计填充"对话框"放置"选项区域中的指定方位"操控器"按钮，可在图 6-67 所示的视图中选择+XC 轴，即分流道方向为 X 方向布置。

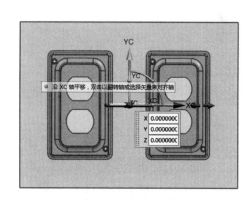

图 6-66 "点"对话框   图 6-67 指定方位

根据"信息"对话框的参数对"设计填充"对话框中的"详细信息"选项区域进行相应的设置。在"设计填充"对话框的"详细信息"选项区域中选择要编辑的三个参数，使得 Section_Type = Circular，D = 6，L = 20，如图 6-63 所示。

单击"设计填充"对话框中的"应用"按钮，完成设置，结果如图 6-68 所示。

完成以上操作后开始设计浇口。选择"重用库"对话框"成员选择"选项区域中的"Gate［Side］"。

单击"设计填充"对话框"放置"选项区域中的"选择对象"按钮，并单击创建好的分流道。

设置"详细信息"选项区域参数，如图 6-69 所示。

完成以上设置，单击"设计填充"对话框中的"确定"按钮，完成浇口设计。完成以上操作后，可使用开腔操作，将在工件上创建真正的分流道和浇口。

14. 定位环和浇口衬套设计

一般情况下，创建标准模架时，已经创建了导柱、导套、螺钉等标准件，但是有些标准件需要另行添加，包括浇口套、顶杆、滑块等。

（1）标准件管理　标准件是由"标准件管理"对话框和"重用库"对话框配合操作进行创建的。

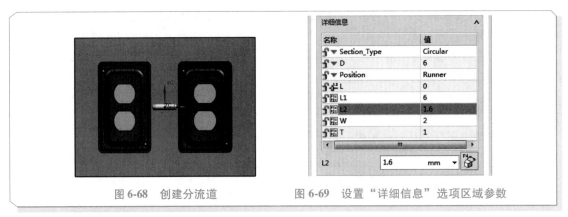

图 6-68　创建分流道　　　　　图 6-69　设置"详细信息"选项区域参数

　　提示：公制单位的标准件库在项目初始化时用于公制单位的模具项目；而英制单位的标准件库用于英制单位的模具项目。

　　接下来将介绍标准的定位环和浇口衬套的加载方法，在这里先以标准方式添加定位环和浇口衬套。

　　（2）添加定位环　在"注塑模向导"选项卡中单击"标准件库"按钮，系统弹出"标准件管理"对话框，如图 6-70 所示，用户可以通过该对话框完成定位环部件的设置。

　　可使用图 6-71 所示的"重用库"对话框对模具各种不同类的定位环进行添加，并在"标准件管理"对话框中进行设置。

图 6-70　"标准件管理"对话框　　　　图 6-71　"重用库"对话框

在"重用库"对话框的"名称"列表框中列出了可选用模架的标准件，如图 6-71 所示。

在图 6-71 所示对话框的"名称"列表框中选择"LKM_MM"→"Fill"，系统将在"成员选择"选项区域中显示浇注系统的 Locate_ring（定位环）。

在"成员选择"列表框中可以按类型显示部件。在图 6-71 所示对话框中，选择"Locate_ring［LS］"定位环，系统将弹出图 6-72 所示的"信息"对话框。在该对话框中，将显示所选择的"Locate_ring［LS］"定位环的形状。

单击图 6-70 所示"标准件管理"对话框"部件"选项区域中的"信息"按钮，可控制"信息"对话框的显示和隐藏。

选择标准件：在绘图区选择已创建的标准件，显示创建标准件的信息窗口，弹出标准件编辑按钮，可编辑已创建标准件的参数。

添加实例：选定标准件的供应商及标准件的类型之后，通过"添加实例"单选按钮可以在绘图区添加多个标准件的实例。

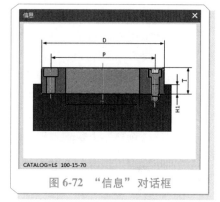

图 6-72 "信息"对话框

新建组件：当加载的标准件类型较多时，为了防止与之前加载的标准件有关联，需要选中"新建组件"单选按钮，使新创建的组件与之前创建的组件不存在关联，方便在模具设计过程中对标准件进行修剪操作。

提示：设计者应当注意添加实例和新建组件之间的区别，添加实例与之前创建的组件之间有关系，新建组件与之前创建的组件之间没有关系。

重命名组件：勾选"重命名组件"复选框，在部件加载之前，在"命名管理"对话框中可以预先重命名所加载的部件。

标准件编辑：在绘图区选择标准件以后，在"标准件管理"对话框中会出现标准件编辑组件，并自动选中"修改"选项。

"重定位"按钮：用于对标准件进行重新定位。注意在重定位时，不能移动 Z 方向的坐标值，因为在整个装配体中 Z 方向的位置关系是全关联的。

"翻转方向"按钮：将标准件位置翻转 180°，调整标准件在 ZC 轴方向上的位置。

"移除组件"按钮：删除当前选中的标准件及与该标准件相关联的开腔，如果文件中不包括其他零件，则该部件文件会被删除。

当添加一个标准件到模具装配结构中时，它将被放在一个已经存在的部件文件中，系统默认设置了父装配名，在下拉列表中选择相应的选项，可以改变父装配。

图 6-70 所示的"标准件管理"对话框中的"放置"选项区域中包含如下选项。

父：用于指定添加的标准部件的父部件。

位置：决定标准件的放置方式，一般选择默认值"NULL"。

引用集：用于控制加入标准件的显示方式，包括"TRUE""FALSE""整个部件"。

如图 6-70 所示，在"标准件管理"对话框中的"详细信息"选项区域中，在选择了需要添加的定位环等标准部件后，可在"详细信息"选项区域中设置标准部件的尺寸。

提示：修改完成的参数值的颜色会变成红色，用户可以通过颜色区分设置与未设置的参数值。

在"标准件管理"对话框中的"设置"选项区域（底部区域），可对标准件的注册器和数据库进行设置。

在图 6-70 所示的"标准件管理"对话框中，单击"应用"按钮，为 2527 模架添加 LKM_MM、

Locate_ring［LS］定位环，如图 6-73 所示。

提示：如果定位环的位置不符合要求，可使用"重定位"功能对定位环进行重定位。

（3）添加浇口衬套　添加浇口衬套的具体操作步骤如下。

在"注塑模向导"选项卡中单击"标准件库"按钮，系统弹出"标准件管理"对话框，可以通过该对话框与"重用库"对话框配合完成浇口衬套的添加。

单击"重用库"对话框中模架标准件库型号前的按钮，可打开模架标准件库的树结构。

在图 6-71 中选择"FUTABA_MM"→"Sprue Bushing"，系统将在"成员选择"选项区域中显示浇注系统的 Sprue Bushing（浇口衬套）。

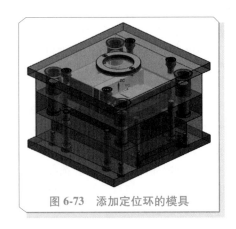

图 6-73　添加定位环的模具

在"成员选择"下拉列表中可以按类型显示部件，选择"Sprue Bushing"（浇口衬套）部件，系统将弹出"信息"对话框。在该对话框中，将显示所选择的"Sprue Bushing"（浇口衬套）的形状。

用户可在"放置"和"详细信息"选项区域中设置浇口衬套的尺寸，如图 6-74 所示。

单击"确定"按钮完成浇口衬套的添加，如图 6-75 所示。

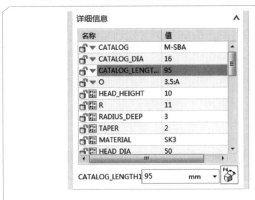

图 6-74　设置"详细信息"选项组

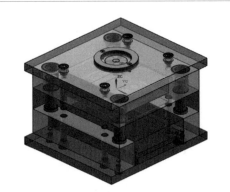

图 6-75　添加浇口衬套的模具

15. 顶出系统设计

（1）标准件及修剪工具　在加载模具系统的标准组件之后，再通过 MoldWizard 提供的修剪工具对标准组件进行修剪，才能完成注射模标准件的设计工作。修剪工具主要包括顶杆后处理、修边模具组件及开腔。

（2）顶出设计　许多公司的标准件库中都提供了顶杆和顶管功能，用于顶出设计，然后利用 MoldWizard 的"顶杆后处理"工具来完成顶出设计。

1）添加顶杆。单击"注塑模向导"选项卡中的"标准件库"按钮，弹出"标准件管理"对话框。在"重用库"对话框的"名称"列表框中选择"FUTABA_MM"→"Ejector Pin"，在"成员选择"选项区域中选择"Ejector Pin Straight［EJ，EH，EQ，EA］"。

在"标准件管理"对话框"放置"选项区域的"位置"下拉列表中选择"POINT"。在"详细信息"选项区域中选择"CATALOG_DIA"，设置 CATALOG_DIA 为"6"；选择"CATALOG_LENGTH"，设置 CATALOG_LENGTH 为"200"，长度略高于产品模型；选择"HEAD_TYPE"，设置 HEAD_TYPE 为"1"；其他参数默认。

单击"确定"按钮，弹出图 6-76 所示的"点"对话框，在"类型"下拉列表中选择"现有点"选项，在"输出坐标"选项下，添加顶杆的点坐标（XC = -54.5，YC = 30，ZC = 0），单击"确定"按钮；添加顶杆的点坐标（XC = -30.5，YC = -30，ZC = 0），单击"确定"按钮；单击"取消"按钮，退出"点"对话框。

在"详细信息"选项区域中选择"CATALOG_DIA"，设置 CATALOG_DIA 为"6"；选择"CATALOG_LENGTH"，设置 CATALOG_LENGTH 为"200"，长度略高于产品模型；选择"HEAD_TYPE"，设置 HEAD_TYPE 为"2"，顶杆带止转；其他参数默认。

单击"确定"按钮，弹出"点"对话框，在"类型"下拉列表中选择"现有点"选项，在"输出坐标"选项下，添加顶杆的点坐标（XC = -22.5，YC = 38，ZC = 0），单击"确定"按钮；添加顶杆的点坐标（XC = -62.5，YC = -38，ZC = 0），单击"确定"按钮；单击"取消"按钮，退出"点"对话框。

创建顶杆的结果如图 6-77 所示，显示添加了两种类型的八个顶杆。

图 6-76　"点"对话框　　　　图 6-77　添加后的顶杆

2）修剪顶杆，顶杆后处理。在设计时无法确定顶杆的长度，如果零件的形状过于复杂，则不同位置的顶杆长度是完全不同的。由于顶杆在合模之后紧贴在塑件上，因此可以创建一个长度偏长的顶杆，使用塑件或型芯曲面对顶杆进行修剪。利用该功能可精确调整顶杆的位置，并对顶杆进行修剪，以使其顶部形状与塑件轮廓一致。

"顶杆后处理"提供了修改顶杆功能。单击"顶杆后处理"按钮，弹出"顶杆后处理"对话框，如图 6-78 所示。

在"顶杆后处理"对话框的"类型"下拉列表中选择修剪类型。

调整长度：用于修剪顶杆的长度，但是仅修改顶杆的长短，并不修改型芯部分的形状，因此顶杆长度调整到型腔表面最高点。

修剪：用于调整顶杆的长度，与"调整长度"不同的是，"修剪"使得顶杆端部的形状与型芯表面相一致，生产的塑件产品表面不存在凹痕。

取消修剪：取消被修剪的顶杆，使顶杆恢复到被修剪的状态。

"目标"选项区域中列举了选中顶杆的名称、数量及状态（修剪未修剪）信息。

修边部件：顶杆被修剪完成之后所生成的模具部件。

修边曲面：在顶层装配体结构下，系统会自动选择模具的型芯和型腔部件、模具的分型面作为修剪曲面。

配合长度：顶杆与型芯配合间隙终止处与型芯面的长度，作用是防止塑料流入顶杆孔。

偏置值：修剪曲面的偏置距离。

另存为不重复部件：如果勾选该复选框，可将修剪的顶杆设置为别的名称并保存。

修剪顶杆的操作步骤如下。

单击"注塑模向导"选项卡中的"顶杆后处理"按钮，弹出"顶杆后处理"对话框，在"类型"下拉列表中选择"修剪"选项，然后选择所创建的 8 个顶杆。

在"设置"选项区域中勾选"另存为不重复部件"复选框，其余保持默认值，如图 6-78 所示。

提示：用户在修剪顶杆的过程中必须勾选"另存为不重复部件"复选框，将修剪过的顶杆另外保存。

单击"确定"按钮，完成顶杆的修剪，结果如图 6-79 所示。

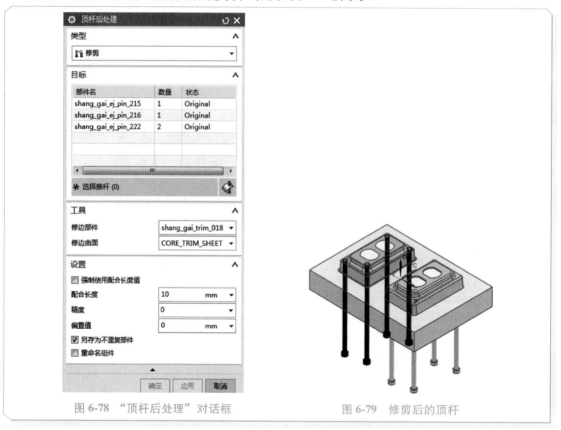

图 6-78 "顶杆后处理"对话框   图 6-79 修剪后的顶杆

选择"文件"→"保存"→"全部保存"命令，保存全部装配文件。

16. 冷却系统设计

模具不但是成型设备，也是热量传递的交换工具。注射模温度调节能力的好坏，直接影响塑件的质量。

（1）MoldWizard 模具冷却工具　MoldWizard 提供了强大的模具冷却工具，不但包含冷却通道设计工具（通道图样、直接水路、定义水路、冷却连接件及冷却标准部件库），而且提供了冷却通道连接、冷却通道延伸、组成冷却回路及冷却通道调整功能。

"直接水路"通过指定冷却通道的起始点、拉伸方向、拉伸距离及通道的直径来创建冷却通道。单击"冷却工具"模块中的"直接水路"按钮，系统弹出"直接水路"对话框。

指定点：通过"点"对话框或自动捕捉绘图区的点来设置通道起始点，起始点的位置一般在模板或型芯、型腔部件的侧面。

运动：设置通道拉伸的方法。

距离：通过在文本框中输入数字来设置冷却通道的长度。

通道直径：通过在文本框中输入数字来设置冷却通道的直径。

（2）冷却系统设计实例

1）型芯大镶件创建冷却管道。

打开先前保存的模具组件，仅将型芯大镶件"shang_gai_comb-core_008"显示在绘图区，对其他零件进行隐藏操作。

单击"冷却工具"模块中的"直接水路"按钮，弹出图 6-80 所示的"直接水路"对话框。在"属性类型"下拉列表中选择"通道"选项，在"运动"下拉列表中选择"距离"选项，设置通道直径为"8"。

提示：用户在设计冷却通道的过程中，需要综合考虑零件散热的需求；设置合理的冷却管道路径以及冷却管道的位置。

图 6-80　"直接水路"对话框

单击"直接水路"对话框中的"指定点"按钮，弹出"点"对话框，在"点"对话框中设置 X 为"-42.5"，Y 为"-70"，Z 为"-15"，单击"确定"按钮，完成冷却通道起点的设置。

在"直接水路"对话框中选择指定矢量方向为 YC 方向，设置距离为"140"，设置完成后单击"应用"按钮，创建第一条冷却管道。

同样，继续在"点"对话框中设置 X 为"42.5"，Y 为"-70"，Z 为"-15"，单击"确定"按钮，完成第二条冷却通道起点的设置。

在"直接水路"对话框中选择指定矢量方向为 YC 方向，设置距离为"140"，设置完成后单击"应用"按钮，创建第二条冷却管道。

用同样的方法分四次创建与模框连接的竖直方向的另外四条冷却管道，其起始点坐标分别设置为：X 为"-42.5"，Y 为"-40"，Z 为"-50"；X 为"-42.5"，Y 为"40"，Z 为"-50"；X 为"42.5"，Y 为"-40"，Z 为"-50"；X 为"42.5"，Y 为"40"，Z 为"-50"。选择指定矢量方向为 ZC 方向，设置距离为"41"，勾选"角度"复选框。创建完成后，单击"取消"按钮，退出"直接水路"对话框。

在当前绘图区，型芯大镶件的冷却管道总体结果如图 6-81 所示。

2）型腔大镶件创建冷却管道。

在当前绘图区，仅将型腔大镶件"shang_gai_comb-cavity_009"显示在窗口中，对其他零件进行隐藏操作。

单击"冷却工具"模块中的"直接水路"按钮，弹出图 6-80 所示的"直接水路"对话框。在"属性类型"下拉列表中选择"通道"选项，在"运动"下拉列表中选择"距离"选项，设置通

道直径为 "8"。

单击 "直接水路" 对话框中的 "指定点" 按钮，弹出 "点" 对话框，在 "点" 对话框中设置 X 为 "−42.5"，Y 为 "−70"，Z 为 "38.5"，单击 "确定" 按钮，完成冷却通道起点的设置。

在 "直接水路" 对话框中选择指定矢量方向为 YC 方向，设置距离为 "140"，设置完成后单击 "应用" 按钮，创建型腔大镶件的第一条冷却管道。

同样，继续在 "点" 对话框中设置 X 为 "42.5"，Y 为 "−70"，Z 为 "38.5"，单击 "确定" 按钮，完成第二条冷却通道起点的设置。

在 "直接水路" 对话框中选择指定矢量方向为 YC 方向，设置距离为 "140"，设置完成后单击 "应用" 按钮，创建型腔大镶件的第二条冷却管道。

用同样的方法创建与模框连接的竖直方向的另外四条冷却管道，其起始点坐标分别设置为：X 为 "−42.5"，Y 为 "−40"，Z 为 "60"；X 为 "−42.5"，Y 为 "40"，Z 为 "60"；X 为 "42.5"，Y 为 "−40"，Z 为 "60"；X 为 "42.5"，Y 为 "40"，Z 为 "60"。选择指定矢量方向为 −ZC 方向，设置距离为 "27.5"，勾选 "角度" 复选框。创建完成后，单击 "取消" 按钮，退出 "直接水路" 对话框。

在当前绘图区，型腔大镶件的冷却管道总体结果如图 6-81 和图 6-82 所示。

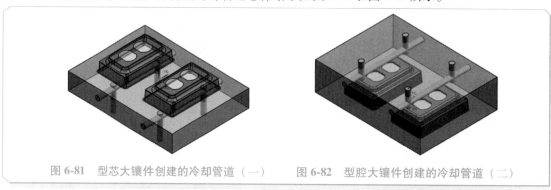

图 6-81 型芯大镶件创建的冷却管道（一）   图 6-82 型腔大镶件创建的冷却管道（二）

提示： 如果创建的冷却管道的位置错误，则可以通过重定位的方式重新调整管道的位置。

选择 "文件"→"保存"→"全部保存" 命令，保存全部装配文件。

17. 开腔

建立开腔是为模具中的各个组件在模板上建立孔洞，并在模架上将其定位。MoldWizard 提供了为模具组件自动建立开腔的功能，并将其建立的开腔参数以数据文件形式进行保存。

（1）创建开腔的概念　由于加入的标准件、浇口、流道、分流道等部件和模架有重合的部分，因此要把重合部分从模架中去除，给标准件、浇口等部件留相应的位置。

提示： 一般情况下，型腔设计应该放在模具设计的最后阶段，待浇注、抽芯、冷却、顶出等部件都加入到模架之后再进行。

1）创建开腔的简要过程。

单击 "注塑模向导" 选项卡中的 "腔" 按钮，系统弹出 "开腔" 对话框，如图 6-83 所示。

图 6-83 "开腔" 对话框

用户可以选择模具的型腔和型芯作为目标体，选择之前添加的标准件、流道、冷却水路等作为工具体，创建开腔。

提示： 创建开腔一般放在模具设计的最后一步完成。这样做的原因有两个：在创建开腔之后，装配中的特征数量会大大增多，从而最终影响系统的性能；如果插入的标准件或组件在目标体之外，则某些更新可能会失败。

2）"开腔"对话框中主要选项的含义如下：

模式：决定是以添加材料还是减去材料的方法创建开腔。

选择体：创建开腔的对象，一次可选择一个或多个对象创建开腔。

工具类型：用于选择工具体的类型，包括组件和实体。

选择对象从创建开腔对象中减去的对象，一次可选择一个或多个对象。

（2）创建开腔的步骤　相对于前面部分流道、水路的设计，创建开腔的步骤相对简单，具体如下。

1）打开之前保存的模具组件，仅将型芯大镶件"shang_gai_comb-core_008"与型腔大镶件"shang_gai_comb-cavity_009"以及顶杆、冷却管道、浇口、流道等显示在绘图区，对其他零件进行隐藏操作。

2）单击"注塑模向导"选项卡中的"腔"按钮，弹出"开腔"对话框，如图 6-83 所示。在"模式"下拉列表中选择"减去材料"选项，在"工具类型"下拉列表中选择"实体"选项。

3）单击"目标"按钮，可选择一个或多个目标体，如型芯、型腔大镶件等。

4）选择"实体"作为"工具类型"。

5）单击"选择对象"按钮，选择创建开腔的刀具体，可以选择一个或多个刀具体，如顶杆、冷却管道、浇口、流道等。

6）勾选"只显示目标体和工具体"复选框，预览"减去材料"的开腔。

7）单击"确定"按钮，生成型芯、型腔大镶件开腔，执行创建开腔操作。

按同样的方法与步骤，完成型芯大镶件或型腔的开腔。

提示： 对于实际模具生产，型腔大镶件还要去除与浇口衬套及紧固螺钉干涉的部位；型芯大镶件还要去除与 Z 字形拉料杆、冷料穴及紧固螺钉干涉的部位。

选择"文件"→"保存"→"全部保存"命令，完成装配文件保存操作。至此，该上盖塑件的注射模设计完成。

【拓展训练】

1. 打开教学资源包中的 ch6 \ 04_shang_ce_gai \ shang_ce_gai.prt 文件，针对图 6-84 所示的塑件，进行注射模设计，完成结果如图 6-85 所示。

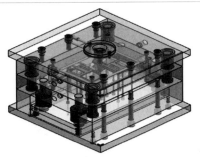

图 6-84　上侧盖塑件三维模型　　　　图 6-85　上侧盖塑件注射模设计效果

2. 打开教学资源包中的 ch6 \ 05_zuo_ce_gai \ zuo_ce_gai. prt 文件，针对图 6-86 所示的塑件，进行注射模设计，完成结果如图 6-87 所示。

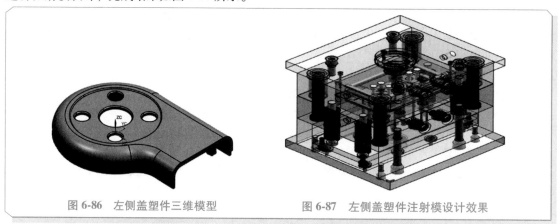

图 6-86　左侧盖塑件三维模型　　　　　　图 6-87　左侧盖塑件注射模设计效果

第7章

逆向造型设计

逆向造型是将实物转变为 CAD 模型的数字化过程，包含数据点的获取和三维 CAD 模型重构两个阶段。其中，数据点的测量精度主要取决于三坐标测量仪、手持式扫描仪等硬件设备的精度；三维 CAD 模型的质量主要取决于建模软件。目前，手持式扫描仪等设备一般配有专用软件，扫描完成后即可自动获得三维模型。但是其精度随设备的不同变化较大，用户对模型修改的自由度不大。UG NX11.0 软件提供的逆向造型功能可供用户在高精度、小范围、高自由度等情形下使用。

【学习目标】

1) 掌握逆向工程的基本概念和技术体系。
2) 掌握面向实物样件的数字化、数据处理、模型重建与评价的理论和技术。
3) 掌握逆向工程的常用手段和方法。
4) 掌握逆向设备和相应软件的使用方法。

7.1 逆向工程概述

7.1.1 逆向工程定义

逆向工程（Reverse Engineering，RE）也称反求工程、反向工程等，是相对于传统正向工程而言的。传统的产品实现通常是从概念设计到图样、再制造出产品，称之为正向工程。产品的逆向工程是根据零件（或原型）生成图样，再构造产品。广义的逆向工程是消化吸收先进技术的一系列工作方法的技术组合，是一项跨学科的、复杂的系统工程。它包括影像逆向、软件逆向和实体逆向。目前，大多数关于逆向工程的研究及应用主要集中在重建产品实物的 CAD 模型和最终产品的制造方面，称为实物逆向工程。正向工程与逆向工程的流程图如图 7-1 所示，正向工程是由概念到 CAD 模型再到实物模型的开发过程，而逆向工程则是由实物模型到 CAD 模型的设计过程。

实物逆向工程的需求主要有：作为研究对象，产品实物是面向消费市场最广、最多的一类设计成果，也是最容易获得的研究对象；在产品开发和制造过程中，虽已广泛使用了计算机几何造型技术，但是仍有许多产品，由于种种原因，最初并不是由计算机辅助设计模型描述的，设计和制造者面对的是实物样件。为适应先进制造技术的发展，需要通过一定途径将实物样件转化为 CAD 模型，再利用 CAM、RPM/RT、PDM、CIMS 等先进技术对其进行处理或管理。同时，随着现代测试技术的发展，快速、精确地获取实物的几何信息已变为现实。由此可以将逆向工程定义为：逆向工程是将实物转变为 CAD 模型相关的数字化技术、几何模型重建技术和产品制造技术的总称。

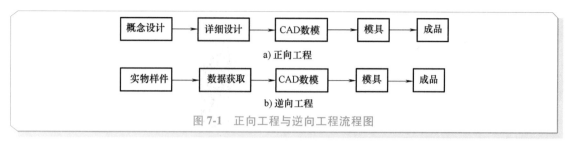

图 7-1　正向工程与逆向工程流程图

逆向工程的重大意义在于，逆向工程不是简单地把原有物体还原，它还要在还原的基础上进行二次创新。因此，逆向工程作为一种新的创新技术现已广泛应用于工业领域并取得了重大的经济和社会效益。

7.1.2　逆向工程工艺流程

逆向工程的过程大致分为：由数据采集设备获取样件表面（有时需要内腔）数据；导入专门的数据处理软件或带有数据处理能力的三维 CAD 软件进行前处理；进行曲面和三维实体重构，在计算机上复现实物样件的几何形状，并在此基础上进行修改或创新设计；对再设计的对象进行实物制造。其中从数据采集到 CAD 模型的建立是逆向工程中的关键技术。图 7-2 所示为逆向工程领域应用最为广泛的工艺流程图。

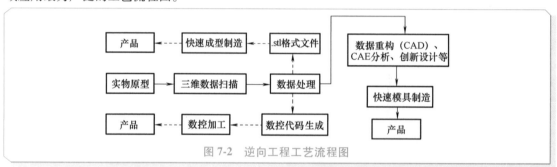

图 7-2　逆向工程工艺流程图

7.1.3　逆向工程应用领域

逆向工程的应用可分为三个层次：仿制、改进设计和创新设计。仿制是逆向工程应用的低级阶段；改进设计是一个基于逆向工程的典型设计过程；而创新设计是逆向工程的高级应用。

逆向工程的应用主要集中在以下几方面。

1. 新产品开发

首先由外形设计师使用油泥、木模或泡沫塑料做成产品的比例模型，然后通过逆向工程技术将其转化为 CAD 模型，如图 7-3 所示。该技术在航空业、汽车业以及家用电器制造业中都得到了不同程度的应用和推广。

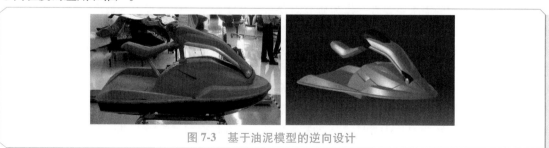

图 7-3　基于油泥模型的逆向设计

2. 产品的仿制和改型设计

在只有实物而缺乏相关技术资料的情况下，可利用逆向造型进行数据测量和数据处理，重建与实物相符的 CAD 模型，并在此基础上进行后续的工作，如模型修改、零件设计、数控加工指令生成等，最终实现产品的仿制和改进。该方法广泛地应用于汽车、家用电器、玩具等产品的外形修复、改造和创新。图 7-4 所示为汽车的仿制和改型设计。

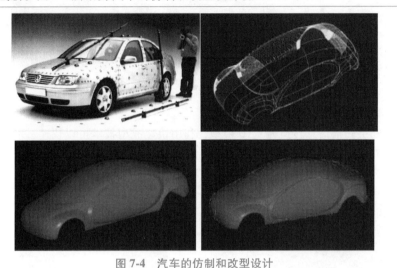

图 7-4　汽车的仿制和改型设计

3. 快速模具制造

逆向工程技术在快速模具制造中的应用包括以下方面。

1）以样本模具为对象，对已符合要求的模具进行测量，重建其 CAD 模型，并在此基础上生成模具加工程序。

2）以实物零件为对象，将实物转化为 CAD 模型，然后进行模具设计。

3）建立和修改在制造过程中变更过的模具设计模型，如破损模具的制成控制与快速修补，如图 7-5 所示。

图 7-5　模具的三维数据重构及模具的快速修补

4. 快速原型制造（Rapid Prototyping Manufacturing，PRM）

逆向工程和 PRM 技术相结合，组成产品测量、建模、制造、再测量的闭环系统，可实现产品的快速开发。

5. 产品的数字化检测

这是逆向工程一个新的发展方向。对加工后的零部件进行扫描测量，获得产品的数字化模型，并将该模型与原始设计的几何模型在计算机上进行数据比对，可以有效地检测制造误差，提高检测精度，如图 7-6 所示。

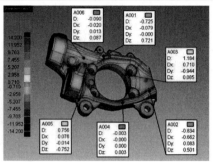

图 7-6　零件的数字化检测

6. 医学领域断层扫描

逆向工程将断层扫描信息转换为 CAD 模型，利用快速成型技术可以快速、准确地制作硬组织器官替代物、体外构建软组织和器官应用的三维骨架以及器官模型，为组织工程进入定制阶段奠定基础，同时也为疾病医治提供辅助手段。图 7-7 所示为颅骨的逆向造型。

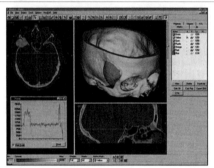
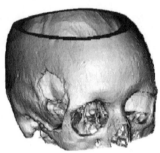

图 7-7　颅骨的逆向造型

7. 服装、头盔、鞋等的设计制作

根据个人形体的差异，采用先进的扫描设备和曲面重构软件，可快速建立人体的数字化模型，从而设计制作出头盔、鞋、服装等产品，如图 7-8 所示。

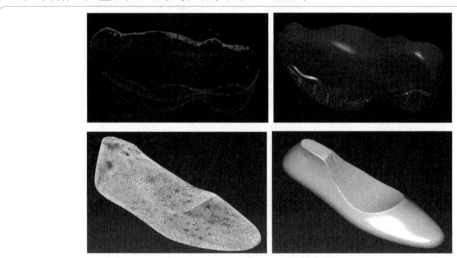

图 7-8　鞋的逆向造型设计

8. 艺术品文物复制，博物馆藏品、古建筑的数字化

利用逆向工程技术，以保护文物为前提，可以对文物进行复制和修复，实现保护与开发并举。例如，故宫博物院"古建筑数字化测量技术研究项目组"应用三维激光扫描技术先后对太和殿、太和门、神武门、慈宁宫和寿康宫等重要古代建筑进行了完整的三维数据采集，为古建筑的保护和修复提供了完全逼真的数字模型。苏州 9 座世界遗产园林的建筑物三维激光扫描已基本完成，为保护和修复工程采集到了基础数据。

9. 影视动画角色、场景、道具等三维虚拟物体的设计和创作制造

在影视动画的角色创建中，三维扫描技术主要应用于数字替身和精细模型创建。通过三维扫描仪对地形、地貌、建筑等场景的复制和创建，为影视动画场景的拍摄和搭建节省了资金和时间。对于真实历史形态的道具，如兵器、室内摆件等，通过三维扫描结合 3D 打印技术，可获得与原型一模一样的逼真道具。

7.1.4　逆向工程的发展方向

逆向工程在数据处理、曲面处理、曲面拟合、规则特征识别、专用商业软件和三维扫描仪的开发等方面已取得非常显著的进步。但在实际应用中，其缺乏明确的建模指导，整个过程仍需大量的人工交互，对操作者的经验和技术技能依赖较重，而且目前使用的逆向工程 CAD 建模软件大多仍以构造满足一定精度和光顺性要求的 CAD 模型为最终目标，没有考虑成品创新需求。因此，在目前工作的基础上，逆向工程技术还有许多问题有待进一步的探讨和研究，包括以下几方面。

1. 测量数据方面

发展面向逆向工程的专用测量设备，能够高速、高精度地实现实物几何形状的三维数字化。

2. 数据处理方面

开发一种通用的数据接口软件，改善数据处理的算法，使处理速度更快；减少建模过程中的操作，减轻设计人员的劳动强度。

3. 集成技术方面

发展包括测量技术、模型重建技术、基于网络的协同设计和数字化制造技术，实现逆向工程技术与有限元分析技术的集成。

7.2　三维扫描仪

三维数据扫描又称产品表面数字化，是指通过特定的测量设备和测量方法，将物体的表面形状转换成离散的几何点坐标数据，在此基础上进行复杂曲面的重构、评价、改进和制造。数据采集是逆向工程实现的基础和关键技术之一，是逆向工程中最基本、最不可或缺的步骤。采集数据的质量直接影响最终模型的质量，也直接影响整个工程的效率和质量。所采集的模型表面数据的质量除了与扫描设备、软件有关外，还与相关人员的操作水平有关。

7.2.1　三维扫描仪的种类

三维扫描仪（3D Scanner）是一种可进行三维扫描的科学仪器，用来测量并分析现实世界中物体或环境的形状（几何构造）与外观数据（如颜色、表面反照率等性质）。其搜集的数据常被用于进行三维重建计算，在虚拟世界中创建实际物体的数据模型。

三维扫描仪分为接触式三维扫描仪（也称三坐标测量仪）和非接触式三维扫描。图 7-9 和图 7-10 所示分别是三坐标测量仪和三维激光扫描仪。不同测量设备和测量方法，不但决定了测量本身的精度、速度和经济性，还使得测量数据类型和后处理方式不尽相同。图 7-11 所示为物体表面数据的各种采集方法。

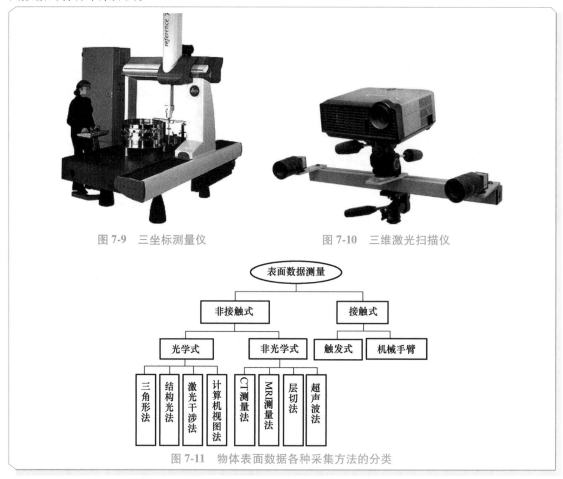

图 7-9　三坐标测量仪　　　　　图 7-10　三维激光扫描仪

图 7-11　物体表面数据各种采集方法的分类

7.2.2　三维扫描仪的基本原理

无论扫描仪的类型如何，三维扫描仪的构造原理都是相近的。三维扫描仪的主要构造包含一台高速精确的激光测距仪，配上一组可以引导激光并以均匀角速度扫描的反射棱镜。激光测距仪主动发射激光，同时接收由自然物表面反射的信号进行测距，针对每一个扫描点可测得测站至扫描点的斜距，再配合扫描的水平和垂直方向角，可以得到每一扫描点与测站的空间相对坐标。如果测站的空间坐标是已知的，则可以求得每一个扫描点的三维坐标。

1. 接触式数据扫描——三坐标测量的工作原理

三坐标测量原理是将被测物体置于三坐标测量仪的测量空间中，测得被测物体上各测点的坐标位置，根据这些点的空间坐标，求出其尺寸和几何误差。

如图 7-12 所示，要测量工件上一圆柱孔的直径，可以在垂直于孔轴线的截面内，触测内孔壁上的点 1、2、3，根据这三个点的坐标值就可计算出孔的直径及截面圆的圆心坐标 O_1；如果在该截面内触测更多的点，则可根据最小二乘法或最小条件法计算出该截面圆的圆度误差；如果对多个垂直于孔轴线的截面圆进行测量，则根据测得点的坐标值可计算出孔的圆柱度误差以及各截面圆的圆心坐标，根据各圆心坐标值又可以计算出孔轴线位置；如果再在孔端面上测量 3 个点，则可计算出孔轴线对端面的位置度误差。

三坐标测量仪具有很大的通用性与柔性，从原理上说，它可以测量任何工件的任何几何元素的任何参数。该方法目前已经广泛地应用于机械制造业、汽车工业、航天航空工业和国防工业等各领域。

2. 非接触式数据扫描

非接触式数据扫描方法由于其高效性和广泛的适用性,并且弥补了接触式测量的一些不足,在逆向工程领域的应用和研究日益广泛。非接触式扫描设备是利用某种与物体表面发生相互作用的物理现象来获取物体表面的三维坐标信息的,其中激光干涉法和结构光法应用最为广泛。

1)激光三角法。激光三角法根据光学三角测距原理(图 7-13),利用光源和敏感元件之间的位置和角度关系来计算被测物体表面点的坐标数据。用一束激光以某一角度聚焦在被测物体表面上,然后从另一角度对物体表面上的激光光斑进行成像,物体表面激光照射点的位置高度不同,用 CCD 光电探测器测出光斑像的位置,就可以计算出主光线的角度,从而计算出物体表面激光照射点的位置高度。当物体沿激光光线方向发生位移时,测量结果就会发生改变,从而实现用激光测量物体的位移。

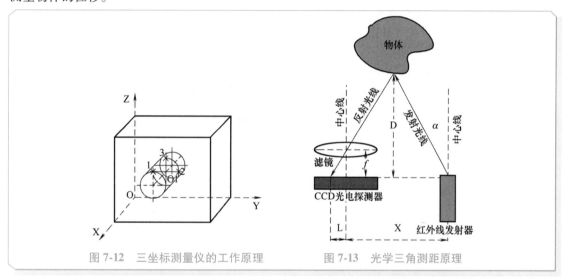

图 7-12　三坐标测量仪的工作原理　　　图 7-13　光学三角测距原理

2)结构光法。结构光法测量原理如图 7-14 所示。结构光三维扫描是采用集结构光技术、相位测量技术、计算机视觉技术于一体的复合三维非接触式测量技术,在物体表面投射光栅,用两架摄像机拍摄发生畸变的光栅图像,利用编码光和相移方法获得左、右摄像机拍摄图像上每一点的相位,利用相位和外极线实现两幅图像上点的匹配技术,计算点的三维空间坐标,以实现物体表面三维轮廓的测量技术。

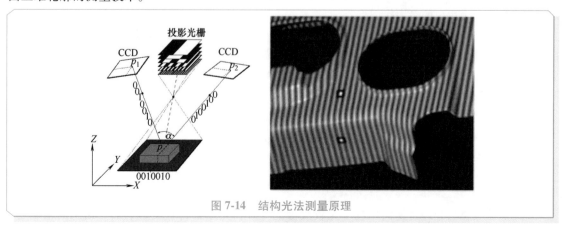

图 7-14　结构光法测量原理

基于结构光法的扫描设备是目前测量速度和精度最高的扫描测量系统，是目前逆向测量领域中使用广泛的测量系统。

7.2.3 三维扫描仪的操作

1. 三维扫描仪的工作过程

三维扫描仪的工作过程大致可以分为计划制订、外业数据采集和内业数据处理三部分。

1）首先需要制订详细的工作计划，做一些准备工作，主要包括根据扫描对象的不同和精度的具体要求设计一条合适的扫描路线，确定恰当的采样密度，大致确定扫描仪至扫描物体的距离、设站数、大致的设站位置等。

2）外业工作主要是采集数据，包括数据采集、现场分析采集到的数据是否大致符合要求、进行初步的质量分析和控制等。

3）内业数据处理主要包括：外业采集到的激光扫描原始数据的显示，数据的规则格网化，数据滤波、分类、分割，数据的压缩，图像处理，模式识别等。

图 7-15 所示为非接触式三维扫描仪的工作流程。

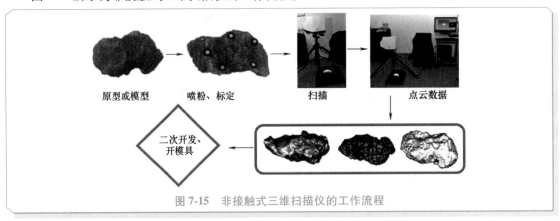

图 7-15　非接触式三维扫描仪的工作流程

2. 非接触式三维扫描仪的操作步骤

1）表面处理。清洗扫描件，对黑色锈蚀表面、透明表面、反光面做表面处理。表面处理的通用方法是在物体表面喷涂一薄层白色物质。根据被测物体的要求不同，选用的喷涂物也不同。

2）贴标记点或标识点。对于一些大型物体或需要进行多幅测量后再拼接时，根据视角在物体的表面上贴上一些标记点。标记点用于协助坐标转换，是多视觉拼合的特征点。标记点可以是扫描物体本身的特征点，也可以是用笔画在纸上的标记或用橡皮泥捏成的标记点。如果是自动拼接，则标记点是一个个黑白的专用标记点。

3）扫描规划。为了精确而又高效地扫描数据，在扫描前必须进行扫描规划。精确扫描是指所扫描的数据足够反映样件的特性，对曲率变化大的位置，数据尽量采集完整；高效扫描是指在能够正确反映物体特性的情况下，扫描次数和数据量尽量少，扫描时间尽量短。

4）启动扫描仪相应软件，调整扫描仪参数。

5）新建文件，扫描标记点。

6）新建文件，扫描零件表面。

7）保存扫描数据。

7.2.4 点云数据的后处理

三维点云数据后处理是逆向工程中比较关键的一环，其结果将直接影响最后结果的精确度。

认真研究这一方面的处理方法，在提高精度的同时用最少的点云来表达信息，将是这一领域的研究人员的一大任务。

通过三维扫描仪采集的数据只是散乱的物体外形坐标，要生成用于再制造的 CAD 模型，必须对这些点进行处理。逆向工程后处理的主要任务是对扫描所得到的点云数据进行噪声剔除、多视拼合、特征线提取等操作，最后得到三维实体模型，从而建立起一条完整的逆向应用流程，如图 7-16 所示。

图 7-16　点云数据处理流程

逆向工程后处理主要包括点云数据预处理、点云数据的拼合、特征线的提取和产品建模。

1. 点云数据预处理

通常把三维空间中的点集称为点云或点群。最小的点云只包含一个点，高密度点云可包括高达数百万个数据点。由于曲线、曲面的建构方法多种多样，对测量数据质量、数量、密度及组织形式方面的要求不尽相同，故需要对原始测量数据进行预处理。点云数据预处理包括数据平滑、数据过滤、数据分块、数据融合和数据优化等操作。

2. 点云数据的拼合

无论是采用接触式还是非接触式的数字测量方法，通过一次测量完成对整个待测件的数字化工作是很困难的。通常的做法是将待测件重新定位，以另一有利的角度或方向获取测件不同方位的表面信息，这称为视。从不同的视对待测件进行几次测量后，所得数据的局部坐标系和组织是不同的。将这些不同的数据集转化为统一的数据形式并构成整个待测件表面的完整信息，这个过程称为拼合。

对同一物体的多视点云的拼合，一般有以下两种处理方法。

1）基于点的拼合。该方法直接对点云进行拼合，再构造出原型。基于点的拼合的最大优点是能对物体所求得的各个面有总体上的了解和把握，能获得在拓扑上一致的数据结构。尽管该数据结构可能是庞大的，但这种一致性是基于面的拼合难以达到的。

2）基于面的拼合。该方法是先对各视图进行局部构造几何形体，再拼合这些几何形体。显然，若单个视图能局部地构造几何形体，并具有明显的几何特征，利用这些特征进行拼合，其速度和准确性都是显而易见的。但其缺点是，不同视图中的特征往往不一致，甚至同一特征在其他视图中被分割成许多特征或消失。同时该方法带来的几何图形之间的布尔运算将涉及许多 CAD 中目前尚未解决或解决不甚圆满的难题。

3. 特征线的提取

经过以上处理步骤，可以得到与实体形状非常逼近的完整点云。但为进一步使实体直观化并为后面的曲面造型提取特征，可以构造大致表达实体的特征线。当然，就整体平滑的实体，构造特征的密度可以小些或不进行这一步处理；对曲率变化比较大的实体，应尽量保证完整表达曲率变化的范围，即让特征线的密度大些，否则会失去实体的细节信息，使实体特征表达不够完全。

4. 产品建模

特征线提取出来后，可以用标准格式，如 .iges、.prt 等文件输出到通用 CAD 三维造型软件中，作为建立 CAD 模型的基本特征，以此重建待测物体的三维 CAD 模型，从而达到逆向工程的最终目的。

7.3　UG 产品模型的重构技术

三维 CAD 模型重构是整个逆向工程最关键且复杂的一环。产品模型重构的精度受设备硬件，包括数字化设备、造型软件和操作者经验的影响。

目前成熟的模型重构方法：按数据类型，可分为有序点和散乱点的重构；按测量机的类型，可分为基于三坐标测量仪、激光点云、断层扫描数据和光学测量数据的重构；按造型方式，可分为基于曲线的模型重构和基于曲面的直接拟合。

7.3.1 曲线拟合

曲线是构建曲面的基础。在逆向工程中，对于给定的组型值点，如果构造出的曲线偏离原始型值点，则称为逼近或拟合。样条曲线是一条通过一系列型值点的曲线，但有时要使样条曲线通过每一个型值点时，样条曲线会产生波动。因此，在生成样条曲线时不必强制要求样条曲线通过每一个型值点，而是设定一个允许的误差值，根据此值在每一型值点周围划出一个区域，只要样条曲线经过每一个区域，就是符合要求的。允许误差值设定得越小，生成的样条曲线越容易产生波动；允许误差值设定得越大，样条曲线越光顺。但光顺和偏离原始型值点的关系是矛盾的，一方面光顺就是要修改原始型值点，而另一方面又希望尽量少修改型值点。对于这个问题，要视情况而定。

1. 逼近法拟合曲线

逼近法拟合曲线首先指定一个允许的误差值，并设定曲线控制顶点的数目，用最小二乘法求出一条曲线后，计算测量点到曲线的距离，将其作为曲线的误差值。当最大的距离值大于逼近误差值时，则须增加控制顶点的数目，重新拟合曲线，直到测量点的误差小于逼近误差。

2. 插值法拟合曲线

该方法是通过所有测量点构造一条曲线，其优点是曲线与点数据的误差为 0；缺点是当点数据量过大时，曲线控制点也相对增多，同时不能除去由于测量带来的噪声点。因此，采用插值法拟合曲线时，应先通过数据平滑处理来去除测量坏点。

7.3.2 曲面重构

曲面重构有以下几种方法。

1. 按曲面构造分

1）以三角 Bezier 曲面为基础的曲面构造方法。该方法具有构造灵活、边界适应性好的特点；缺点在于所构造的曲面模型不符合产品描述标准，并与通用的系统通信困难，而且有关三角 Bezier 曲面的一些计算方法的研究还不太成熟。

2）以 B 样条或 NURBS 曲面为基础的曲面构造方法。该方法能够在一个系统中严格地以统一的数学模型定义产品的几何形状，使得系统精简，并可采用统一的数据库，易于数据管理。以 B 样条或 NURBS 曲面表示是目前成熟的商品化 CAD/CAM 系统中广泛采用的曲面表示方法，这类曲面可以应用四边参数曲面片插值、拉伸、旋转、放样、扫掠、混合和四边界方法构造。以此为基础，已形成一套完整的曲面延伸、求交、裁剪、变换、光滑拼接及曲面光顺等算法。

2. 按造型方法分

1）基于曲线的曲面重构方法。该方法的原理是在数据分块的基础上，首先由测量点插值或拟合出组成曲面的网络样条曲线，再利用系统提供的放样、混合、扫掠和四边曲面等曲面造型功能进行曲面模型重建，最后通过延伸、求交、过渡、裁剪等操作，将各曲面光滑拼接或缝合成整体的复合曲面模型。

基于曲线的曲面重构方法实际上是通过组成曲面的网格曲线来构造曲面的，是原设计的模拟，在预知曲面特征信息，如原曲面类型和构建方式等时，能准确地重建原模型的几何拓扑特征，对规则形状物体是一种有效的模型重建方法。如果模型是由自由曲面组成的复合曲面，其几何拓扑信息难以从实物及数据模型中估计,采用基于曲线的曲面重构方法需反复交互选取曲面造型方式,使构建的曲面光顺,满足精度要求。

基于曲线的曲面重构方法要求进行截面扫描测量,截面应尽量与曲面的母线或曲面扫掠轨迹线垂直,测量数据点应分布均匀,最好是 U、V 两个方向都进行截面扫描,但在曲面数学模型未知的情况下较难做到。

2)基于测量点直接拟合的曲面造型方法。该方法的原理是直接建立满足数据点的插值或拟合曲面,既能处理规则点也能直接拟合散乱点。该方法的优点是在大量的数据点上工作,支持面对点的最佳拟合;曲面一般选取 B 样条表示,在曲面重构中,能够构造出标准的 B 样条曲面,并且其最终的曲面表达式也较为简洁。

一个有经验的造型人员,在模型重构之前,应详细了解模型的前期信息和后续应用要求。前期信息包括实物样件的几何特征和数据特点(类型、完整性)等;后续应用包括结构分析、加工、制作模具和快速原型等,以选择正确有效的造型方法、支撑软件、模型精度和模型质量。

在实践中,进行模型重构时选择哪种造型方法取决于测量数据点类型和模型的几何特征以及曲面的复杂性。基于曲线的曲面重构方法适合于有序的测量数据,并且外形是以某种确定的造型方式生成的曲面模型。这种方法的不足之处在于,如果曲线分布较密,则曲面造型通过所有的曲线,不能保证曲面的光滑性;反过来,选定曲线的数量较少时,又难以保证曲面的精度。对曲面片的直接拟合造型来说,数据分块的准确性又显得十分重要,因为如果用一张曲面片去拟合由两个及两个以上的曲面类型组成的曲面,最终拟合曲面一般都是不光滑的。另外需要指出的是,这两种方法并不是独立的,实际造型时,对相同的实物模型,也会选择两种造型方法。

7.3.3 基于特征的模型恢复技术

原始设计参数还原是逆向工程的基础,从测量数据点中确定原设计参数的方法是一个特征识别问题。参考特征造型的特征定义方法,原设计参数可定义为几何特征参数、形状特征参数、精度特征参数、性能特征参数和制造特征参数等。

要按照原设计方案进行逆向造型,就需要基于测量数据提取产品特征设计参数,并进行特征重构和特征运算,进而完成产品数字化模型重建。在三维模型重构中,实物的几何特征和形状特征识别是建模的关键,它能为设计者提供准的几何信息,可以对测量数据直接进行修正以消除误差。对于由直线、圆弧等构成的实物棱线及轮廓特征、等半径的倒圆特征、对称特征、圆孔特征以及由平面、柱、锥、球、环等基本体素拼合而成的零件,特征提取较为简单;但对于二次曲线(如抛物线)特征、变半径倒圆特征、椭圆孔特征等,特别是具有复杂曲面外形的零件,其外形是由一些基本子曲面通过光滑连接、修整、裁剪、过渡拼合而成的,其设计和数学模型较为复杂,提取这类特征是特征建模的难点。

7.4 UG 逆向造型的方法和技巧

UG 逆向造型常常遵循的原则为:点→线→面→体。

7.4.1 测点

测点之前应做好规划,由设计人员提出曲面测点的要求。一般原则是在曲率变化比较大的地方测点要密一些,平滑的地方测点可以稀一些。由于一般的三坐标测量仪取点的效率大大低于激光扫描仪,因此在零件测点时要做到有的放矢。值得注意的是,除了扫描剖面、测分型线外,测轮廓线等特征线也是必要的,它会在构面的时候带来方便。

7.4.2 连线

1. 点整理

连线之前先整理好点，包括去误点和明显缺陷点。为了便于管理，同方向的剖面点放在同一层里，分型线点、孔位点单独放一层，轮廓线点也单独放一层。通常这个工作在测点阶段完成，也可以在 UG 软件中完成。一般测量软件可以预先设定点的安放层，一边测点，一边整理。

2. 点连线

因为在许多情况下分型线是产品的装配结合线，所以连分型线点应尽量做到误差最小并且光顺。对汽车、摩托车中一般的零件来说，连线的误差一般控制在 0.5mm 以下。根据样品的形状、特征大致确定构面方法，从而确定需要连的线。连线可用直线、圆弧、样条线，其中样条线最为常用，可选用"通过点（through point）"方式。

3. 曲线调整

因测量有误差及样件表面不光滑等原因，连成样条线的曲率半径变化往往存在突变，对以后的构面的光顺性有影响，因此，曲线必须经过调整，使其光顺。调整中最常用的一种方法是编辑样条，即选择"Edit pole"选项，拖动控制点。调整样条线经常移动样条线的一个端点到另一个点，使构建曲面的曲线有交点。但必须注意的是，无论用什么命令调整曲线都会产生偏差，调整次数越多，累积误差越大。误差允许值视样件的具体要求而定。

7.4.3 构面

可运用各种构面方法建立曲面，包括"通过曲线网格""通过曲线组""扫掠""通过点云"等。构面方法的选择要根据样件的具体特征情况而定，最常用的是"通过曲线网格"，可将调整好的曲线用此命令编织成曲面。"通过曲线网格"构面的优点是可以保证曲面边界曲率的连续性，因为"通过曲线网格"可以控制四周边界曲率（相切），因而构面的质量更高。而"通过曲线组"只能保证两边曲率，在构面时误差也大。假如两曲面交线要倒圆角，因"通过曲线网格"的边界就是两曲面的交线，显然这条线要比两个"通过曲线组"曲面的交线光顺，这样构造出来的圆角质量是不一样的。

初学逆向造型时，构造的两个面之间往往有"折痕"，这主要是由这两个面不相切所致。解决这个问题可以通过调整参与构面（Though Curve Mesh）曲线的端点与另一个面中的对应曲线相切，再加上"通过曲线网格"边界相切选项。只有曲线相切才能保证曲面相切。

另外，有时候做一个单张且比较平坦的曲面时，直接用点云构面（From Point Cloud）更方便。但是此方法对那些曲率半径变化大的曲面则不适用，构造面时误差较大。有时面与面之间的空隙要桥接以保证曲面光滑过渡。

在构建曲面的过程中，有时还要再加连一些线条，用于构面，连线和构面经常要交替进行。曲面建成后，要检查曲面的误差，一般测量点到面的误差，对外观要求较高的曲面还要检查表面的光顺度。当一张曲面不光顺时，可求此曲面的一些片段（Section），调整这些片段使其光顺，再利用这些片段重新构面，效果会好些，这是常用的一种方法。

构面还要注意简洁。面要尽量做得大，张数少，不要太碎，这样有利于后面增加一些圆角、斜度、增厚等特征，而且也有利于下一步编程加工，使刀路的计算量减少，数控文件也小。

7.4.4 实体重构

当模型比较简单且所做的外表面质量比较高时，用缝合增厚就可构建实体。但大多数情况下不能增厚，此时只能偏置（Offset）外表面。偏置后的曲面有的需要裁剪，有的需要补面，用各种曲面编辑手段完成内表面的构建，然后缝合外表面成一个实体，最后进行产品结构设计，如安装孔、加强筋等结构。

部分曲面无法进行偏置处理，主要有以下几种情况。

1）曲面本身曲率太大，偏置后会自相交，导致偏置失败。

2）被偏置曲面的品质不好，局部有波纹。这种情况只能修改好曲面后再进行偏置处理。

3）部分曲面看起来光顺性很好，但就是无法进行偏置操作。这种情况可以用"抽取几何特征"，获得曲面后，再进行偏置操作。

7.4.5　修补

UG NX 软件修补破面的方法有以下几种。

1）对于输入的模型局部连接部分有微小缺损、干涉、相交的，UG NX11.0 软件提供了一个自动修复的工具。具体操作为：在模型输入后选择"文件"→"导出"→"修复几何体"命令，注意"微小公差"选项的选择，对于重要的模型，可先在"分析"→"检查几何体"命令中检查一下模型，接着指定一下输出的文件名就可以了。输出的是一个修补好的 .prt 格式文件。但如果缺损、干涉、相交情况严重，此时只能进行手工整理。

2）对于输入的模型不存在上述问题情况，可选择"导入"→"IGES"命令，在弹出的"IGES 导入选项"对话框中，勾选"曲面自动缝合"复选框。

3）如果是实体破面，则可先建一个图层，然后抽取体上所有的面，加大缝合公差后进行缝合操作，即可解决破面问题。

7.5　反光银碗的逆向造型

本节主要介绍反光银碗的逆向造型思路和步骤。反光银碗是结构比较简单的实体，如图 7-17 所示。其逆向造型的思路如下。

1）反光银碗外形轮廓的构建：分析点云的组成，绘制银碗截面轮廓曲线，回转生成银碗曲面，拉伸底面轮廓曲线，通过修剪片体，完成反光银碗轮廓构建。

2）反光银碗细节结构的创建：通过拉伸片体、镜像片体、修剪片体等命令在银碗曲面上修剪出圆孔。

3）反光银碗实体的创建：通过偏置曲面、直纹曲面命令创建实体，然后封闭片体并缝合，最终完成反光银碗实体的创建。

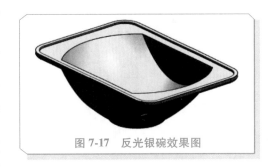

图 7-17　反光银碗效果图

操作步骤如下。

1. 打开文件

在"菜单栏"中选择"文件"→"打开"命令或单击"打开"按钮，系统弹出"打开"对话框，选择点云数据文件：教学资源包中的 Ch7/7-1/yinwan.prt 文件，单击"OK"按钮，打开指定文件，如图 7-18 所示。

2. 构建反光银碗外形

1）在"菜单栏"中选择"格式"→"图层设置"命令，系统弹出图 7-19a 所示的"图层设置"

对话框。在图层列表框中取消勾选第 2、4、5、6 层，单击"关闭"按钮，完成图层设置操作，点云数据更新，如图 7-19b 所示。

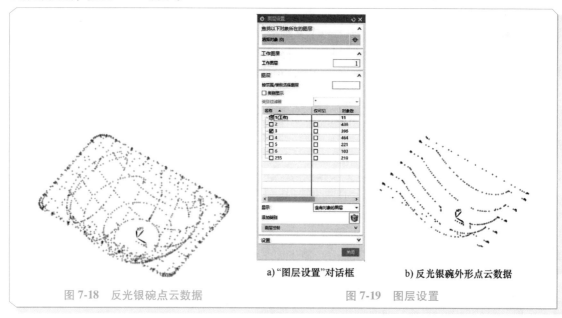

图 7-18　反光银碗点云数据

a)"图层设置"对话框　　　　b) 反光银碗外形点云数据

图 7-19　图层设置

2）在"菜单栏"中选择"首选项"→"对象"命令，系统弹出图 7-20a 所示的"对象首选项"对话框。在"类型"下拉列表中选择"直线"选项；在"颜色"选项区域单击颜色块，系统弹出图 7-20b 所示的"颜色"对话框，选择绿色，然后将圆弧颜色也设置为绿色，单击"确定"按钮，系统返回"对象首选项"对话框，单击"确定"按钮，完成对象预设置。

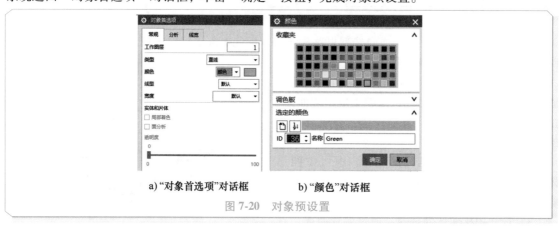

a)"对象首选项"对话框　　　　b)"颜色"对话框

图 7-20　对象预设置

3）在"菜单栏"中选择"插入"→"曲线"→"圆弧/圆"命令，或单击"圆弧/圆"按钮，弹出图 7-21a 所示的"圆弧/圆"对话框。在"捕捉点"工具条中选择"现有点"选项，在绘图区依次选择图 7-21b 所示的 3 个点，出现圆弧，拖拽圆点至适当位置，单击"确定"按钮，完成反光银碗外形截面线圆弧的绘制，如图 7-21c 所示。

4）在"菜单栏"中选择"插入"→"派生曲线"→"镜像"命令，或单击"镜像曲线"按钮，系统弹出图 7-22a 所示的"镜像曲线"对话框。在绘图区选择图 7-22b 所示的曲线，并在"镜像曲线"对话框的"平面"下拉列表中选择"新平面"选项；在"指定平面"下拉列表中选择"XC"选项，单击"确定"按钮，完成图 7-22c 所示镜像曲线的创建。

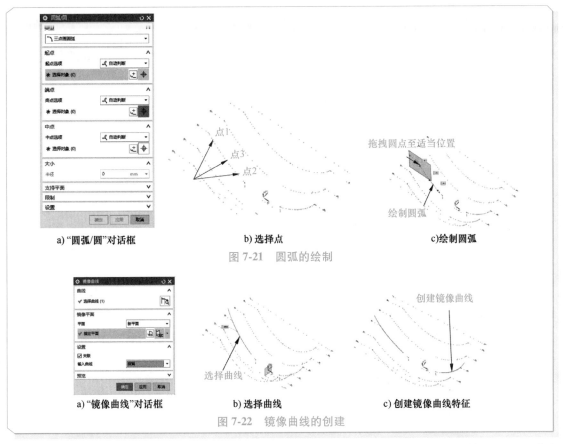

a) "圆弧/圆"对话框　　b) 选择点　　c)绘制圆弧

图 7-21　圆弧的绘制

a) "镜像曲线"对话框　　b) 选择曲线　　c) 创建镜像曲线特征

图 7-22　镜像曲线的创建

5) 在"菜单栏"中选择"插入"→"派生曲线"→"桥接"命令，或单击"桥接"按钮，弹出图 7-23a所示的"桥接曲线"对话框，取消勾选"关联"选项，并依次选择图 7-23b 所示的曲线 1 和曲线 2，单击"确定"按钮，完成图 7-23c 所示桥接曲线的创建。

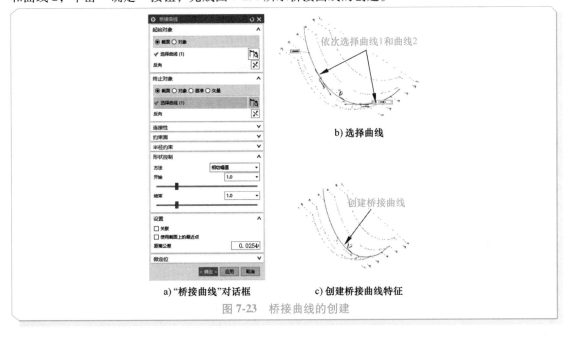

a) "桥接曲线"对话框　　b) 选择曲线

c) 创建桥接曲线特征

图 7-23　桥接曲线的创建

6）选择"插入"→"派生曲线"→"连结"命令，或单击"连结"按钮，系统弹出图 7-24a 所示的"连结曲线"对话框，取消勾选"关联"复选框，并在"输入曲线"下拉列表中选择"替换"选项，在主界面的"曲线规则"选项中选择"相切曲线"选项，并在绘图区选择图 7-24b 所示的曲线，单击"确定"按钮，完成连结曲线的创建。

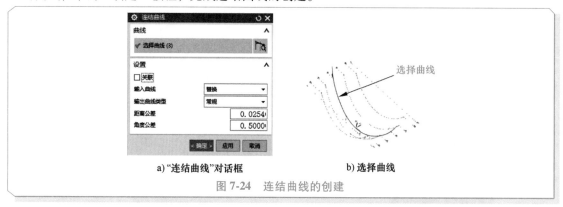

a)"连结曲线"对话框　　　　b)选择曲线

图 7-24　连结曲线的创建

7）在"菜单栏"中选择"编辑"→"曲线"→"分割"命令，或单击"分割"按钮，系统弹出图 7-25a 所示的"分割曲线"对话框，在"类型"下拉列表中选择"等分段"选项，在"段数"文本框中输入"2"，在绘图区选择图 7-25b 所示的曲线，单击"确定"按钮，完成图 7-25c 所示分割曲线的创建。

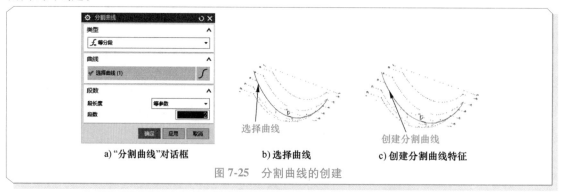

a)"分割曲线"对话框　　　b)选择曲线　　　c)创建分割曲线特征

图 7-25　分割曲线的创建

8）在"菜单栏"中选择"格式"→"移动至图层"命令，系统弹出"类选择"对话框。选择左侧曲线，并将其移动至 255 层，然后设置 255 层为不可见，图形更新后如图 7-26 所示。

9）在"菜单栏"中选择"插入"→"特征设计"→"旋转"命令，或单击"旋转"按钮，系统弹出图 7-27a 所示的"旋转"对话框。在主界面的"曲线规则"选项中选择"单条曲线"选项，选择图 7-27b 所示的曲线作为回转对象；在"指定矢量"下拉列表中选择"ZC"选项；在"指定点"下拉列表中选择"终点"选项，并在绘图区选择图 7-27b 所示的曲线端点；在"开始/角度"和"结束/角度"文本框中分别输入"0"和"360"；在"体类型"下拉列表中选择"片

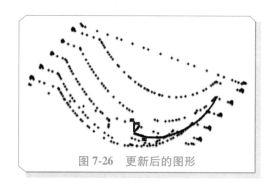

图 7-26　更新后的图形

体"选项；单击"确定"按钮，完成图 7-27c 所示回转片体特征的创建。

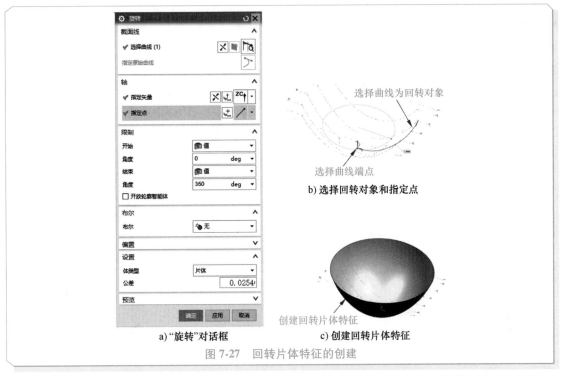

a）"旋转"对话框
b) 选择回转对象和指定点
c) 创建回转片体特征

图 7-27　回转片体特征的创建

10）在"菜单栏"中选择"插入"→"曲线"→"直线"命令，或单击"直线"按钮，系统弹出图 7-28a 所示的"直线"对话框。在"捕捉点"工具条中选择"现有点"选项，在绘图区选择图 7-28b 所示的点，横向拖出一条直线，出现×标记时，按下鼠标左键，出现直线，向左拖拽圆点至适当位置，如图 7-28c 所示，单击"确定"按钮，完成图 7-28d 所示直线的绘制。

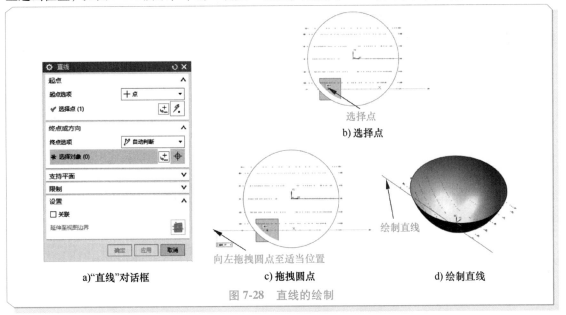

a）"直线"对话框
b) 选择点
c) 拖拽圆点
d) 绘制直线

图 7-28　直线的绘制

11）在"菜单栏"中选择"格式"→"图层设置"命令，系统弹出"图层设置"对话框，在图层列表框中勾选第 4 层，单击"关闭"按钮，图形更新后如图 7-29 所示。

12）在"菜单栏"中选择"插入"→"设计特征"→"拉伸"命令，或单击"拉伸"按钮，系统弹出图 7-30a 所示的"拉伸"对话框。在主界面的"曲线规则"选项中选择"单条曲线"选项，选择图 7-30b 所示的直线作为拉伸对象；在"指定矢量"下拉列表中选择"YC"选项，出现图 7-30b 所示的拉伸方向；在"开始/距离"和"结束/距离"文本框中分别输入"-50"和"150"，单击"确定"按钮，完成图 7-30c 所示拉伸片体的创建。

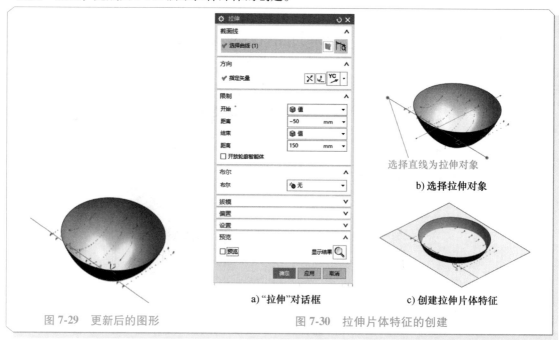

图 7-29　更新后的图形

a)"拉伸"对话框　　　c)创建拉伸片体特征

图 7-30　拉伸片体特征的创建

13）在"菜单栏"中选择"插入"→"修剪"→"修剪片体"命令，或单击"修剪片体"按钮，系统弹出图 7-31a 所示的"修剪片体"对话框。在"投影方向"下拉列表中选择"垂直于面"选项；在"区域"选项区域中选中"放弃"单选按钮，在绘图区选择图 7-31b 所示的面作为目标片体；在"边界"选项区域单击"选择对象"按钮，选择图 7-31b 所示的面作为修剪边界，单击"确定"按钮，完成图 7-31c 所示片体的修剪。

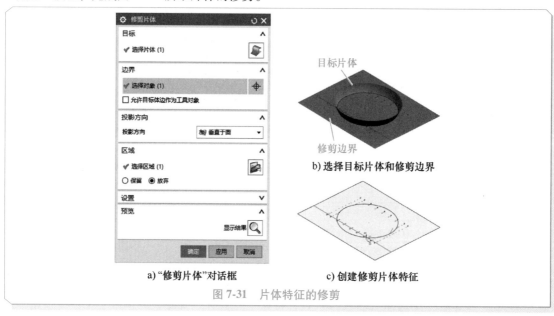

a)"修剪片体"对话框　　　c)创建修剪片体特征

图 7-31　片体特征的修剪

14）在"菜单栏"中选择"编辑"→"显示和隐藏"→"隐藏"命令，或单击"隐藏"按钮，系统弹出"显示和隐藏"对话框，进行隐藏片体的相关操作，图形更新后如图 7-32 所示。

15）在"菜单栏"中选择"格式"→"移动至图层"命令，系统弹出"类选择"对话框。选择辅助曲线，并将其移动至 255 层，然后设置 255 层为不可见。

16）在"菜单栏"中选择"格式"→"图层设置"命令，系统弹出图 7-33a 所示的"图层设置"对话框。在图层列表框中勾选第 5 层，取消勾选第 3、4 层，单击"关闭"按钮，完成图层设置操作，图形更新后如图 7-33b 所示。

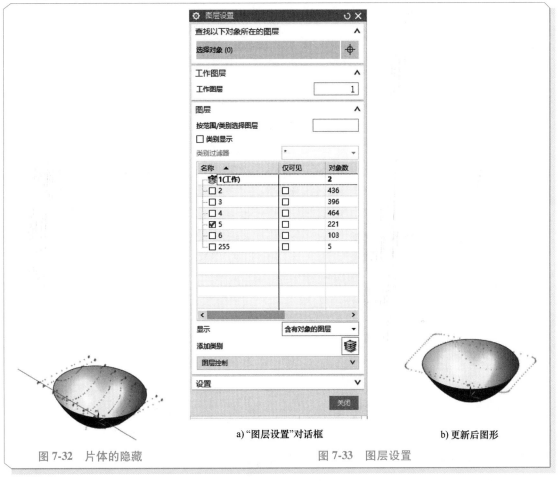

图 7-32　片体的隐藏

a)"图层设置"对话框　　　　　　b) 更新后图形

图 7-33　图层设置

17）在"菜单栏"中选择"插入"→"派生曲线"→"投影"命令，或单击"投影曲线"按钮，系统弹出图 7-34a 所示的"投影曲线"对话框。取消勾选"关联"复选框，在绘图区框选图 7-34b 所示的点；在"指定平面"下拉列表中选择"点和方向"选项，在绘图区选择图 7-34c 所示的点和 Z 轴；在"方向"下拉列表中选择"沿面的法向"选项，在"输入曲线"下拉列表中选择"保留"选项；单击"确定"按钮，完成图 7-34d 所示投影曲线的创建。

18）在"菜单栏"中选择"格式"→"图层设置"命令，系统弹出"图层设置"对话框。在图层列表框中取消勾选第 5 层，单击"关闭"按钮，完成图层设置操作。

19）在"菜单栏"中选择"插入"→"曲线"→"直线"命令，或单击"直线"按钮，系统弹出图 7-35a 所示的"直线"对话框。在"捕捉点"工具条中选择"现有点"选项，在绘图区选择图 7-35b 所示的点，横向拖出一条直线，出现×标记时，按下鼠标左键，出现直线，向左拖拽点至适当的位置，如图 7-35c 所示，单击"确定"按钮，完成图 7-35d 所示直线的绘制。

按照以上方法依次绘制其他 3 条直线，如图 7-35e 所示。

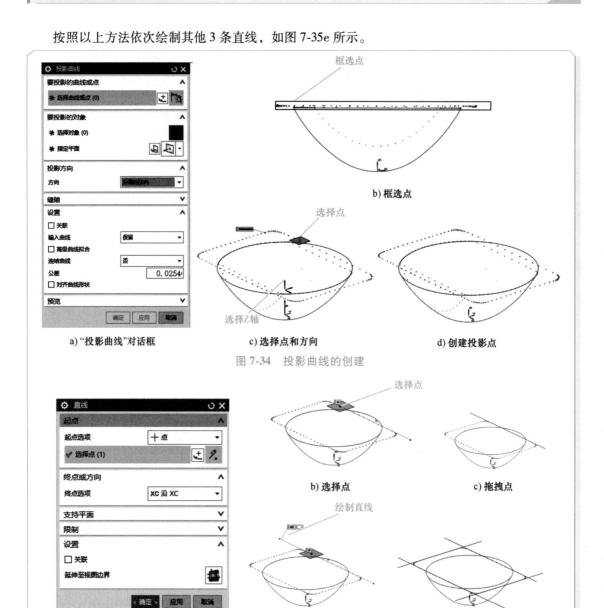

a) "投影曲线" 对话框　　c) 选择点和方向　　d) 创建投影点

图 7-34　投影曲线的创建

a) "直线" 对话框　　b) 选择点　　c) 拖拽点　　d) 绘制直线　　e) 绘制其余直线

图 7-35　直线的绘制

20）在"菜单栏"中选择"插入"→"曲线"→"基本曲线"命令，或单击"基本曲线"按钮，系统弹出图 7-36a 所示的"基本曲线"对话框。选择"曲线倒圆"命令，系统弹出图 7-36b 所示的"曲线倒圆"对话框。在"方法"选项区域选择"曲线倒圆"命令，在"半径"文本框中输入"13"；勾选"修剪第一条曲线"和"修剪第二条曲线"复选框。在绘图区依次选择图 7-36c 所示的两条曲线及圆心，创建图 7-36d 所示的曲线倒圆角特征。

按照上述方法，依次完成其他 3 个圆角的创建，如图 7-36e 所示。

21）在"菜单栏"中选择"格式"→"移动至图层"命令，系统弹出"类选择"对话框，选择投影点并将其移动至 255 层，图形更新后如图 7-37 所示。

22）在"菜单栏"中选择"插入"→"设计特征"→"拉伸"命令，或单击"拉伸"按钮，系统弹出图 7-38a 所示的"拉伸"对话框。在主界面的"曲线规则"选项中选择"相连曲线"选项，选择

图 7-38b 所示的曲线作为拉伸对象；在"指定矢量"下拉列表中选择"-ZC"选项，出现图 7-38b 所示的拉伸方向；在"开始/距离"和"结束/距离"文本框中分别输入"0"和"50"；在"体类型"下拉列表中选择"片体"选项，单击"确定"按钮，完成图 7-38c 所示拉伸片体的创建。

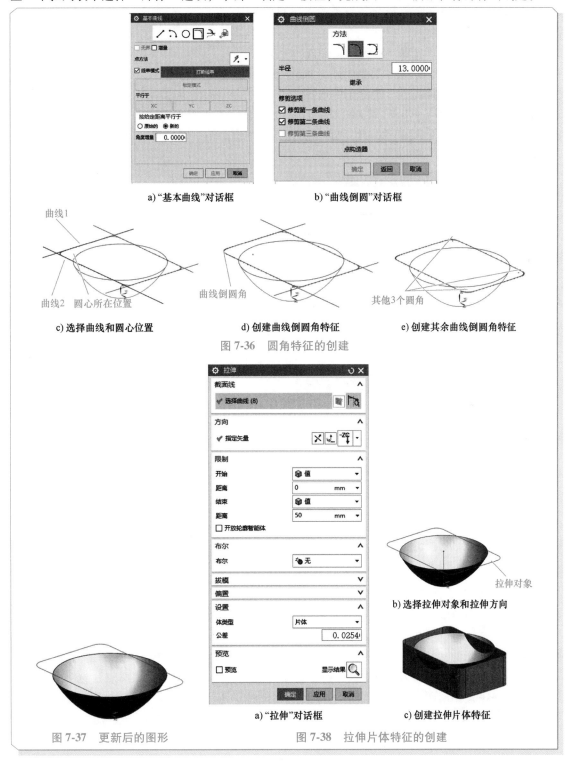

a)"基本曲线"对话框

b)"曲线倒圆"对话框

曲线1
曲线2　圆心所在位置

c)选择曲线和圆心位置

曲线倒圆角

d)创建曲线倒圆角特征

其他3个圆角

e)创建其余曲线倒圆角特征

图 7-36　圆角特征的创建

拉伸对象

b)选择拉伸对象和拉伸方向

a)"拉伸"对话框

c)创建拉伸片体特征

图 7-37　更新后的图形

图 7-38　拉伸片体特征的创建

3. 构建反光银碗细节特征

1）在"菜单栏"中选择"格式"→"图层设置"命令，系统弹出"图层设置"对话框，在图层列表框中勾选第 2、4 层，单击"关闭"按钮，完成图层设置操作，图形更新后如图 7-39 所示。

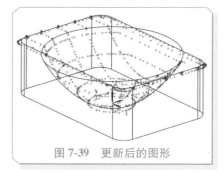

图 7-39　更新后的图形

2）在"菜单栏"中选择"插入"→"曲线"→"直线"命令，或单击"直线"按钮，系统弹出图 7-40a 所示的"直线"对话框。在"捕捉点"工具条中选择"现有点"选项，在绘图区选择图 7-40b 所示的点，横向拖出一条直线，出现×标记时，按下鼠标左键，出现直线，向左拖拽点至适当的位置，如图 7-40c 所示，单击"确定"按钮，完成图 7-40d 所示直线的绘制。

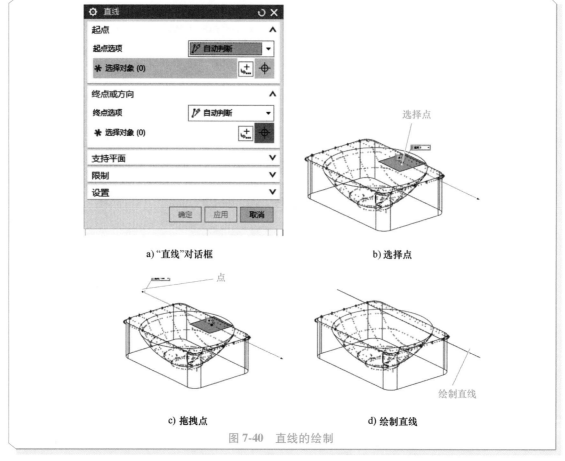

a)"直线"对话框　　　b) 选择点

c) 拖拽点　　　d) 绘制直线

图 7-40　直线的绘制

3）在"菜单栏"中选择"插入"→"设计特征"→"拉伸"命令，或单击"拉伸"按钮，系统弹出图 7-41a 所示的"拉伸"对话框。在主界面的"曲线规则"选项中选择"单条曲线"选项，选择图 7-41b 所示的直线作为拉伸对象；在"指定矢量"下拉列表中选择"两点"选项，在绘图区选择图 7-41b 所示的两个点，出现图 7-41b 所示的拉伸方向；在"结束"下拉列表中选择"对称值"选项，在"距离"文本框中输入"50"，单击"确定"按钮，完成图 7-41c 所示拉伸片体的创建。

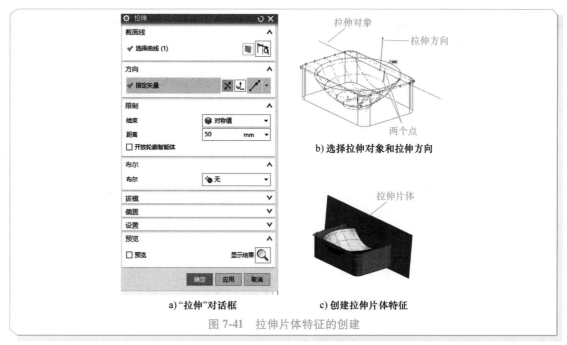

a) "拉伸" 对话框   b) 选择拉伸对象和拉伸方向   c) 创建拉伸片体特征

图 7-41   拉伸片体特征的创建

4) 在 "菜单栏" 中选择 "插入" → "关联复制" → "镜像特征" 命令，或单击 "镜像特征" 按钮，系统弹出图 7-42a 所示的 "镜像特征" 对话框。选择上一步的拉伸片体作为拉伸特征；在 "镜像平面" 选项区域的 "平面" 下拉列表中选择 "新平面" 选项；在 "指定平面" 下拉列表中选择 "YC" 选项，单击 "确定" 按钮，完成图 7-42b 所示镜像片体特征的创建。

a) "镜像特征" 对话框   b) 创建镜像片体特征

图 7-42   镜像片体特征的创建

5) 在 "菜单栏" 中选择 "编辑" → "显示和隐藏" → "隐藏" 命令，或单击 "隐藏" 按钮，系统弹出 "显示和隐藏" 对话框，进行相应操作隐藏矩形拉伸面，图形更新后如图 7-43 所示。

6) 在 "菜单栏" 中选择 "编辑" → "显示和隐藏" → "显示" 命令，或单击 "显示" 按钮，系统弹出 "显示和隐藏" 对话框，进行显示平面的相关操作，再将辅助曲线移至 255 层，图形更新后如图 7-44 所示。

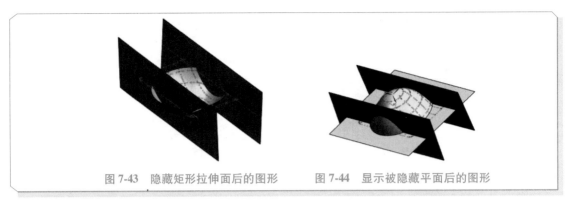

图 7-43　隐藏矩形拉伸面后的图形　　　　图 7-44　显示被隐藏平面后的图形

　　7）在"菜单栏"中选择"插入"→"修剪"→"修剪片体"命令，或单击"修剪片体"按钮，系统弹出图 7-45a 所示的"修剪片体"对话框。在"投影方向"下拉列表中选择"垂直于面"选项；在"区域"选项区域选中"保留"单选按钮，在绘图区选择图 7-45b 所示的面作为目标片体；在"边界"选项区域选择"对象"命令，选择图 7-45b 所示的两个面作为修剪边界，单击"应用"按钮，完成图 7-45c 所示片体 1 的修剪。

　　在绘图区选择图 7-45d 所示的目标片体和两个修剪边界，继续进行修剪操作，单击"确定"按钮，完成图 7-45e 所示片体 2 的修剪。

　　按照上述方法继续进行修剪操作，修剪出右侧的片体，如图 7-45f 所示。

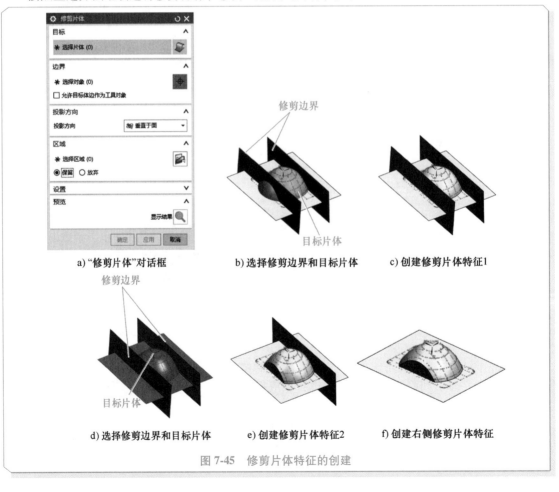

a)"修剪片体"对话框　　b)选择修剪边界和目标片体　　c)创建修剪片体特征1

d)选择修剪边界和目标片体　　e)创建修剪片体特征2　　f)创建右侧修剪片体特征

图 7-45　修剪片体特征的创建

8）在"菜单栏"中选择"编辑"→"显示和隐藏"→"显示"命令，或单击"显示"按钮，系统弹出"显示和隐藏"对话框，显示被隐藏的矩形拉伸面，图形更新后如图 7-46 所示。

9）在"菜单栏"中选择"插入"→"修剪"→"修剪片体"命令，或单击"修剪片体"按钮，系统弹出图 7-47a 所示的"修剪片体"对话框。在"投影方向"下拉列表中选择"垂直于面"选项；在"区域"选项区域选中"保留"单选按钮，在绘图区选择图 7-47b 所示的面作为目标片体；在"边界"选项区域选择"对象"命令，选择图 7-47b 所示的平面作

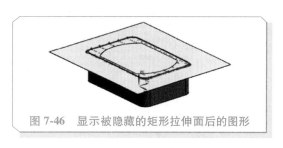

图 7-46　显示被隐藏的矩形拉伸面后的图形

为修剪边界，单击"应用"按钮，完成图 7-47c 所示片体 1 的修剪。在绘图区选择图 7-47d 所示的面作为目标片体，选择面及边缘作为修剪边界，单击"确定"按钮，完成图 7-47e 所示片体 2 的修剪。

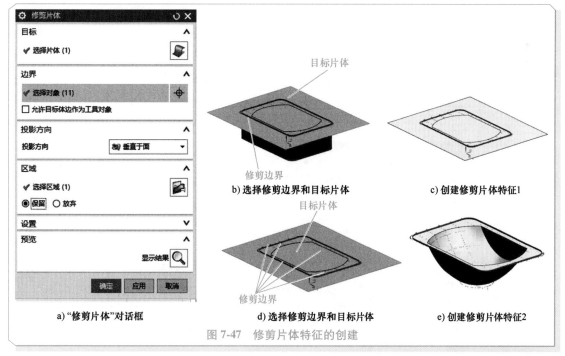

图 7-47　修剪片体特征的创建

10）在"菜单栏"中选择"插入"→"设计特征"→"圆弧/圆"命令，或单击"圆弧/圆"按钮，系统弹出图 7-48a 所示的"圆弧/圆"对话框。在"限制"选项区域勾选"整圆"复选框；在"捕捉点"工具条中选择"现有点"选项，依次选择图 7-48b 所示的 3 个点，单击"确定"按钮，完成图 7-48c 所示整圆的绘制。

11）在"菜单栏"中选择"插入"→"设计特征"→"拉伸"命令，或单击"拉伸"按钮，系统弹出图 7-49a 所示的"拉伸"对话框。在主界面的"曲线规则"选项中选择"单条曲线"选项，选择图 7-49b 所示的圆作为拉伸对象；在"指定矢量"下拉列表中选择"ZC"选项，在绘图区出现拉伸方向；在"开始/距离"和"结束/距离"文本框中分别输入"0"和"10"；在"体类型"下拉列表中选择"片体"选项，单击"确定"按钮，完成图 7-49c 所示拉伸片体的创建。

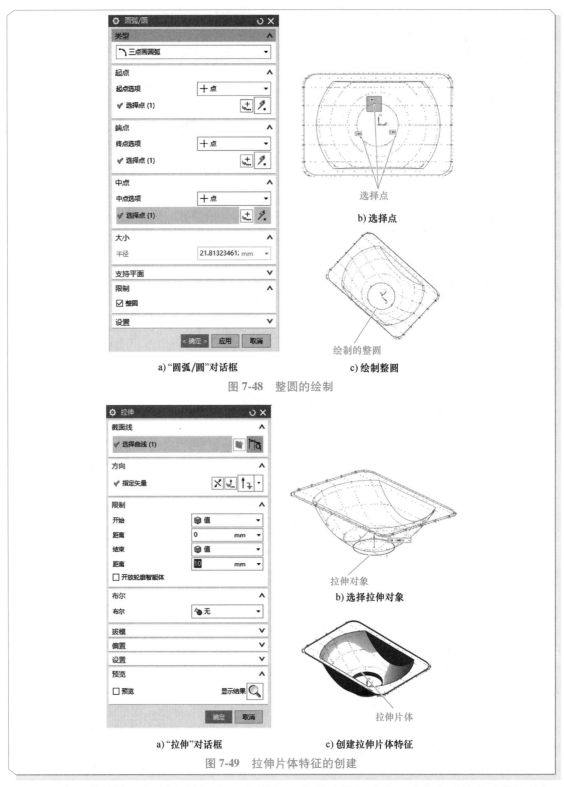

a)"圆弧/圆"对话框　　　c)绘制整圆

图 7-48　整圆的绘制

a)"拉伸"对话框　　　c)创建拉伸片体特征

图 7-49　拉伸片体特征的创建

　　12）在"菜单栏"中选择"插入"→"修剪"→"修剪片体"命令，或单击"修剪片体"按钮，系统弹出图 7-50a 所示的"修剪片体"对话框。在"投影方向"下拉列表中选择"垂直于面"选项；选中"保留"单选按钮，在绘图区选择图 7-50b 所示的面作为目标片体；在"边界"选项区域选择"对象"命令，选择图 7-50b 所示的面作为修剪边界，单击"应用"按钮，完成图 7-50c 所示片体 1 的修剪。然后在绘图区选择图 7-50d 所示的面作为目标片体和修剪边界，继续进行修剪，单击"确定"按钮，完成图 7-50e 所示片体 2 的修剪。

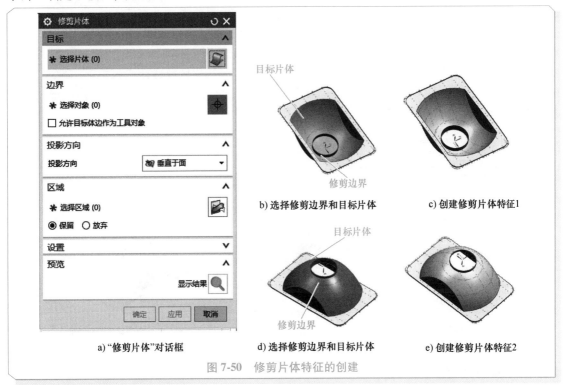

图 7-50　修剪片体特征的创建

4. 构建反光银碗实体特征

1）在"菜单栏"中选择"插入"→"组合"→"缝合"命令，或单击"缝合"命令，系统弹出图 7-51a 所示的"缝合"对话框。选择图 7-51b 所示的目标片体；在绘图区框选图 7-51c 所示的工具片体，单击"确定"按钮，完成片体的缝合。

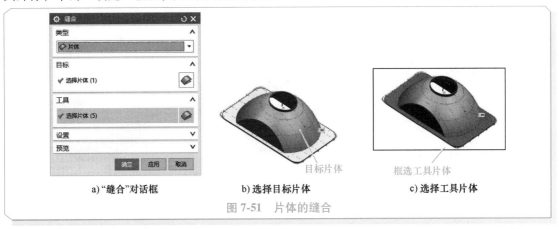

图 7-51　片体的缝合

2）在"菜单栏"中选择"首选项"→"对象"命令，系统弹出"对象首选项"对话框。在"类型"下拉列表中选择"片体"选项，在"颜色"选项区域单击颜色块，系统弹出"颜色"对话框，选择蓝色，将片体颜色设置为蓝色，单击"确定"按钮，系统返回"对象首选项"对话框，单击"确定"按钮，完成对象预设置。

3）在"菜单栏"中选择"插入"→"偏置/缩放"→"偏置曲面"命令，或单击"偏置曲面"按钮，系统弹出图 7-52a 所示的"偏置曲面"对话框。在主界面的"曲面规则"选项中选择"车身面"选项，在绘图区选择图 7-52b 所示的面；单击"反向"按钮，出现偏置方向箭头，在"偏置 1"文本框中输入"3"，单击"确定"按钮，完成图 7-52c 所示偏置曲面操作。

4）在"菜单栏"中选择"插入"→"网格曲面"→"直纹"命令，或单击"直纹"按钮，系统弹出图 7-53a 所示的"直纹"对话框。在主界面的"曲线规则"选项中选择"相切曲线"选项，在绘图区选择图 7-53b 所示的外圈片体边；在"截面线串 2"选项区域选择"截面 2"命令，接着在绘图区选择图 7-53c 所示的内圈片体边；最后在"体类型"下拉列表中选择"片体"选项，单击"确定"按钮，完成图 7-53d 所示直纹面的创建。

图 7-52　偏置曲面特征的创建

图 7-53　直纹面特征的创建

5）在"菜单栏"中选择"插入"→"曲面"→"有界平面"命令，或单击"有界平面"按钮，系统弹出图 7-54a 所示的"有界平面"对话框。在绘图区选择图 7-54b 所示的片体边，单击"确定"按钮，完成图 7-54c 所示有界平面的创建。

6）在"菜单栏"中选择"插入"→"修剪"→"修剪片体"命令，或单击"修剪片体"按钮，系统弹出图 7-55a 所示的"修剪片体"对话框。在"投影方向"下拉列表中选择"垂直于面"选项；选中"保留"单选按钮，在绘图区选择图 7-55b 所示的面作为目标片体；在"边界"选项区域选择"现有点"命令，选择图 7-55b 所示的片体边作为修剪边界，单击"确定"按钮，完成图 7-55c 所示片体的修剪。

7）在"菜单栏"中选择"插入"→"细节特征"→"边倒圆"命令，或单击"边倒圆"按钮，系统弹出图 7-56a 所示的"边倒圆"对话框。在主界面的"曲线规则"选项中选择"相切曲线"选项，然后在绘图区选择图 7-56b 所示的边缘作为倒圆角的边；在"半径 1"文本框中输入"2"，单击"确定"按钮，完成图 7-56c 所示边倒圆特征的创建。

a)"有界平面"对话框　　　b)选择曲线　　　c)创建有界平面特征

图 7-54　有界平面的创建

a)"修剪片体"对话框　　　b)选择修剪边界和目标片体　　　c)创建修剪片体特征

图 7-55　修剪片体特征的创建

a)"边倒圆"对话框　　　b)选择边　　　c)创建边倒圆特征

图 7-56　边倒圆特征的创建

8）在"菜单栏"中选择"插入"→"组合"→"缝合"命令，或单击"缝合"按钮，系统弹出图 7-57a 所示的"缝合"对话框。在绘图区选择图 7-57b 所示的目标片体，并框选图 7-57c 所示的工具片体，单击"确定"按钮，完成图 7-57d 所示片体的缝合，形成实体。

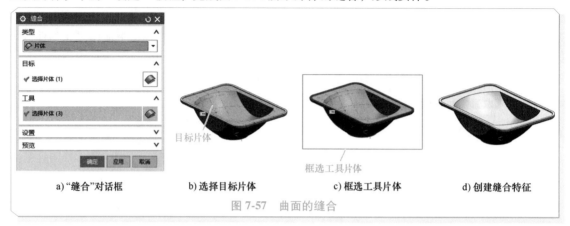

a）"缝合"对话框　　　b）选择目标片体　　　c）框选工具片体　　　d）创建缝合特征

图 7-57　曲面的缝合

7.6　汽车反光镜的逆向造型

本节主要介绍汽车反光镜的逆向造型思路和步骤。汽车反光镜是结构比较简单的实体，如图 7-58 所示。其逆向造型的思路如下。

1）反光镜四周轮廓曲面的构建：分析点云数据，投影外形点，绘制外形曲线，拉伸生成曲面。

2）反光镜顶面的构建：绘制几条截面线，创建桥接曲线和连接曲线，通过拉伸片体和修剪片体等操作，构建反光镜顶面。

3）反光镜拱形面的创建：连接顶面的几条主要曲线，采用通过曲线组曲面功能完成反光镜拱形面的创建。

4）反光镜外形轮廓的创建：通过曲面偏置、延伸、修剪等操作来创建反光镜外形轮廓。

5）反光镜细节的创建：通过拉伸片体、曲线倒圆角、修剪片体等操作完成反光镜细节结构。

6）反光镜实体的创建：封闭片体并缝合，完成反光镜的创建。

操作步骤如下。

1. 打开文件

在"菜单栏"中选择"文件"→"打开"命令，或单击"打开"按钮，系统弹出"打开"对话框。选择教学资源包中的文件：Ch7/7-2/fanguangjing.prt，单击"OK"按钮，打开指定文件，如图 7-59 所示。

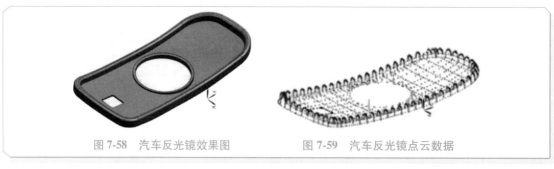

图 7-58　汽车反光镜效果图　　　　图 7-59　汽车反光镜点云数据

2. 构建反光镜四周轮廓

1）在"菜单栏"中选择"编辑"→"显示和隐藏"→"隐藏"命令，或单击"隐藏"按钮，系统弹出图 7-60a 所示的"类选择"对话框。在"过滤器"选项区域单击颜色块，系统弹出图 7-60b 所示的"颜色"对话框。单击"从对象继承"按钮，然后在绘图区选择图 7-60c 所示的黄色点，单击"确定"按钮，系统返回"类选择"对话框，选择"全选"命令，单击"确定"按钮，完成黄色点的隐藏。

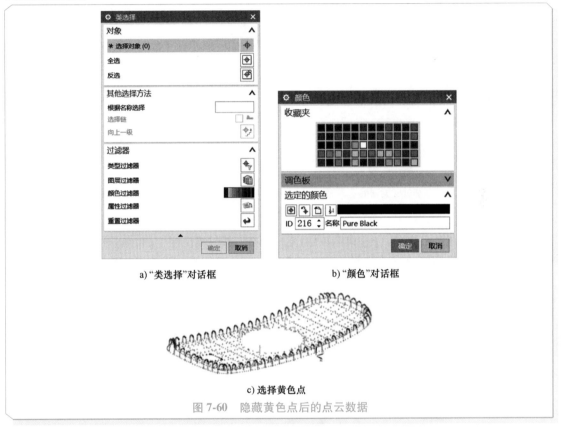

a)"类选择"对话框　　　　　　　b)"颜色"对话框

c) 选择黄色点

图 7-60　隐藏黄色点后的点云数据

2）在"菜单栏"中选择"编辑"→"显示和隐藏"→"反转显示和隐藏"命令，或单击"反转显示和隐藏"按钮，进行反转显示和隐藏相关操作，图形更新后如图 7-61 所示。

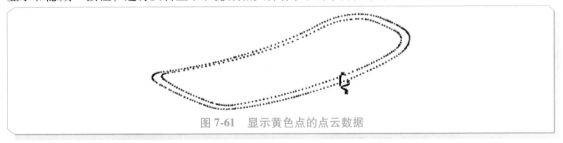

图 7-61　显示黄色点的点云数据

3）在"菜单栏"中选择"插入"→"派生曲线"→"投影"命令，或单击"投影"按钮，系统弹出图 7-62a 所示的"投影曲线"对话框。取消勾选"关联"复选框，在绘图区框选图 7-62b 所示的点。在"指定平面"下拉列表中选择"ZC"选项，在绘图区的距离文本框中输入"−200"，出现预览平面，如图 7-62c 所示。在"方向"下拉列表中选择"沿面的法向"选项，在"输入曲线"下拉列表中选择"保留"选项，单击"确定"按钮，完成投影点的创建，如图 7-62d 所示。

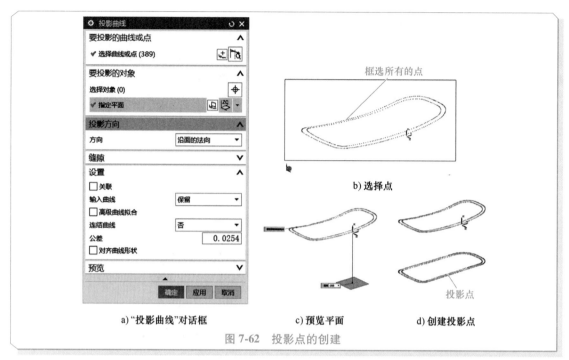

a)"投影曲线"对话框   b)选择点   c)预览平面   d)创建投影点

图 7-62   投影点的创建

4）在"菜单栏"中选择"首选项"→"对象"命令，系统弹出图 7-63a 所示的"对象首选项"对话框。在"类型"下拉列表中选择"默认"选项，单击颜色块，系统弹出图 7-63b 所示的"颜色"对话框。选择蓝色，单击"确定"按钮，系统返回"对象首选项"对话框，单击"确定"按钮，完成对象预设置。

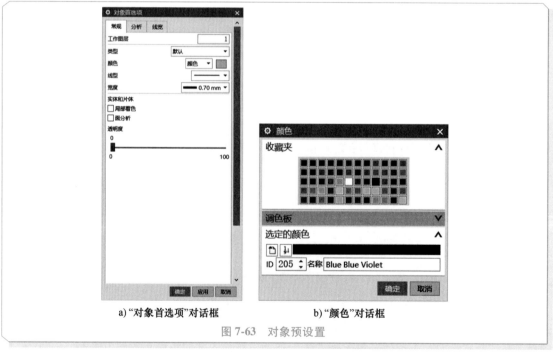

a)"对象首选项"对话框   b)"颜色"对话框

图 7-63   对象预设置

5）在"菜单栏"中选择"插入"→"曲线"→"圆弧/圆"命令，或单击"圆弧/圆"按钮，系统弹出图 7-64a 所示的"圆弧/圆"对话框。在"捕捉点"工具条中选择"现有点"选项，依次选择图 7-64b 所示的 3 个点，单击"应用"按钮，完成圆弧的绘制，如图 7-64c 所示。

按照上述方法分别绘制其他 3 段圆弧，如图 7-64d 所示。

按照上述步骤，以同样的方法绘制内圈的 4 段圆弧，如图 7-64e 所示。

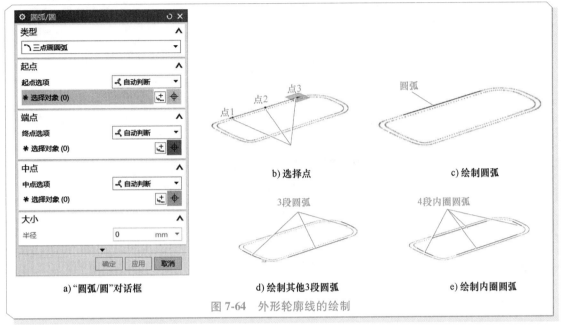

图 7-64　外形轮廓线的绘制

6）在"菜单栏"中选择"插入"→"曲线"→"基本曲线"命令，或单击"基本曲线"按钮，系统弹出图 7-65a 所示的"基本曲线"对话框。选择"圆角"命令，系统弹出图 7-65b 所示的"曲线倒圆"对话框。在"方法"栏中选择"曲线倒圆"命令；在"半径"文本框中输入"60"；勾选"修剪第一条曲线"和"修剪第二条曲线"复选框。在绘图区依次选择图 7-65c 所示的两条圆弧及圆心，创建曲线倒圆角，如图 7-65d 所示。在选择曲线顺序以及选择曲线时，出现"编辑曲线"警告对话框，单击"是"按钮，如图 7-65e 所示。

按照上述方法，依次完成其余 7 个倒圆角的创建，如图 7-65f 所示。

7）在"菜单栏"中选择"首选项"→"对象"命令，系统弹出"对象首选项"对话框。在"类型"下拉列表中选择"片体"选项，单击颜色块，系统弹出"颜色"对话框。选择黄色，单击"确定"按钮，系统返回"对象首选项"对话框，单击"确定"按钮，完成对象预设置。

8）在"菜单栏"中选择"插入"→"设计特征"→"拉伸"命令，或单击"拉伸"按钮，系统弹出图 7-66a 所示的"拉伸"对话框。在主界面的曲线规则下拉列表中选择"单条曲线"选项，选择图 7-66b 所示的圆弧作为拉伸对象，在绘图区出现拉伸方向；在"开始/距离"和"结束/距离"文本框中分别输入"0"和"300"，单击"确定"按钮，完成拉伸片体 1 的创建，如图 7-66c 所示。

按照上述方法，拉伸其余 7 条圆弧边，完成拉伸片体的创建，如图 7-66d 所示。

9）在"菜单栏"中选择"格式"→"移动至图层"命令，系统弹出"类选择"对话框。选择外圈片体并将其移动至 80 层，然后设置 80 层为不可见，图形更新后如图 7-67 所示。

10）按照创建外圈拉伸片体的方法，依次拉伸内圈 8 条圆弧，参数相同，完成内圈拉伸片体的创建，如图 7-68 所示。

11）在"菜单栏"中选择"格式"→"移动至图层"命令，系统弹出"类选择"对话框。选择内圈拉伸片体并将其移动至 81 层，然后设置 81 层为不可见。

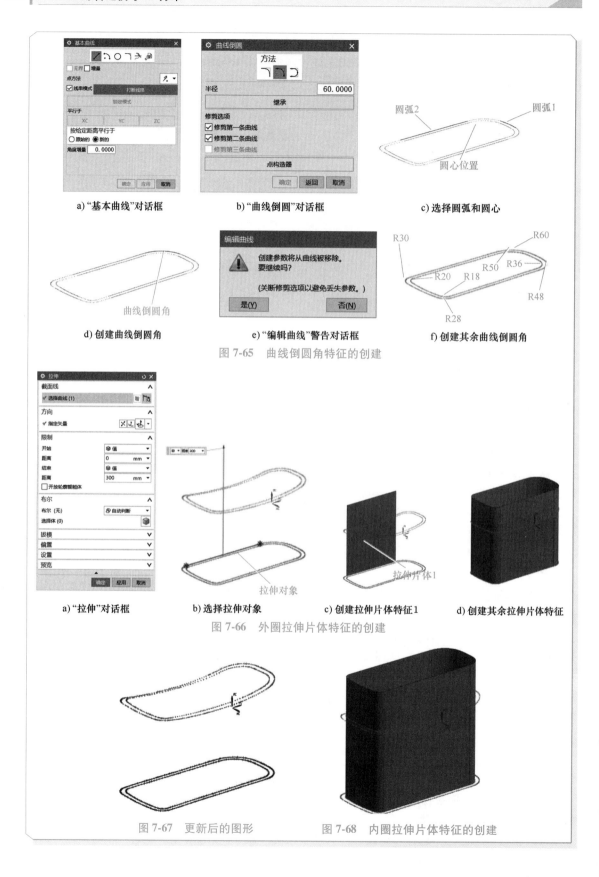

a)"基本曲线"对话框

b)"曲线倒圆"对话框

c)选择圆弧和圆心

d)创建曲线倒圆角

e)"编辑曲线"警告对话框

f)创建其余曲线倒圆角

图 7-65   曲线倒圆角特征的创建

a)"拉伸"对话框

b)选择拉伸对象

c)创建拉伸片体特征1

d)创建其余拉伸片体特征

图 7-66   外圈拉伸片体特征的创建

图 7-67   更新后的图形

图 7-68   内圈拉伸片体特征的创建

12）在"菜单栏"中选择"格式"→"移动至图层"命令，系统弹出图 7-69a 所示的"类选择"对话框。在绘图区框选图 7-69b 所示的点和曲线，单击"确定"按钮，系统弹出图 7-69c 所示的"图层移动"对话框。在"目标图层或类别"文本框中输入"255"，单击"确定"按钮，完成图层设置操作，然后设置 255 层为不可见。

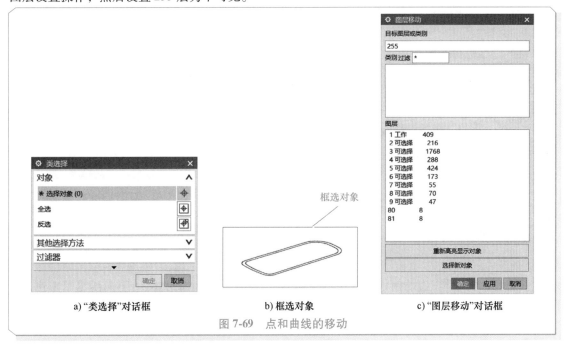

a) "类选择"对话框　　　　　b) 框选对象　　　　　c) "图层移动"对话框

图 7-69　点和曲线的移动

3. 构建反光镜顶面

1）单击"视图"选项卡中的"俯视图"按钮，将视图转成俯视图，如图 7-70 所示。

2）在"菜单栏"中选择"插入"→"派生曲线"→"投影"命令，或单击"投影"按钮，系统弹出图 7-71a 所示的"投影曲线"对话框。在绘图区选择图 7-71b 所示的外圈点 1 至点 2 之间所有的点，使点变绿。在"指定平面"下拉列表中选择"XC"选项；在"方向"下拉列表中选择"沿面的法向"选项，单击"确定"按钮，完成投影点的创建，如图 7-71c 所示。

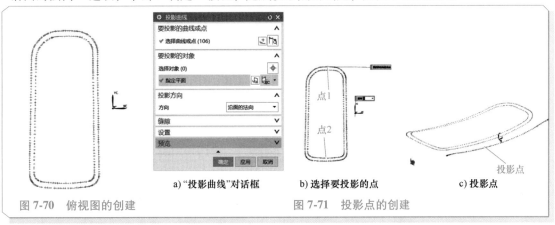

a) "投影曲线"对话框　　b) 选择要投影的点　　c) 投影点

图 7-70　俯视图的创建　　　　图 7-71　投影点的创建

3）在"菜单栏"中选择"插入"→"曲线"→"圆弧/圆"命令，系统弹出图 7-72a 所示的"圆弧/圆"对话框。在"捕捉点"工具条中选择"现有点"选项，在绘图区依次选择图 7-72b 所示的 3 个蓝色点，单击"应用"按钮，完成中间圆弧的绘制，如图 7-72c 所示。

按照上述方法分别绘制左、右两段圆弧，并向外侧延伸，如图 7-72d 所示。

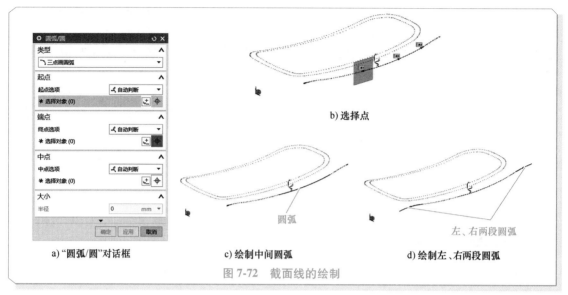

a)"圆弧/圆"对话框　　　　c) 绘制中间圆弧　　　　d) 绘制左、右两段圆弧

图 7-72　截面线的绘制

4）在"菜单栏"中选择"插入"→"派生曲线"→"桥接"命令，或单击"桥接"按钮，系统弹出图 7-73a 所示的"桥接曲线"对话框。取消勾选"关联"复选框，并在绘图区依次选择图 7-73b 所示的两条曲线，单击"确定"按钮，完成左边桥接曲线的创建，如图 7-73c 所示。

按照上述方法对右边的两条曲线进行桥接，可对选择箭头进行微调，使曲线尽量贴点，如图 7-73d所示。

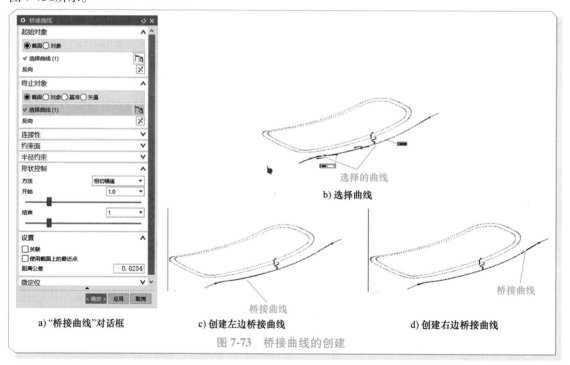

a)"桥接曲线"对话框　　c) 创建左边桥接曲线　　d) 创建右边桥接曲线

图 7-73　桥接曲线的创建

5）在"菜单栏"中选择"插入"→"派生曲线"→"连结"命令，或单击"连结"按钮，系统弹出图 7-74a 所示的"连结曲线"对话框。取消勾选"关联"复选框，在"输入曲线"下拉列表中选择"替换"选项，在主界面的"曲线规则"选项中选择"相切曲线"选项，在绘图区选择图 7-74b 所示的曲线，单击"确定"按钮，完成连结曲线的创建。

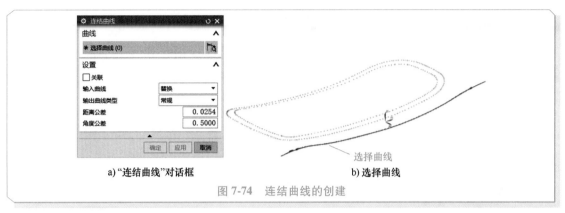

a)"连结曲线"对话框　　　　　　　　　b) 选择曲线

图 7-74　连结曲线的创建

6）在"菜单栏"中选择"插入"→"设计特征"→"拉伸"命令，或单击"拉伸"按钮，系统弹出图 7-75a 所示的"拉伸"对话框。在主界面的"曲线规则"选项中选择"单条曲线"选项，选择图 7-75b 所示的曲线作为拉伸对象，然后在"指定矢量"下拉列表中选择"XC"选项，在绘图区出现拉伸方向；在"开始/距离"和"结束/距离"文本框中分别输入"-250"和"0"，单击"确定"按钮，完成拉伸片体的创建，如图 7-75c 所示。

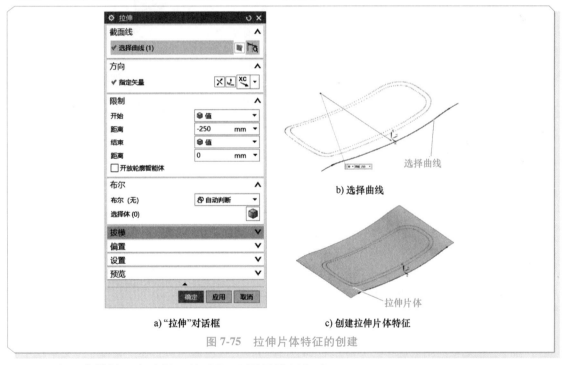

a)"拉伸"对话框　　b) 选择曲线　　c) 创建拉伸片体特征

图 7-75　拉伸片体特征的创建

7）在"菜单栏"中选择"格式"→"图层设置"命令，系统弹出"图层设置"对话框。在图层列表框中勾选第 80 层，单击"关闭"按钮，完成图层设置操作，更新后的图形如图 7-76 所示。

8）在"菜单栏"中选择"插入"→"修剪"→"修剪片体"命令，或单击"修剪片体"按钮，系统弹出图 7-77a 所示的"修剪片体"对话框。在"投影方向"下拉列表中选择"垂直于面"选项；选中"保留"单选按钮，在绘图区选择图 7-77b 所示的曲面作为目标片体；在"边

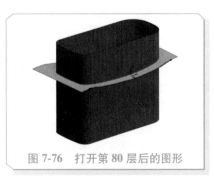

图 7-76　打开第 80 层后的图形

界"选项区域选择"对象"命令,在绘图区选择图 7-77b 所示的拉伸片体作为修剪边界,单击"应用"按钮,完成片体 1 的修剪,如图 7-77c 所示。

继续修剪片体,提示选择目标片体,选择图 7-77d 所示的曲面作为目标片体和拉伸片体为修剪边界,单击"应用"按钮,完成片体 2 的修剪,如图 7-77e 所示。

按照上述方法完成其余 6 个面的修剪操作,如图 7-77f 所示。

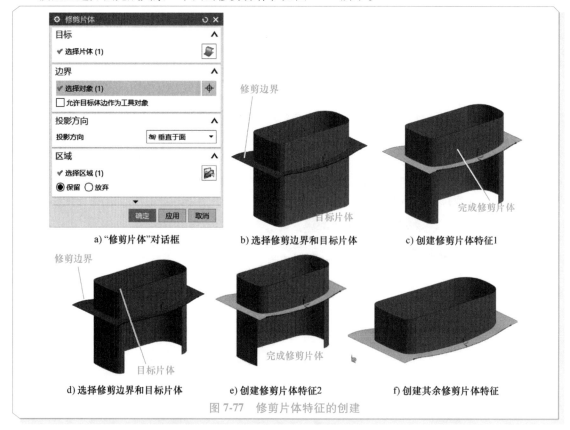

a)"修剪片体"对话框   b)选择修剪边界和目标片体   c)创建修剪片体特征 1

d)选择修剪边界和目标片体   e)创建修剪片体特征 2   f)创建其余修剪片体特征

图 7-77　修剪片体特征的创建

9)在"菜单栏"中选择"插入"→"细节特征"→"拔模"命令,或单击"拔模"按钮,系统弹出图 7-78a 所示的"拔模"对话框。在"类型"下拉列表中选择"边"选项;在"指定矢量"下拉列表中选择"ZC"选项;在"选择边"选项区域选择"边"命令,然后在绘图区选择图 7-78b 所示的片体边作为拔模固定边;在"角度 1"文本框中输入"2",单击"应用"按钮,完成拔模特征 1 的创建,如图 7-78c 所示。

继续进行拔模。在"指定矢量"下拉列表中选择"ZC"选项;在"选择边"选项区域选择"边"命令,然后在绘图区选择图 7-78d 所示的片体边作为拔模固定边;在"角度 1"文本框中输入"2",单击"应用"按钮,完成拔模特征 2 的创建,如图 7-78e 所示。

按照上述方法,继续完成其余 6 张面的拔模特征的创建,如图 7-78f 所示。

4. 构建反光镜拱形面

1)在"菜单栏"中选择"编辑"→"显示和隐藏"→"反转显示和隐藏"命令,或单击"反转显示和隐藏"按钮,进行反转显示和隐藏相关操作,图形更新后如图 7-79 所示。

2)在"菜单栏"中选择"格式"→"图层设置"命令,系统弹出图 7-80a 所示的"图层设置"对话框。在图层列表框中取消勾选第 3、5、7、8、9 层,单击"关闭"按钮,完成图层设置操作,点云数据如图 7-80b 所示。

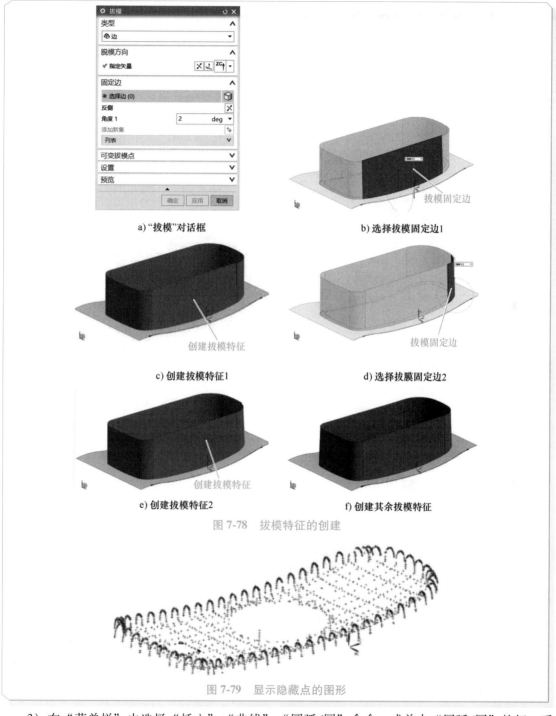

a) "拔模"对话框

b) 选择拔模固定边1

c) 创建拔模特征1

d) 选择拔膜固定边2

e) 创建拔模特征2

f) 创建其余拔模特征

图 7-78　拔模特征的创建

图 7-79　显示隐藏点的图形

3) 在"菜单栏"中选择"插入"→"曲线"→"圆弧/圆"命令，或单击"圆弧/圆"按钮，系统弹出图 7-81a 所示的"圆弧/圆"对话框。在"捕捉点"工具条中选择"现有点"选项，依次选择图 7-81b 所示的 3 个绿色点，出现圆弧，拖拽图 7-81c 所示的点及箭头至适当位置，单击"应用"按钮，完成圆弧 1 的绘制，如图 7-81d 所示。

按照上述方法分别绘制其余 3 段圆弧，如图 7-81e 所示。

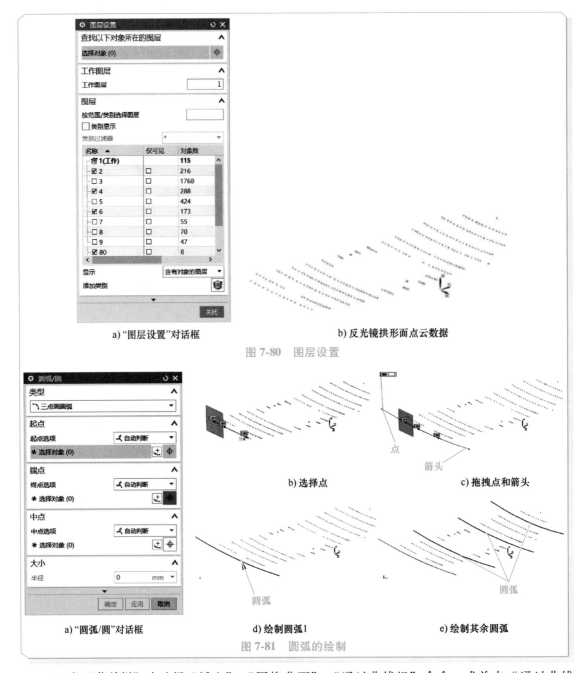

a) "图层设置"对话框　　　　　　　b) 反光镜拱形面点云数据

图 7-80　图层设置

a) "圆弧/圆"对话框　　　b) 选择点　　　c) 拖拽点和箭头

d) 绘制圆弧1　　　e) 绘制其余圆弧

图 7-81　圆弧的绘制

4）在"菜单栏"中选择"插入"→"网格曲面"→"通过曲线组"命令，或单击"通过曲线组"按钮，系统弹出图 7-82a 所示的"通过曲线组"对话框。在主界面的"曲线规则"选项中选择"相切曲线"选项，在绘图区依次选择图 7-82b 所示的 4 条曲线作为截面曲线，取消勾选"保留形状"复选框，单击"确定"按钮，完成通过曲线组的曲面的创建，如图 7-82c 所示。

5）在"菜单栏"中选择"编辑"→"曲面"→"扩大"命令，或单击"扩大"按钮，弹出图 7-83a 所示的"扩大"对话框，系统提示选择要扩大的面，在绘图区选择图 7-83b 所示的曲面；然后在对话框的"V 向起点百分比"和"V 向终点百分比"文本框中均输入"25"，单击"确定"按钮，完成扩大面特征的创建，如图 7-83c 所示。

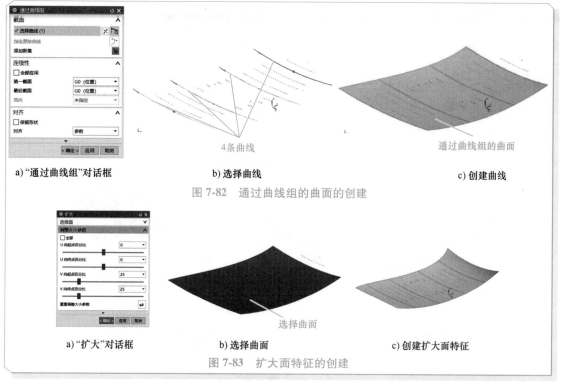

a)"通过曲线组"对话框　　　　b)选择曲线　　　　　　　c)创建曲线

图 7-82　通过曲线组的曲面的创建

a)"扩大"对话框　　　　b)选择曲面　　　　　　c)创建扩大面特征

图 7-83　扩大面特征的创建

6）在"菜单栏"中选择"格式"→"图层设置"命令，系统弹出"图层设置"对话框。在图层列表框中勾选第 81 层，单击"关闭"按钮，完成图层设置操作，图形更新后如图 7-84 所示。

7）在"菜单栏"中选择"插入"→"修剪"→"修剪片体"命令，或单击"修剪片体"按钮，弹出图 7-85a 所示的"修剪片体"对话框。在"投影方向"下拉列表中选择"垂直于面"选项；选中"保留"单选按钮，在绘图区选择图 7-85b 所示的曲面作为目标片体；在"边界"选项区域选择"对象"命令，选择图 7-85b 所示的拉伸片体作为修剪边界，单击"应用"按钮，完成片体 1 的修剪，如图 7-85c 所示。

按照上述方法对其余 7 个面进行相同的修剪操作，如图 7-85d 所示。

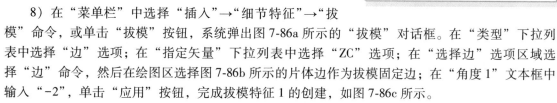

图 7-84　打开 81 层后的图形

8）在"菜单栏"中选择"插入"→"细节特征"→"拔模"命令，或单击"拔模"按钮，系统弹出图 7-86a 所示的"拔模"对话框。在"类型"下拉列表中选择"边"选项；在"指定矢量"下拉列表中选择"ZC"选项；在"选择边"选项区域选择"边"命令，然后在绘图区选择图 7-86b 所示的片体边作为拔模固定边；在"角度 1"文本框中输入"−2"，单击"应用"按钮，完成拔模特征 1 的创建，如图 7-86c 所示。

按照上述方法，完成其余 7 张面拔模特征的创建，如图 7-86d 所示。

5. 创建反光镜外形轮廓

1）在"菜单栏"中选择"首选项"→"对象"命令，系统弹出"对象首选项"对话框。在"类型"下拉列表中选择"片体"选项，单击颜色块，系统弹出"颜色"对话框，选择粉红色，单击"确定"按钮，系统返回"对象首选项"对话框，单击"确定"按钮，完成对象预设置。

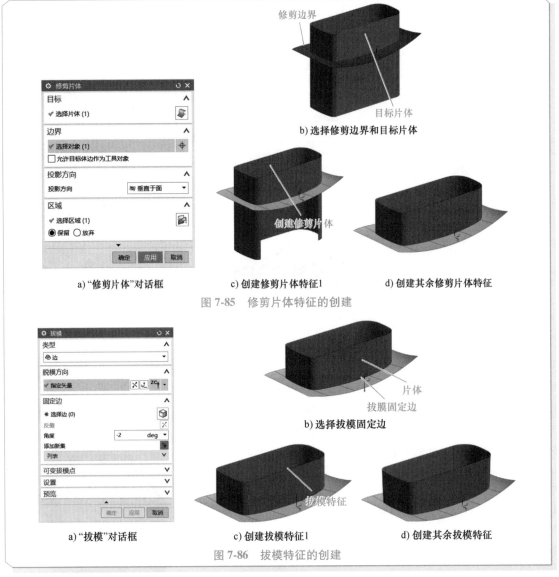

图 7-85　修剪片体特征的创建

图 7-86　拔模特征的创建

2）在"菜单栏"中选择"插入"→"偏置/缩放"→"偏置曲面"命令，或单击"偏置曲面"按钮，系统弹出图 7-87a 所示的"偏置曲面"对话框。在主界面的"曲面规则"选项中选择"车身面"选项，然后在绘图区选择图 7-87b 所示的面；在"偏置 1"文本框中输入"10.5"，单击"确定"按钮，完成偏置曲面操作，如图 7-87c 所示。

3）在"菜单栏"中选择"格式"→"移动至图层"命令，系统弹出"类选择"对话框，选择要移动的曲线，单击"确定"按钮，弹出"图层移动"对话框，在"目标图层或类别"文本框中输入"255"，单击"确定"按钮，将曲线移至 255 层。

4）在"菜单栏"中选择"格式"→"移动至图层"命令，系统弹出"类选择"对话框，选择要移动的底面，单击"确定"按钮，系统弹出"图层移动"对话框，在"目标图层或类别"文本框中输入"82"，单击"确定"按钮，将底面移至 82 层。

5）在"菜单栏"中选择"编辑"→"显示和隐藏"→"显示"命令，或单击"显示"按钮，系统弹出"显示/隐藏"对话框，进行显示外圈片体相关操作，图形更新后如图 7-88 所示。

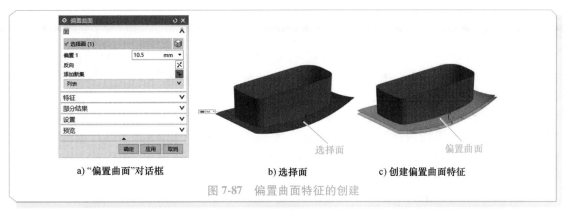

a)"偏置曲面"对话框　　　　b)选择面　　　　c)创建偏置曲面特征

图 7-87　偏置曲面特征的创建

6）在"菜单栏"中选择"插入"→"细节特征"→
"面倒圆"命令，或单击"面倒圆"按钮，系统弹出图
7-89a 所示的"面倒圆"对话框。在"类型"下拉列表中
选择"双面"选项，在"修剪圆角"下拉列表中选择
"至全部"选项，勾选"修剪要倒圆的体"和"缝合所
有面"复选框。在绘图区选择图 7-89b 所示的曲面作为第
一组面，绘图区出现圆心向量，然后在"选择面 2"选项
区域选择"面"命令，在绘图区选择图 7-89b 所示的侧

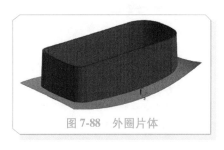

图 7-88　外圈片体

壁面为第二组面，绘图区出现圆心向量，在"半径"文本框中输入"4"，单击"应用"按钮，完
成面倒圆特征 1 的创建，如图 7-89c 所示。

按照上述方法，依次选择图 7-89d 所示的曲面作为第一、第二组倒圆面，设置半径为"4"，
完成面倒圆特征 2 的创建，如图 7-89e 所示。

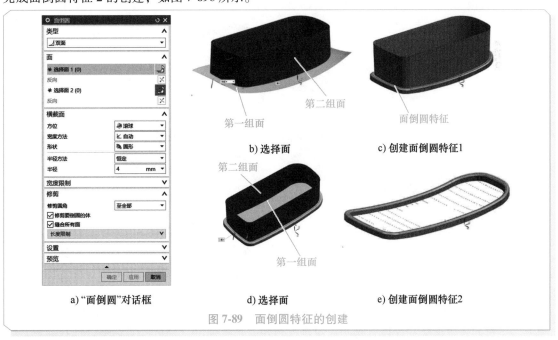

a)"面倒圆"对话框　　　　b)选择面　　　　c)创建面倒圆特征1

d)选择面　　　　e)创建面倒圆特征2

图 7-89　面倒圆特征的创建

7）在"菜单栏"中选择"格式"→"图层设置"命令，系统弹出"图层设置"对话框。在图
层列表框中勾选第 82 层，单击"关闭"按钮，完成图层设置操作，图形更新后如图 7-90 所示。

8）在"菜单栏"中选择"插入"→"修剪"→"修剪片体"命令，或单击"修剪片体"按钮，系统弹出图 7-91a 所示的"修剪片体"对话框。在"投影方向"下拉列表中选择"垂直于面"选项；选中"保留"单选按钮，在绘图区选择图 7-91b 所示的曲面作为目标片体；在"边界"选项区域选择"对象"命令，在主界面的"曲线规则"选项中选择"相切曲线"选项，在绘图区选择图 7-91b 所示的内侧面边线作为修剪边界，单击"应用"按钮，完成片体的修剪，如图 7-91c 所示。

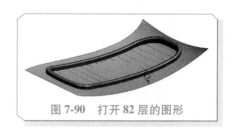

图 7-90　打开 82 层的图形

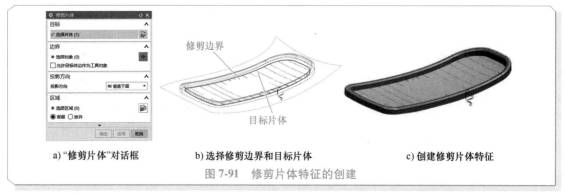

a)"修剪片体"对话框　　b)选择修剪边界和目标片体　　c)创建修剪片体特征

图 7-91　修剪片体特征的创建

9）在"菜单栏"中选择"格式"→"图层设置"命令，系统弹出"图层设置"对话框。在图层列表框中勾选第 3、5、7、8、9 层，单击"关闭"按钮，完成图层设置操作，图形更新后如图 7-92 所示。

10）旋转模型，观察模型正、反面是否贴点，如图 7-93 所示。

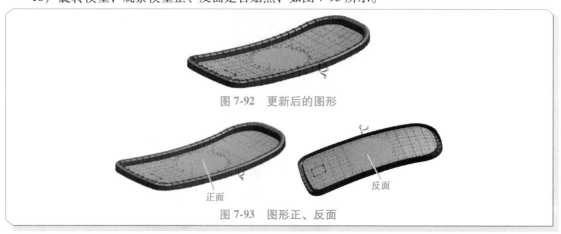

图 7-92　更新后的图形

正面　　反面

图 7-93　图形正、反面

11）在"菜单栏"中选择"格式"→"图层设置"命令，系统弹出"图层设置"对话框。在图层列表框中取消勾选第 2、3、4、5、6、7、8、9 层，单击"关闭"按钮，完成图层设置操作，并隐藏辅助点。

12）在"菜单栏"中选择"首选项"→"对象"命令，系统弹出"对象首选项"对话框。在"类型"下拉列表中选择"片体"选项，单击颜色块，系统弹出"颜色"对话框。选择绿色，单击"确定"按钮，系统返回"对象首选项"对话框，单击"确定"按钮，完成对象预设置。

13）在"菜单栏"中选择"插入"→"偏置/缩放"→"偏置曲面"命令，或单击"偏置曲面"命令，系统弹出图 7-94a 所示的"偏置曲面"对话框。在主界面的"曲面规则"选项中选择"车身面"选项，在绘图区选择图 7-94b 所示的面，绘图区出现偏置方向箭头，在"偏置 1"文本框中输入"-2.4"，单击"确定"按钮，完成偏置曲面操作，如图 7-94c 所示。

按照同样的方法对外轮廓面进行内偏置，如图 7-94d 所示。

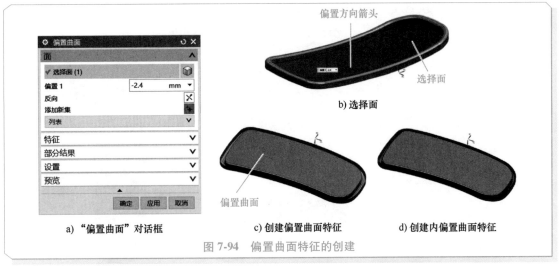

a) "偏置曲面"对话框　　b) 选择面　　c) 创建偏置曲面特征　　d) 创建内偏置曲面特征

图 7-94　偏置曲面特征的创建

14）在"菜单栏"中选择"插入"→"修剪"→"延伸片体"命令，或单击"延伸片体"按钮，系统弹出图 7-95a 所示的"延伸片体"对话框。在主界面的"曲线规则"选项中选择"相切曲线"选项，在绘图区选择图 7-95b 所示的内圈片体边缘，在"偏置"文本框中输入"5"，在"曲面延伸形状"下拉列表中选择"自然曲率"选项，单击"确定"按钮，完成延伸片体操作，如图 7-95c 所示。

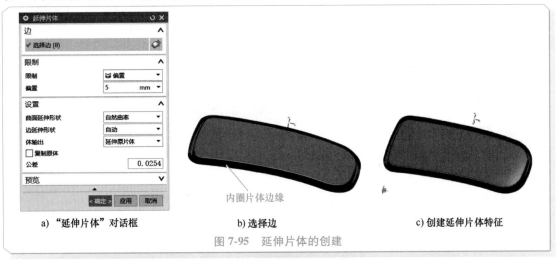

a) "延伸片体"对话框　　b) 选择边　　c) 创建延伸片体特征

图 7-95　延伸片体的创建

15）在"菜单栏"中选择"首选项"→"对象"命令，系统弹出"对象首选项"对话框。在"类型"下拉列表中选择"片体"选项，单击颜色块，系统弹出"颜色"对话框。选择黄色，单击"确定"按钮，系统返回"对象首选项"对话框，单击"确定"按钮，完成对象预设置。

16）在"菜单栏"中选择"插入"→"扫掠"→"截面"命令，或单击"截面"按钮，系统弹出图 7-96a 所示的"截面曲面"对话框。在"类型"下拉列表中选择"圆形"选项，在"模式"下拉列表中选择"两点-半径"选项；在主界面的"曲线规则"选项中选择"单条曲线"选项，在绘图区选择图 7-96b 所示的外圈边作为起始引导线，在"选择终止引导线"选项区域选择"曲线"命令，在绘图区选择图 7-96c 所示的内圈片体边作为终止引导线，在"选择脊线"选项区域选择"曲线"命令,在绘图区选择图 7-96c 所示的内圈片体边作为脊线;在"截面控制/规律类型"下拉列表中选择"恒定"选项,在"值"文本框中输入"5",单击"应用"按钮,完成截面曲面特征 1 的创建,如图 7-96d 所示。

按照上述方法,分段完成 7 个截面曲面的创建,如图 7-96e 所示。

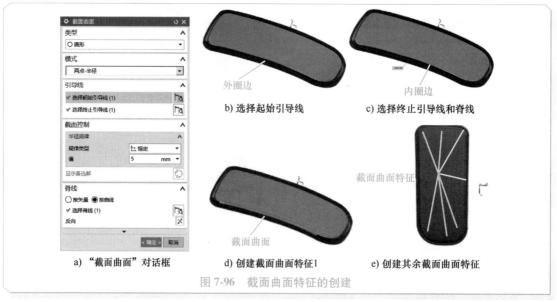

图 7-96 截面曲面特征的创建

17)在"菜单栏"中选择"插入"→"网格曲面"→"直纹"命令,或单击"直纹"按钮,系统弹出图 7-97a 所示的"直纹"对话框。在绘图区选择图 7-97b 所示的片体边 1;在"截面线串 2"选项区域选择"曲线"命令,在绘图区选择图 7-97b 所示的片体边 2(注意:起始位置与矢量方向应一致),单击"应用"按钮,完成直纹面 1 的创建,如图 7-97c 所示。

按照上述方法,依次在两个截面曲面之间创建其余 7 张直纹曲面,如图 7-97d 所示。

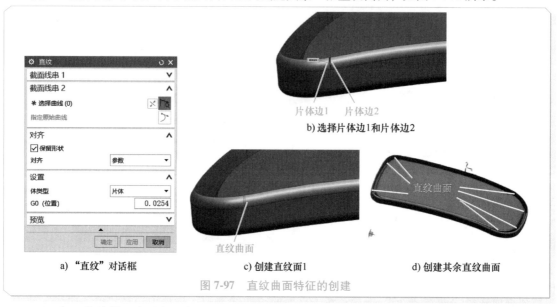

图 7-97 直纹曲面特征的创建

18)在"菜单栏"中选择"插入"→"细节特征"→"面倒圆"命令,或单击"面倒圆"按钮,系统弹出图 7-98a 所示的"面倒圆"对话框。在"类型"下拉列表中选择"双面"选项,在"修剪圆角"下拉列表中选择"至全部"选项,勾选"修剪要倒圆的体"复选框,取消勾选"缝合所有面"复选框。在绘图区选择图 7-98b 所示的曲面作为第一组面，绘图区出现圆心向量，在"选择面 2"区域选择"面"命令，在绘图区选择图 7-98c 所示的侧壁面作为第二组面，绘图区出现圆心向量，在"半径"文本框中输入"5"，单击"确定"按钮，完成面倒圆特征的创建，圆角在两个相交面的内侧，如图 7-98d 所示。

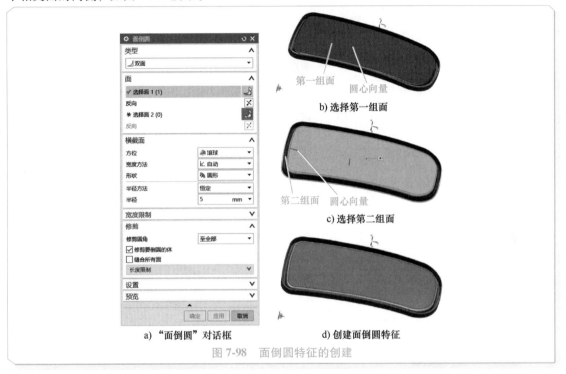

a）"面倒圆"对话框　　b）选择第一组面

c）选择第二组面　　d）创建面倒圆特征

图 7-98　面倒圆特征的创建

6. 创建反光镜细节特征

1）在"菜单栏"中选择"格式"→"图层设置"命令，系统弹出"图层设置"对话框。在图层列表框中勾选第 7 层，单击"关闭"按钮，完成图层设置操作，图形更新后如图 7-99 所示。

2）在"菜单栏"中选择"插入"→"设计特征"→"圆弧/圆"命令，或单击"圆弧/圆"按钮，系统弹出图 7-100a 所示的"圆弧/圆"对话框，勾选"整圆"复选框；在"捕捉点"工具条中选择"现有点"选项，在绘图区依次选择图 7-100b 所示的 3 个点，单击"应用"按钮，完成整圆 1 的绘制，如图 7-100c 所示。

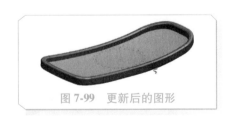

图 7-99　更新后的图形

继续绘制整圆。在绘图区依次选择图 7-100d 所示的 3 个点，单击"确定"按钮，完成整圆 2 的绘制，如图 7-100e 所示。

3）在"菜单栏"中选择"首选项"→"对象"命令，系统弹出"对象首选项"对话框。在"类型"下拉列表中选择"片体"选项，单击颜色块，系统弹出"颜色"对话框。选择黄色，单击"确定"按钮，系统返回"对象首选项"对话框，单击"确定"按钮，完成对象预设置。

4）在"菜单栏"中选择"插入"→"设计特征"→"拉伸"命令，或单击"拉伸"按钮，系统弹出图 7-101a 所示的"拉伸"对话框。在主界面的"曲线规则"选项中选择"单条曲线"选项，在绘图区选择图 7-101b 所示的圆作为拉伸对象，在"指定矢量"下拉列表中选择"-ZC"选项，绘图区出现拉伸方向；在"开始/距离"文本框中输入"0"，在"结束"下拉列表中选择"直至延伸部分"选项，在绘图区选择图 7-101b 所示的曲面；在"体类型"下拉列表中选择"片体"选项，单击"应用"按钮，完成拉伸片体 1 的创建，如图 7-101c 所示。

　　继续创建拉伸片体。在绘图区选择图 7-101d 所示的圆作为拉伸对象，在"指定矢量"下拉列表中选择"-ZC"选项，绘图区出现拉伸方向；在"开始/距离"文本框中输入"0"，在"结束"下拉列表中选择"直至延伸部分"选项，在绘图区选择图 7-101e 所示的曲面；在"体类型"下拉列表中选择"片体"选项，单击"确定"按钮，完成拉伸片体 2 的创建，如图 7-101f 所示。

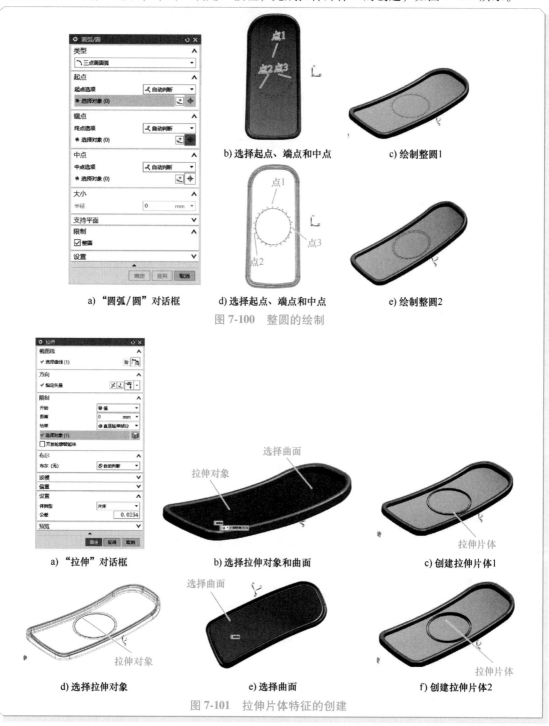

a) "圆弧/圆"对话框　　　　b) 选择起点、端点和中点　　　　c) 绘制整圆1

d) 选择起点、端点和中点　　　　e) 绘制整圆2

图 7-100　整圆的绘制

a) "拉伸"对话框　　　　b) 选择拉伸对象和曲面　　　　c) 创建拉伸片体1

d) 选择拉伸对象　　　　e) 选择曲面　　　　f) 创建拉伸片体2

图 7-101　拉伸片体特征的创建

5）在"菜单栏"中选择"插入"→"修剪"→"修剪片体"命令，或单击"修剪片体"按钮，系统弹出图 7-102a 所示的"修剪片体"对话框。在"投影方向"下拉列表中选择"垂直于面"选项；选中"保留"单选按钮，在绘图区选择图 7-102b 所示的曲面作为目标片体；在"边界"选项区域选择"对象"命令，在绘图区选择图 7-102b 所示的外圈拉伸片体作为修剪边界，单击"应用"按钮，完成片体特征 1 的修剪，如图 7-102c 所示。

继续修剪片体。在绘图区选择图 7-102d 所示的目标片体和修剪边界，单击"确定"按钮，完成片体特征 2 的修剪，如图 7-102e 所示。

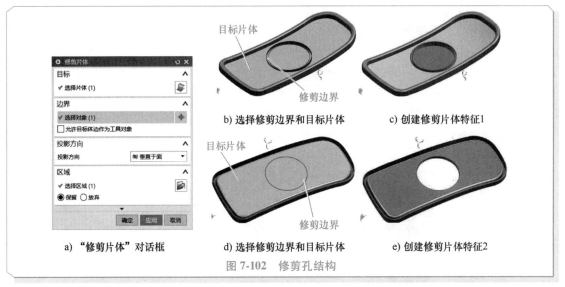

a）"修剪片体"对话框　　b）选择修剪边界和目标片体　　c）创建修剪片体特征1

d）选择修剪边界和目标片体　　e）创建修剪片体特征2

图 7-102　修剪孔结构

6）在"菜单栏"中选择"插入"→"网格曲面"→"直纹"命令，或单击"直纹"按钮，系统弹出图 7-103a 所示的"直纹"对话框。在绘图区选择图 7-103b 所示的片体边 1；在"截面线串 2"选项区域选择"曲线"命令，在绘图区选择图 7-103b 所示的片体边 2（注意：起始位置与矢量方向应一致）。单击"确定"按钮，完成直纹面的创建，如图 7-103c 所示。

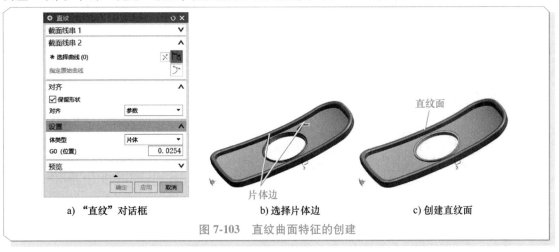

a）"直纹"对话框　　b）选择片体边　　c）创建直纹面

图 7-103　直纹曲面特征的创建

7）在"菜单栏"中选择"格式"→"图层设置"命令，系统弹出"图层设置"对话框。在图层列表框中取消勾选第 7 层，勾选第 9 层，单击"关闭"按钮，完成图层设置操作，图形更新后如图 7-104 所示。

8）在"菜单栏"中选择"插入"→"派生曲线"→"投影"命令，或单击"投影"按钮，系统弹出图 7-105a 所示的"投影曲线"对话框。在绘图区框选所有的点，如图 7-105b 所示。在"指定平面"下拉列表中选择"ZC"选项，在绘图区的距离文本框中输入"-100"，如图 7-105c 所示；在"方向"下拉列表中选择"沿面的法向"选项；取消勾选"关联"复选框，在"输入曲线"下拉列表中选择"保留"选项，单击"确定"按钮，完成投影点的创建，如图 7-105d 所示。

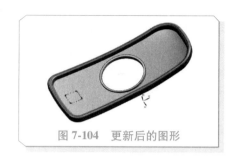

图 7-104　更新后的图形

9）在"菜单栏"中选择"插入"→"曲线"→"直线"命令，或单击"直线"按钮，系统弹出图 7-106a 所示的"直线"对话框。在"捕捉点"工具条中选择"现有点"选项，在绘图区选择图 7-106b 所示的两个点，单击"应用"按钮，完成直线 1 的绘制，如图 7-106c 所示。

按照上述方法，绘制其余 3 条直线，如图 7-106d 所示。

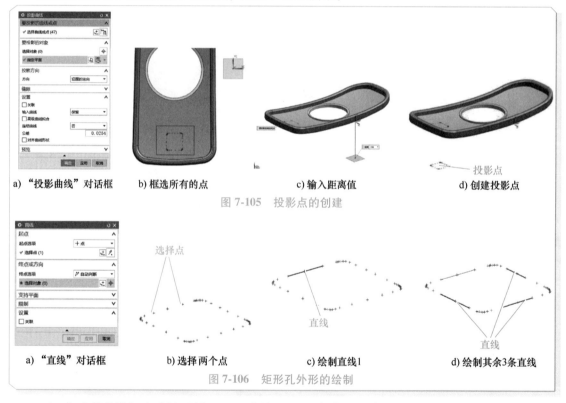

a）"投影曲线"对话框　　b）框选所有的点　　c）输入距离值　　d）创建投影点

图 7-105　投影点的创建

a）"直线"对话框　　b）选择两个点　　c）绘制直线 1　　d）绘制其余 3 条直线

图 7-106　矩形孔外形的绘制

10）在"菜单栏"中选择"插入"→"曲线"→"基本曲线"命令，或单击"基本曲线"按钮，系统弹出图 7-107a 所示的"基本曲线"对话框，选择"圆角"命令，系统弹出图 7-107b 所示的"曲线倒圆"对话框。在"方法"栏中选择"曲线圆角"命令；在"半径"文本框中输入"3.5"；勾选"修剪第一条曲线"和"修剪第二条曲线"复选框。在绘图区依次选择图 7-107c 所示的两条直线和圆心，创建曲线倒圆角特征 1，如图 7-107d 所示。

按照上述方法，完成其余 3 个相同参数圆角的创建，如图 7-107e 所示。

11）在"菜单栏"中选择"插入"→"设计特征"→"拉伸"命令，或单击"拉伸"按钮，系统弹出图 7-108a 所示的"拉伸"对话框。在主界面的"曲线规则"选项中选择"相切曲线"选项，选择图 7-108b 所示的截面作为拉伸对象，绘图区出现拉伸方向；在"开始/距离"文本框中输

入 "0"，在 "结束" 下拉列表中选择 "直至延伸部分" 选项，在绘图区选择图 7-108c 所示的曲面；在 "体类型" 下拉列表中选择 "片体" 选项，单击 "确定" 按钮，完成拉伸片的创建，如图 7-108d 所示。

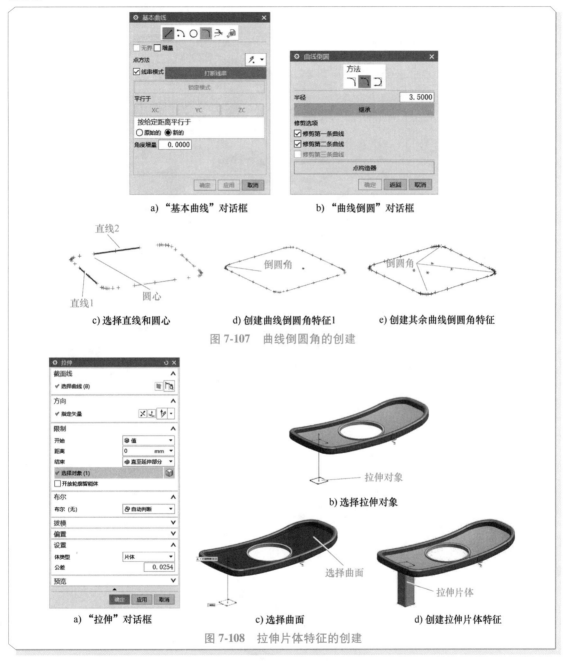

a) "基本曲线" 对话框　　　　　b) "曲线倒圆" 对话框

c) 选择直线和圆心　　　d) 创建曲线倒圆角特征1　　　e) 创建其余曲线倒圆角特征

图 7-107　曲线倒圆角的创建

a) "拉伸" 对话框　　b) 选择拉伸对象　　c) 选择曲面　　d) 创建拉伸片体特征

图 7-108　拉伸片体特征的创建

12）在 "菜单栏" 中选择 "插入"→"修剪"→"修剪片体" 命令，或单击 "修剪片体" 按钮，系统弹出图 7-109a 所示的 "修剪片体" 对话框。在 "投影方向" 下拉列表中选择 "垂直于面" 选项；选中 "保留" 单选按钮，在绘图区选择图 7-109b 所示的曲面作为目标片体；在 "边界" 选项区域选择 "对象" 命令，在绘图区选择图 7-109b 所示的拉伸片体作为修剪边界，单击 "应用" 按钮，完成片体特征 1 的修剪，如图 7-109c 所示。

继续修剪片体。系统提示选择目标片体，在绘图区选择图 7-109d 所示的曲面为目标片体和修剪边界，单击"应用"按钮，完成片体特征 2 的修剪，如图 7-109e 所示。

继续修剪片体。在"修剪片体"对话框的"区域"选项区域中选择"放弃"选项，系统提示选择目标片体，在绘图区选择图 7-109f 所示的曲面作为目标片体和修剪边界，单击"确定"按钮，完成片体特征 3 的修剪，如图 7-109g 所示。

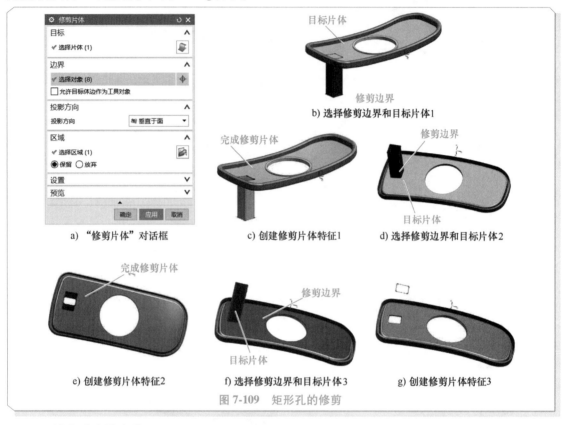

a)"修剪片体"对话框 b) 选择修剪边界和目标片体1 c) 创建修剪片体特征1 d) 选择修剪边界和目标片体2 e) 创建修剪片体特征2 f) 选择修剪边界和目标片体3 g) 创建修剪片体特征3

图 7-109 矩形孔的修剪

7. 创建反光镜实体

1）在"菜单栏"中选择"格式"→"移动至图层"命令，系统弹出"类选择"对话框。选择要移动的曲线和蓝色点，单击"确定"按钮，系统弹出"图层移动"对话框。在"目标图层和类别"文本框中输入"255"，单击"确定"按钮，将曲线和蓝色点移至 255 层。

2）在"菜单栏"中选择"格式"→"图层设置"命令，系统弹出"图层设置"对话框。在图层列表框中取消勾选第 9 层，单击"关闭"按钮，完成图层设置操作，图形更新后如图 7-110 所示。

图 7-110 更新后的图形

3）在"菜单栏"中选择"插入"→"组合"→"缝合"命令，或单击"缝合"按钮，系统弹出图 7-111a 所示的"缝合"对话框，选择图 7-111b 所示的目标片体，在绘图区框选图 7-111c 所示的工具片体，单击"确定"按钮，完成片体的缝合，如图 7-111d 所示。

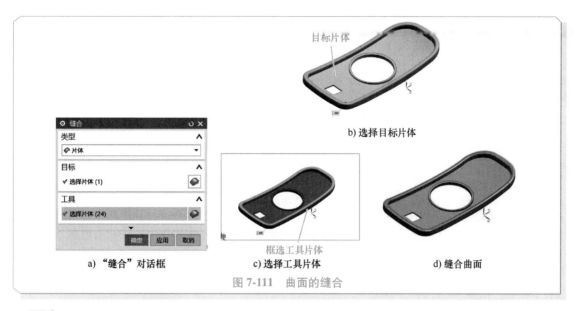

a) "缝合"对话框　　　　c) 选择工具片体　　　　d) 缝合曲面

b) 选择目标片体

框选工具片体

图 7-111　曲面的缝合

【拓展训练】

1. 打开教学资源包中的灯罩点云数据文件，如图 7-112 所示，进行灯罩逆向造型，完成结果如图 7-113 所示。

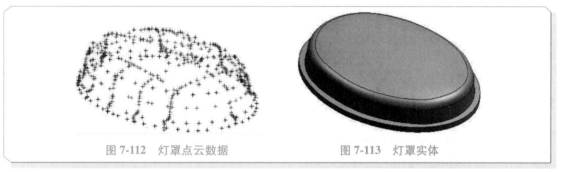

图 7-112　灯罩点云数据　　　　　　　图 7-113　灯罩实体

2. 打开教学资源包中的凸轮点云数据文件，如图 7-114 所示，进行凸轮逆向造型，完成结果如图 7-115 所示。

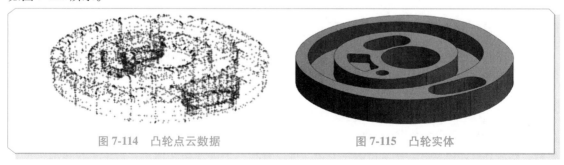

图 7-114　凸轮点云数据　　　　　　　图 7-115　凸轮实体

08 第8章

熔融沉积型 3D 打印建模与打印要点

熔融沉积成型（Fused Deposition Modeling，FDM）3D 打印技术是一种利用热塑性材料的热熔性、黏结性将各种热熔性的丝状材料（PLA、ABS 和尼龙等）加热熔化，在计算机控制下逐层堆积成型的技术。熔融沉积成型 3D 打印技术由于其自身的优势而得到广泛应用。本章主要介绍熔融沉积型 3D 打印建模与打印要点。

 【学习目标】

1) 了解 3D 打印切片软件 Cura，会使用 Cura 软件对 3D 模型进行参数设置、摆放及切片。
2) 了解面向 3D 打印的设计、打印方法及注意事项。
3) 使用 UG NX11.0 软件进行建模，并通过 FDM 打印机打印模型。

8.1 Cura 软件设置

Cura 软件是 Ultimake 公司设计的 3D 打印软件，以"高度整合性"和"容易使用"为设计目标，包含了所有 3D 打印需要的功能，分为模型切片以及打印机控制两大部分。

因为 Cura 软件的高度易用性，简洁的菜单和命令，使其上手十分容易，而其强大的功能和高效率的切片速度，更受广大用户的喜爱。Cura 软件最大的特色是它的高速切片功能。对于一个比较复杂的模型，其他软件的切片过程常需要几十分钟，有时还会内存不足。同样的模型在 Cura 软件中往往只需要几十秒到几分钟，而且打印质量没有什么差别，这让 Cura 软件在诸多 3D 打印软件中脱颖而出。

8.1.1 Cura 软件的基本界面

软件安装完成、经过初始设置后，进入 Cura 软件界面，界面窗口分为左右两部分，左侧有一组面板，主要用来设置切片及打印参数，右侧是 3D 模型浏览窗口，可以载入、修改、保存模型，还可以以多种方式观察模型，如图 8-1 所示。

首先，选择"文件"→"读取模型文件"命令或单击右侧 3D 模型浏览窗口左上角的"Load（读取）"按钮，载入一个模型。模型载入后，就可以在窗口内看到载入的 3D 模型。设置好打印参数，摆放好打印模型后，在窗口的左上角，可以看到一个进度条在前进，进度条快速前进的过程，就是 Cura 软件切片的工作过程。当进度条达到 100% 时，就会显示时间、打印材料长度和打印重量的信息，如图 8-2 所示，同时"Toolpath to SD（保存）"按钮变为可用状态，可以把切片的结果保存为 G-Code 文件。

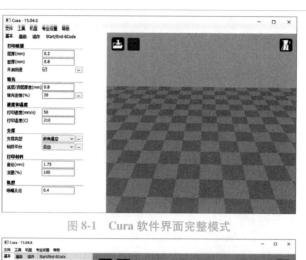

图 8-1　Cura 软件界面完整模式

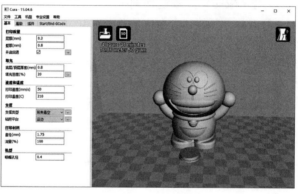

图 8-2　切片完成界面

切换到完整模式后，单击"基本"选项卡，如图 8-3 所示，进行各个参数选项的设定，这对于打印模型的最终效果影响最大。

1. 打印质量（Quality）

1）层厚（mm）：切片每一层的高度。这个设置直接影响打印的时间，层厚值越小，打印时间越长，同时可以获得相对好的打印精度。一般使用 0.2mm 层厚，可以兼顾打印质量和打印速度。

2）壁厚（mm）：对于一个原本实心的 3D 模型而言，在 3D 打印过程中四周生成的外壳的厚度。除了外壳之外的部分，内部使用网格状的格子填充。壁厚在很大程度上影响了 3D 打印件的坚固程度，一般设置为喷嘴孔径的倍数，对于 0.4mm 的喷嘴，可以设置为 0.8mm 的壁厚，如果采用 1.2mm 的壁厚，则更结实。

3）开启回退：在两次打印间隔内是否将材料丝回抽，以防止多余的材料在间隔期挤出，产生拉丝，影响打印质量。

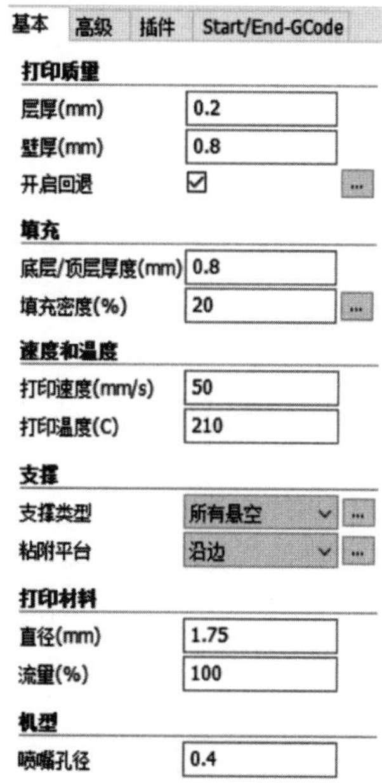

2. 填充（Fill）

1）底层/顶层厚度（mm）：与壁厚类似，推荐这个值和壁厚接近，并且是层厚和喷嘴孔径的倍数。

图 8-3　"基本"选项卡

2）填充密度（%）：原本实心的 3D 模型，内部网格状塑料填充的密度。这个值与外观无关，越小越节省材料和打印时间，但强度也会受到一定的影响。通常情况下设置 20% 的填充密度即可，设置为 100% 则变为实心零件。

3. 速度和温度（Speed and Temperature）

1）打印速度（mm/s）：每秒挤出的料丝的长度。通常的设置，一般为 40~60mm/s。由于挤出头的加热能力是有限的，因此每秒能融化的料丝也是有限的。

2）打印温度（C）：打印时的温度，随使用材料的不同而不同。PLA 材料一般推荐使用 210℃，ABS 材料需要 230℃，甚至更高。温度过高会使挤出的材料有气泡和拉丝现象，温度过低则出料不顺，容易堵喷头。

4. 支撑（Support）

支撑是指为了防止在打印过程中材料下坠而在悬空的地方添加支撑结构。

1）支撑类型：可以在"无（None）""延伸到平台的（Touching buildplate）""所有悬空（Everywhere）"支撑之间进行选择。延伸到平台支撑就是只建立与平台接触的支撑；悬空支撑是指模型内部的悬空部分也会建立支撑。

2）黏附平台：是否加强模型与打印平台之间的附着特性，选择"无（None）"就是直接在打印平台上打印 3D 模型。选择"沿边（Brim）"会在第一层的周围打印一圈"帽檐"，让 3D 模型与打印平台之间黏得更好，防止模型翘边，打印完成时去除也相对容易。选择"底座（Raft）"会在 3D 模型下面先打印一个有高度的基座，可以保证牢固地黏在热床上，但不太容易去除。

5. 打印材料（Filament）

1）直径（mm）：耗材的直径，根据厂家提供的准确数据设置，一般为 1.75mm 或 3mm。

2）流量（%）：流量补偿，即微调出丝量，最终的材料挤出速度会乘以这个百分比。

3）喷嘴孔径：一般为 0.4mm。

8.1.2 Cura 软件的高级界面

Cura 软件的"高级"选项卡如图 8-4 所示。

1. 回退

回退的主要功能是防止喷头中过多熔融耗材，减少拉丝现象。

1）回退速度（mm/s）：回退的速度。较高的回退速度工作效果更好，不过回退速度太高可能会导致卡住。

2）回退长度（mm）：回退的数值，"0"表示不使用回退，一般输入"2"会有比较好的效果。

2. 打印质量

1）初始层厚（mm）：底层的第一层厚度。设置较高的初始层厚可以使底层黏得更牢。如果设置和其他层相同的初始层厚，则将其设置成"0"。

2）初始层线宽（%）：第一层打印的挤出量。稍大的挤出量可以让第一模型更牢固地黏在作台上。输入"100"表示使用全局挤出量。

3）底层切除（mm）：让打印模型下沉一定程度，一般用于底面不平和平台接触面较小的物体。

4）两次挤出重叠（mm）：用于两喷头打印，单喷头可

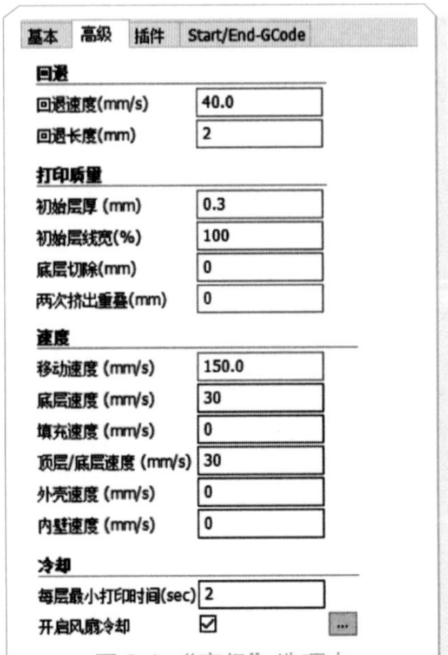

基本	高级	插件	Start/End-GCode

回退

回退速度(mm/s)	40.0
回退长度(mm)	2

打印质量

初始层厚(mm)	0.3
初始层线宽(%)	100
底层切除(mm)	0
两次挤出重叠(mm)	0

速度

移动速度 (mm/s)	150.0
底层速度 (mm/s)	30
填充速度 (mm/s)	0
顶层/底层速度 (mm/s)	30
外壳速度 (mm/s)	0
内壁速度 (mm/s)	0

冷却

每层最小打印时间(sec)	2
开启风扇冷却	☑

图 8-4 "高级"选项卡

忽略。

3. 速度

1）移动速度（mm/s）：非打印时的移动速度。有些机器可以达到 250mm/s，但是有可能会失步。

2）底层速度（mm/s）：打印第一层时的速度。一般选用比较低的底层速度来保证模型牢固地黏在打印底面上。

3）填充速度（mm/s）：打印内部填充时的速度。设置为"0"则和基本设置中的打印速度一致。加快填充速度可以减少打印时间，但有时会影响打印效果。

4）顶层/底层速度（mm/s）：打印顶层或底层填充的速度。一般设置为"0"，这样会使用打印速度作为该打印填充的速度，高速打印填充能节省很多时间，但可能对打印质量造成一定的影响。

5）外壳速度（mm/s）：打印外壳的速度。设置成"0"则和基本设置中的打印速度一致，用比较低的外壳速度打印外壳，会使得打印质量提升。

6）内壁速度（mm/s）：打印内壁的速度。设置成"0"则和基本设置中的打印速度一致。

4. 冷却

1）每层最小打印时间（sec）：每层打印的最少时间，用来确保每层都被完全冷却。如果某层打印得太快，打印机会把速度降下来，达到设定值来保证每层达到冷却效果。

2）开启风扇冷却：打印时使用风扇。如果想要更高速地打印，则必须使用冷却风扇。

8.1.3　Cura 软件模型调整窗口详解

Cura 软件的视图区主要用来查看模型、摆放模型、管理模型、预览切片后的路径以及查看切片结果。

1. Cura 软件模型摆放

视图区左下角的几个按钮具有一定编辑 3D 模型的功能，可以对模型进行简单的旋转、缩放、镜像等调整操作。

1）旋转（Rotate）按钮。选择模型，单击"旋转（Rotate）"按钮，3D 模型周围会出现红、黄、蓝 3 个圆圈，如图 8-5 所示，分别代表沿 X、Y、Z 轴旋转，把指针放在任何一个圆圈上，按住并拖动鼠标，可使模型绕相应的旋转轴旋转一定的角度。需要注意的是，拖动时默认以 15°为单位进行旋转。如果需要更精细的控制，可以按〈Shift〉键，变成以 1°为单位，做更细致的操作。

如果要返回更改前的状态，则单击"重置（Reset）"按钮即可。单击"放平（Lay flat）"按钮，软件会自动将模型旋转到底部比较平的角度。

2）缩放（Scale）按钮。缩放功能可以缩放打印任何比例大小的模型，如果大的模型打印时间过长，用料过多，则可以采用缩小的办法来减少打印时间和用料。选中模型之后，单击"缩放（Scale）"按钮，模型表面出现 3 个方块，分别表示 X 轴、Y 轴和 Z 轴，如图 8-6 所示。单击并拖动一个方块，可以将模型缩放一定的倍数。也可以在"缩放"文本框（"Scale"右边的边框）内输入缩放倍数，或者在尺寸输

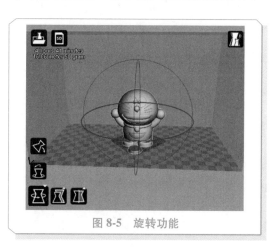

图 8-5　旋转功能

入框（"Size"右边的方框）内输入准确的尺寸。例如，在"Scale"文本框中输入"0.1"，长、宽、高就分别变为原来的1/10，在"Size"文本框中输入数值，模型的尺寸就会按照输入的数值变化。

缩放分为均匀缩放和非均匀缩放，Cura软件默认使用均匀缩放，即缩放菜单中的锁处于锁住状态，模型的长、宽、高在X、Y、Z方向上一起发生变化。使用非均匀缩放，长、宽、高在相应的方向上自由变化，改变数值后互相不发生影响。

3）镜像按钮：选中镜像模型后，单击"镜像（Mirror）"按钮，就可以将模型沿X轴、Y轴或Z轴镜像。

2. 模型的观察功能

在3D观察界面上，单击鼠标右键并拖动鼠标，可以实现观察视点的旋转。滚动鼠标中键，可以实现观察区域的缩放。这些动作都不改变模型本身，只是用户的观察角度会发生变化。

除了旋转缩放的观察方式之外，Cura软件还提供了多种高级观察方法，这些方法都在右上角的按钮中。按下此按钮，可以看到一个观察模式（View mode）菜单：默认的是普通（Normal）模式，还有悬垂（Overhang）模式、透明（Transparent）模式、X光（X-Ray）模式以及层（Layers）模式。

悬垂模式下，3D模型悬垂出来的部分都会用红色表示，如图8-7所示，从而让用户容易观察出3D打印模型中容易出问题的部分，从而可以在正式打印之前解决这些问题。

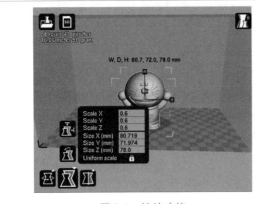 

图 8-6　缩放功能　　　　　　　　　　图 8-7　悬垂模式

透明模式下不仅可以观察到模型的正面，还能同时观察到模型的反面以及内部的构造，如图8-8所示。特别是内部的构造，对于3D打印来说影响还是比较大的，因此一定要先观察好再开始打印。

X光模式与透明模式类似，用来观察内部的构造。不同之处在于，X光模式下，对象表面的构造被忽略了。虽然不能看到3D物体表面，但内部构造可以显示得更加清晰，便于观察。

比较重要的是层模式，因为它是最贴近正式的3D打印过程的观察模式。在这个模式下，用户可以把整个3D模型分层展示，通过右侧的滑块，可以单独观察每一层的情况。

图8-9所示为层模式，正在观察第199层的情况。图中，最外层的红色表示模型的外壳。紧跟着的绿色仍是外壳的一部分，但不直接暴露在外。中间的黄色部分是填充，用于构造实心物体的中心区域，蓝色的部分为支撑。

设定完成以后，Cura软件会自动完成切片，生成G-Code文件。选择"文件"→"Save G-Code"命令弹出"保存路径"对话框，选择保存路径，可对G-Code进行保存。

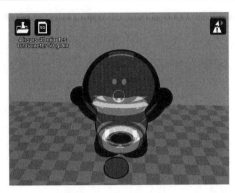

图 8-8　透明模式

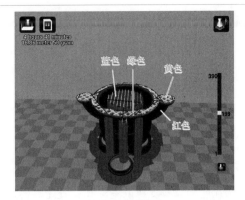

图 8-9　层模式

8.2　FDM 3D 打印及设计注意事项

8.2.1　打印层厚

打印层厚既影响打印速度，又影响模型质量。打印模型所需层厚决定了打印速度以及打印所需时间。层厚越薄，打印相同高度的 3D 模型时，所需要的时间就越长。因为在总高度不变的情况下，层厚越薄，意味着打印机需要打印的层数更多，所花的时间自然就越长。但层厚越薄，成品的质量就越好，如图 8-10 所示。

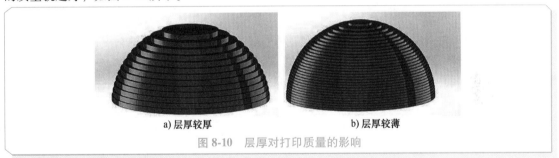

a) 层厚较厚　　　　　　　　　　　　b) 层厚较薄

图 8-10　层厚对打印质量的影响

8.2.2　模型的设计壁厚

对于 3D 打印而言，壁厚是指模型的一个表面与其相对应表面间的距离，如图 8-11 所示。打印模型的最小壁厚与其整体尺寸相关，建议随着产品设计尺寸的增加而加大壁厚。对于小尺寸模型，壁面最小厚度需大于或等于 1mm。

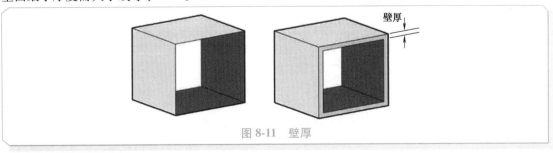

图 8-11　壁厚

8.2.3 支撑 45°规则

模型添加支撑主要是为了防止在打印过程中材料下坠，影响模型打印的成功率。增加打印支撑需要花费时间、去支撑也增加工作量，而且去掉支撑后，在模型上仍然会留下不美观的痕迹，去除这些痕迹的过程也费时费力。

模型中大于 45°的突出部位，打印的时候都是需要支撑的，如图 8-12 所示。因此，在建模的时候，尽量不要有较大角度的突出部位。

如果建模过程中无法避免大于 45°的突出部分，则需要添加支撑或修改模型，对于模型修改，可以考虑以下方法。

1）圆孔改为自身支撑的菱形孔，既能够传递动力又无须支撑，如图 8-13 所示。

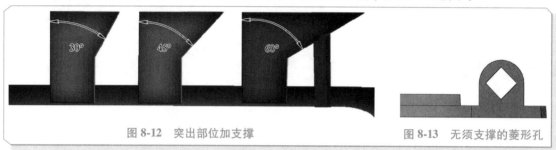

图 8-12 突出部位加支撑

图 8-13 无须支撑的菱形孔

2）倒角。倒角是一种巧妙的方法，可将悬垂物变成无支撑的突出物，角度小于 45°。如图 8-14 所示，一个平缓倾斜或弯曲的边缘，可用无须支撑的菱角边缘替换它。

8.2.4 模型摆放与表面质量

对于 FDM 打印机来说，只能控制 Z 轴的精度（层厚），因为 X、Y 轴的精度已经被线宽决定了，不同的摆放方法会导致模型表面质量的差别，如图 8-15 所示。如果模型有一些精细的设计，最好确认一下模型的打印方向是否有能力打印出那些精细的特征，建议沿 Z 轴（竖直）打印这些细节部位。设计模型时，细节部位也最好放在方便竖直打印的位置。

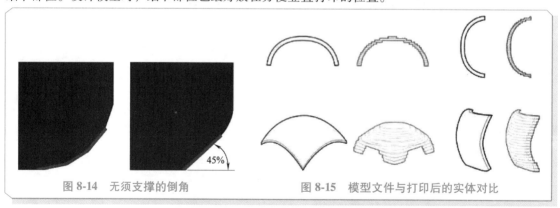

图 8-14 无须支撑的倒角

图 8-15 模型文件与打印后的实体对比

8.2.5 线宽

线宽是由打印机喷头的直径来决定的，大部分打印机喷嘴孔径为 0.4mm。打印模型画圆时，打印机最小能画出来的圆的直径是线宽的两倍，比如 0.4mm 的喷嘴，能画出来最小的圆的直径为 0.8mm。因此，用户在建模时要善于利用线宽，如果想要制作一些可以弯曲或厚度较薄的模型，则将模型厚度设计成一个线宽厚度最好。

8.2.6　调整打印方向以承受压力

FDM 工艺会有各向异性的问题，X、Y 方向的强度会和 Z 方向的强度不一样。如图 8-16 所示，对于一些功能件或受力件，其受力的方向和大小很重要。FDM 打印的零件，如果在 Z 方向受到了拉伸力会比较容易产生分层或断裂的问题，而同样的力作用到 X、Y 方向则可能没有问题。根据一些公开的测试报告，X、Y 方向承受拉伸力的强度有可能是 Z 方向的 5 倍。因此，摆放方向也可能对零件强度产生明显的影响，特别是对于需要受力的连接，在设计初和打印前需要考虑全面。

打印件需要承受一定压力时，要想保证模型不会损坏、断裂，用户在建模和打印时都需注意。建模时，用户可以根据受力方向，对受力的位置适当加厚。打印时，Z 方向上竖直打印，层与层之间黏结力有限，承受压力的能力不如在 X、Y 方向上横放打印。例如承受弯矩的轴，需要横放打印。

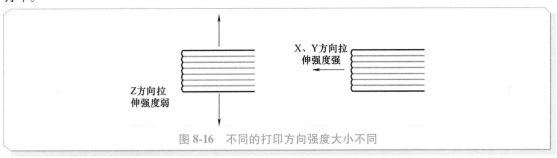

图 8-16　不同的打印方向强度大小不同

8.2.7　正确摆放模型

用户在进行 3D 打印时，模型的摆放也要仔细考虑。除了上面说到的调整打印方向，还得注意模型的摆放位置，尽量减少添加支撑。如图 8-17 和图 8-18 所示，模型摆放正确可以减少甚至消除支撑。

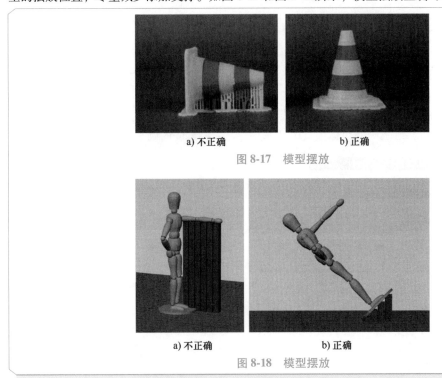

a) 不正确　　　　　　　b) 正确

图 8-17　模型摆放

a) 不正确　　　　　　　b) 正确

图 8-18　模型摆放

8.2.8　间隙

3D 打印件如需拼接，要预留一定的装配间隙，一般拼接件所需间隙为 0.1~0.3mm。拼接间隙根据模型尺寸调整，模型越大，拼接间隙也应越大。

8.3　车载垃圾桶的设计

人们驾车出游的时候，很容易会产生一些垃圾，为了让车内整洁，需要及时清理垃圾。本着清洁出行的理念，车载垃圾桶被车主广泛接受，它可以在车内轻松收纳小型垃圾，可放置于杯架、车门储物格、扶手箱等位置。另外，因其体积较小，造型精致，也可将其放在办公桌面上使用，使办公环境更清洁。

车载垃圾桶设计要求：材质选用 PLA 材料，使用场合为车载或桌面。功能要求：能够储存垃圾并隔离气味，美观、方便拿取等。

根据以上设计要求设计的便携车载垃圾桶如图 8-19 所示，主要由主体、盖、轴和转接块 4 个零件组成。其结构简单，同时满足了功能要求，且体积较小、简洁美观，侧边有提手，方便拿取，上部有端盖，能够隔离气味。

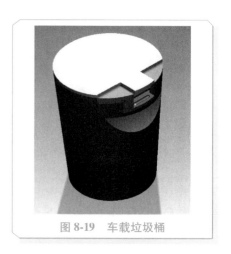

图 8-19　车载垃圾桶

8.3.1　无支撑实体——车载垃圾桶盖的设计

操作步骤如下。

1）在"菜单栏"中选择"文件"→"新建"命令或单击"文件"选项卡"标准"模块中的"新建"按钮，选择"模型"类型，创建新部件，设置名称为"盖"，单击"确定"按钮，进入界面，开始零件的建模。

2）在"菜单栏"中选择"插入"→"在任务环境中绘制草图"命令或单击"主页"选项卡中的"草图"按钮，系统弹出"创建草图"对话框，如图 8-20 所示，选择 XY 平面，单击"确定"按钮，进入"草图"环境。

3）在"菜单栏"中选择"插入"→"草图曲线"→"圆"命令或单击"主页"选项卡"直接草图"模块中的"圆"按钮，绘制圆心坐标为（0，0），直径为 100mm 的圆，如图 8-21 所示。

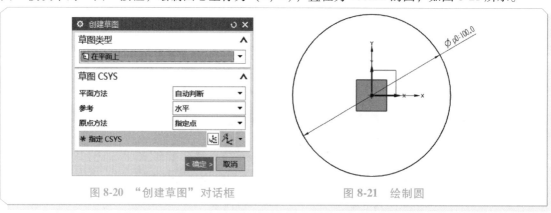

图 8-20　"创建草图"对话框　　　　图 8-21　绘制圆

4）在"菜单栏"中选择"插入"→"设计特征"→"拉伸"命令或单击"主页"选项卡"特征"

模块中的"拉伸"按钮，系统弹出"拉伸"对话框，拉伸草图中创建的曲线，操作方法如下。

① 选择草图绘制的曲线作为拉伸曲线。

② 在"指定矢量"下拉列表中选择"ZC"选项。

③ 设置开始距离为"0"，结束距离为"3"。

④ 在"布尔"下拉列表中选择"无"选项。

⑤ 在"拔模"下拉列表中选择"从开始限制"选项，设置角度为"−3.6"，如图 8-22 所示。单击"确定"按钮，完成拉伸，生成图 8-23 所示的实体模型。

5）在"菜单栏"中选择"插入"→"在任务环境中绘制草图"命令或单击"主页"选项卡中的"草图"按钮，系统弹出"创建草图"对话框，如图 8-20 所示，选择 XY 平面，单击"确定"按钮，进入"草图"环境。

6）在"菜单栏"中选择"插入"→"草图曲线"→"圆"命令或单击"主页"选项卡"曲线"模块中的"圆"按钮，绘制圆心坐标为（0，0），直径为 95mm 的圆；在"菜单栏"中选择"插入"→"直线"命令，绘制一条竖直直线，约束其距离 Y 轴为 27mm；在"菜单栏"中选择"编辑"→"草图曲线"→"快速修剪"命令或单击"主页"选项卡"直接草图"模块中的"快速修剪"按钮，系统弹出"快速修剪"对话框，对圆与直线的交叉线进行修剪，如图 8-24 所示。

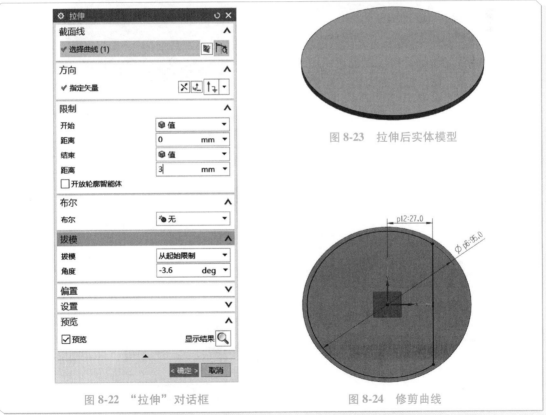

图 8-22　"拉伸"对话框　　　　　图 8-23　拉伸后实体模型　　　　　图 8-24　修剪曲线

7）在"菜单栏"中选择"插入"→"设计特征"→"拉伸"命令或单击"主页"选项卡"特征"模块中的"拉伸"按钮，系统弹出"拉伸"对话框，拉伸草图中创建的曲线，操作方法如下。

① 选择上一步草图绘制的曲线作为拉伸曲线。

② 在"指定矢量"下拉列表中选择"−ZC"选项。

③ 设置开始距离为"0"，结束距离为"3"。

④ 在"布尔"下拉列表中选择"合并"选项。

⑤ 在"拔模"下拉菜单中选择"从开始限制"选项，设置角度为"3.6"。

⑥ 在"偏置"下拉菜单中选择"两侧"选项，设置开始距离为"0"，结束距离为"−2"，如图 8-25 所示。单击"确定"按钮，完成拉伸，生成图 8-26 所示的实体模型。

8）在"菜单栏"中选择"插入"→"在任务环境中绘制草图"命令或单击"主页"选项卡中的"草图"按钮，系统弹出"创建草图"对话框，选择 XY 平面，单击"确定"按钮，进入"草图"环境。

9）在"菜单栏"中选择"插入"→"草图曲线"→"矩形"命令或单击"主页"选项卡"草图曲线"模块中的"矩形"按钮，绘制长度为 30mm、高度为 40mm、角度为 0° 的矩形，约束左侧直线距离 Y 轴 30mm，底部直线距离 X 轴 12mm。

10）在"菜单栏"中选择"插入"→"草图曲线"→"镜像曲线"命令或单击"主页"选项卡"草图曲线"模块中的"镜像曲线"按钮，弹出"镜像曲线"对话框，如图 8-27 所示，选择已绘制的矩形作为要镜像的曲线，单击"选择中心线"按钮，选取 X 轴作为中心线，单击"确定"按钮，完成草图，如图 8-28 所示。

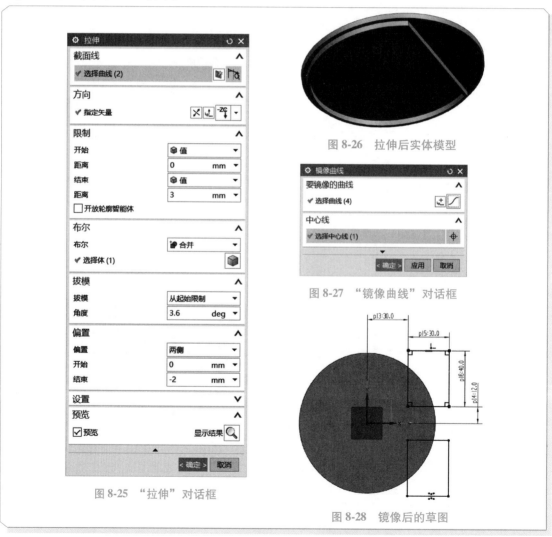

图 8-26　拉伸后实体模型

图 8-27　"镜像曲线"对话框

图 8-25　"拉伸"对话框

图 8-28　镜像后的草图

11）在"菜单栏"中选择"插入"→"设计特征"→"拉伸"命令或单击"主页"选项卡"特征"模块中的"拉伸"按钮，系统弹出"拉伸"对话框，拉伸草图中创建的曲线，操作方法如下。

① 选择草图绘制的曲线作为拉伸曲线。

② 在"指定矢量"下拉列表中选择"ZC"选项。

③ 设置开始距离为"0",结束距离为"6"。

④ 在"布尔"下拉列表中选择"减去"选项,如图 8-29 所示。单击"确定"按钮,完成拉伸,生成图 8-30 所示的实体模型。

12）在"菜单栏"中选择"插入"→"在任务环境中绘制草图"命令或单击"主页"选项卡中的"草图"按钮,系统弹出"创建草图"对话框,选择 XY 平面,单击"确定"按钮,进入"草图"环境。

13）在"菜单栏"中选择"插入"→"草图曲线"→"矩形"命令或单击"主页"选项卡"草图曲线"模块中的"矩形"按钮,选择第三种绘制方法"从中心"法,如图 8-31 所示,弹出"矩形"对话框,约束矩形中心点坐标为（33.8,-6）,长度为 6mm,宽度为 6mm,角度为 45°,如图 8-32 所示;同样选择"矩形"命令,选择第一种绘制方法,绘制长度为 12.1mm,高度为 15mm,角度为 0°的矩形,约束左侧直线距离 Y 轴 32mm,底部直线距离 X 轴 0mm,如图 8-33 所示;选择"圆角"命令,对第二个矩形底部两个直角进行倒圆角,圆角半径为 6mm。

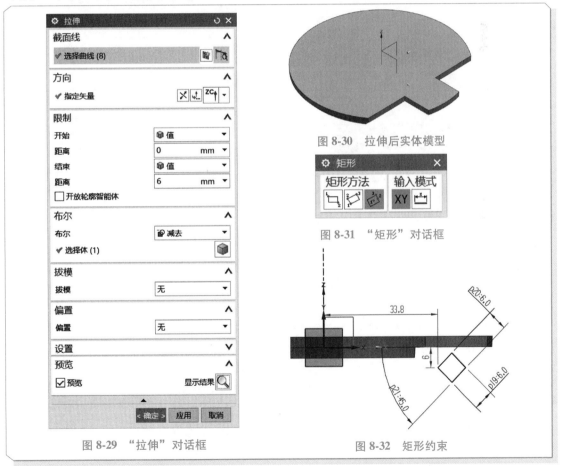

图 8-29 "拉伸"对话框

图 8-30 拉伸后实体模型

图 8-31 "矩形"对话框

图 8-32 矩形约束

14）在"菜单栏"中选择"插入"→"设计特征"→"拉伸"命令或单击"主页"选项卡"特征"模块中的"拉伸"按钮,系统弹出"拉伸"对话框,拉伸草图中创建的曲线,操作方法如下。

① 选择草图绘制的曲线作为拉伸曲线。

② 在"指定矢量"下拉列表中选择"YC"选项。

③ 在"结束"下拉列表中选择"对称值"选项，设置距离为"12"。

④ 在"布尔"下拉列表中选择"合并"选项，如图 8-34 所示。单击"确定"按钮，完成拉伸，生成图 8-35 所示的实体模型。

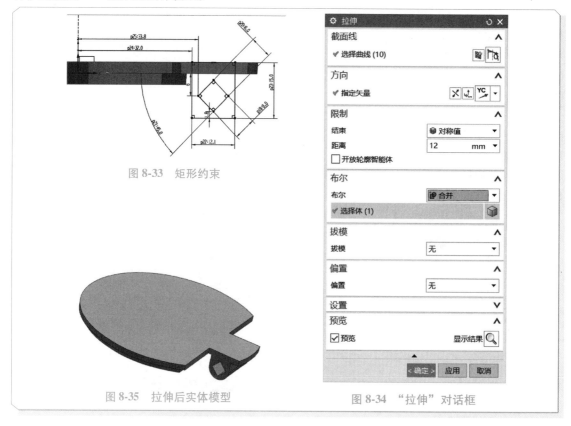

图 8-33　矩形约束

图 8-35　拉伸后实体模型

图 8-34　"拉伸"对话框

8.3.2　有支撑实体——转接块及轴的设计

操作步骤如下。

1）在"菜单栏"中选择"文件"→"新建"命令或单击"文件"选项卡"标准"模块中的"新建"按钮，选择"模型"类型，创建新部件，设置名称为"转接块"，单击"确定"按钮，开始零件的建模。

2）在"菜单栏"中选择"插入"→"在任务环境中绘制草图"命令或单击"主页"选项卡中的"草图"按钮，系统弹出"创建草图"对话框，如图 8-36 所示，选择 XY 平面，单击"确定"按钮，进入"草图"环境。

3）在"菜单栏"中选择"插入"→"草图曲线"→"圆"命令或单击"主页"选项卡"直接草图"模块中的"圆"按钮，绘制圆心坐标为（0，0），直径为 100mm 的圆，如图 8-37 所示。

4）在"菜单栏"中选择"插入"→"设计特征"→"拉伸"命令或单击"主页"选项卡"特征"模块中的"拉伸"按钮，系统弹出"拉伸"对话框，拉伸草图中创建的曲线，操作方法如下。

① 选择上一步草图绘制的曲线作为拉伸曲线。

② 在"指定矢量"下拉列表中选择"-ZC"选项。

③ 设置开始距离为"0"，结束距离为"18"。

④ 在"布尔"下拉列表中选择"自动判断"选项。

⑤ 在"拔模"下拉列表中选择"从开始限制"选项，设置角度为"3.6"，如图 8-38 所示。

单击"确定"按钮，完成拉伸，生成图 8-39 所示的实体模型。

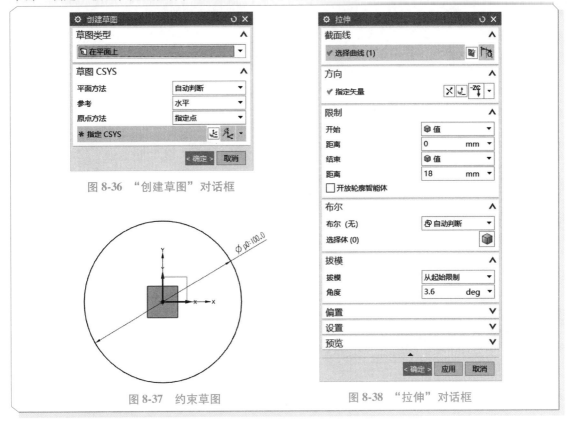

图 8-36　"创建草图"对话框

图 8-37　约束草图

图 8-38　"拉伸"对话框

5）在"菜单栏"中选择"插入"→"在任务环境中绘制草图"命令或单击"主页"选项卡中的"草图"按钮，系统弹出"创建草图"对话框，选择 XZ 平面，单击"确定"按钮，进入"草图"环境。

6）在"菜单栏"中选择"插入"→"草图曲线"→"圆"命令或单击"主页"选项卡"直接草图"模块中的"圆"按钮，绘制圆心坐标为（95，0），直径为 130mm 的圆；在"菜单栏"中选择"插入"→"矩形"命令，绘制一个长度为 60mm，高度为 30mm，旋转角度为 0°的矩形，约束矩形左上角顶点坐标为（30，0），如图 8-40 所示。

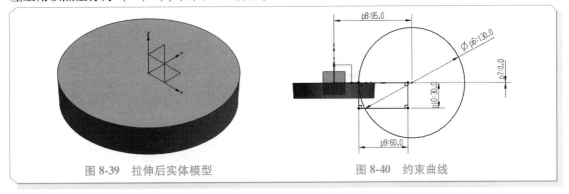

图 8-39　拉伸后实体模型

图 8-40　约束曲线

7）在"菜单栏"中选择"编辑"→"草图曲线"→"快速修剪"命令或单击"主页"选项卡"直接草图"模块中的"快速修剪"按钮，系统弹出"快速修剪"对话框，对圆与直线的交叉线进行修剪，修剪后效果如图 8-41 所示。

8）在"菜单栏"中选择"插入"→"设计特征"→"拉伸"命令或单击"主页"选项卡"特征"模块中的"拉伸"按钮，系统弹出"拉伸"对话框，拉伸草图中创建的曲线，操作方法如下。

① 选择上一步草图绘制的曲线作为拉伸曲线。

② 在"指定矢量"下拉列表中选择"YC轴"选项。

③ 在"结果"下拉列表中选择"对称值"选项，设置距离为"60"。

④ 在"布尔"下拉列表中选择"相交"选项，如图 8-42 所示。单击"确定"按钮，完成拉伸，生成图 8-43 所示的实体模型。

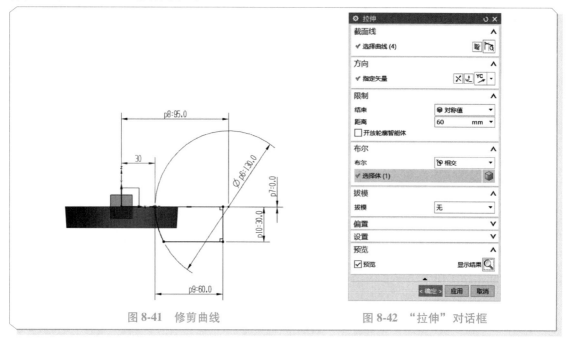

图 8-41　修剪曲线　　　　　　　　　图 8-42　"拉伸"对话框

9）在"菜单栏"中选择"插入"→"在任务环境中绘制草图"命令或单击"主页"选项卡中的"草图"按钮，系统弹出"创建草图"对话框，选择 YZ 平面，单击"确定"按钮，进入"草图"环境。

10）在"菜单栏"中选择"插入"→"草图曲线"→"矩形"命令或单击"主页"选项卡"草图曲线"模块中的"矩形"按钮，绘制长度为 30mm，高度为 40mm，旋转角度为 0° 的矩形，约束左侧直线距离 Y 轴 22mm，顶部直线距离 X 轴 6mm，如图 8-44 所示。

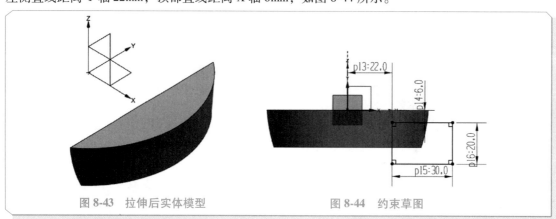

图 8-43　拉伸后实体模型　　　　　　　图 8-44　约束草图

11）在"菜单栏"中选择"插入"→"草图曲线"→"镜像曲线"命令或单击"主页"选项卡

"草图曲线"模块中的"镜像曲线"按钮，弹出"镜像曲线"对话框，如图 8-45 所示，选择已绘制的矩形作为要镜像的曲线，单击"选择中心线"按钮，选取 Y 轴作为中心线，单击"确定"按钮，完成草图镜像，如图 8-46 所示。

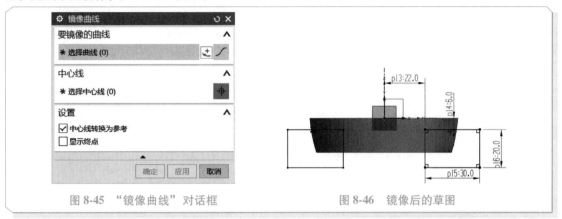

图 8-45　"镜像曲线"对话框　　　　图 8-46　镜像后的草图

12）单击"主页"选项卡"草图曲线"模块中的"矩形"按钮，绘制长度为 26mm，高度为 20mm，旋转角度为 0°的矩形，约束两侧关于 Z 轴对称，顶部直线距离 X 轴 15mm，完成草图约束，如图 8-47 所示。

13）在"菜单栏"中选择"插入"→"设计特征"→"拉伸"命令或单击"主页"选项卡"特征"模块中的"拉伸"按钮，系统弹出"拉伸"对话框，拉伸草图中创建的曲线，操作方法如下。

① 选择上一步草图绘制的曲线作为拉伸曲线。

② 在"指定矢量"下拉列表中选择"XC 轴"选项。

③ 设置开始距离为"0"，结束距离为"60"。

④ 在"布尔"下拉列表中选择"减去"选项，如图 8-48 所示。单击"确定"按钮，完成拉伸，生成图 8-49 所示的实体模型。

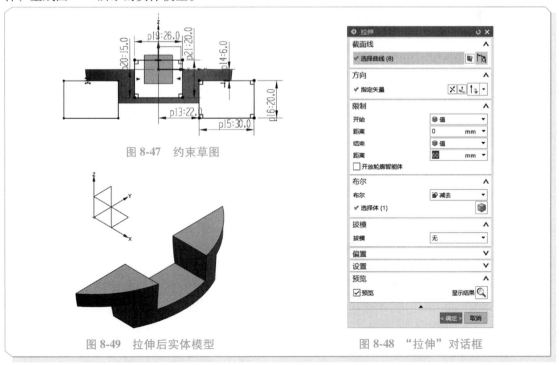

图 8-47　约束草图

图 8-49　拉伸后实体模型　　　　图 8-48　"拉伸"对话框

14）在"菜单栏"中选择"插入"→"在任务环境中绘制草图"命令或单击"主页"选项卡中的"草图"按钮，系统弹出"创建草图"对话框，选择 XZ 平面，单击"确定"按钮，进入"草图"环境。

15）在"菜单栏"中选择"插入"→"草图曲线"→"圆"命令或单击"主页"选项卡"直接草图"模块中的"圆"按钮，绘制圆心坐标为（38，-6），直径为 5mm 的圆；在"菜单栏"中选择"插入"→"矩形"命令，从右上角开始绘制一个长度为 16mm，高度为 9mm，旋转角度为 0°的矩形，右上角顶点坐标为圆的右侧象限点；在"菜单栏"中选择"编辑"→"草图曲线"→"快速修剪"命令或单击"主页"选项卡"直接草图"模块中的"快速修剪"按钮，系统弹出"快速修剪"对话框，对圆与直线的交叉线进行修剪，单击"确定"按钮，完成草图修剪，如图 8-50 所示。

16）在"菜单栏"中选择"插入"→"设计特征"→"拉伸"命令或单击"主页"选项卡"特征"模块中的"拉伸"按钮，系统弹出"拉伸"对话框，拉伸草图中创建的曲线，操作方法如下。

① 选择上一步草图绘制的曲线作为拉伸曲线。

② 在"指定矢量"下拉列表中选择"YC 轴"选项。

③ 在"结束"下拉列表中选择"对称值"选项，设置距离为"26"。

④ 选择布尔类型为"减去"，如图 8-51 所示。单击"确定"按钮，完成拉伸。

17）在"菜单栏"中选择"插入"→"在任务环境中绘制草图"命令或单击"主页"选项卡中的"草图"按钮，系统弹出"创建草图"对话框，选择 XY 平面，单击"确定"按钮，进入"草图"环境。在"菜单栏"中选择"插入"→"草图曲线"→"圆"命令或者单击"主页"选项卡"曲线"模块中的"圆"按钮，绘制 3 个直径为 3mm 的圆，圆心坐标分别为（38，0）、（38，10）、（38，-10），如图 8-52 所示。

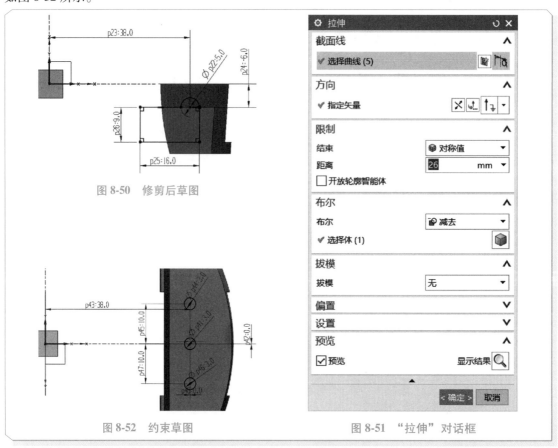

图 8-50　修剪后草图

图 8-52　约束草图　　　　图 8-51　"拉伸"对话框

18）在"菜单栏"中选择"插入"→"设计特征"→"拉伸"命令或单击"主页"选项卡"特征"

模块中的"拉伸"按钮,系统弹出"拉伸"对话框,拉伸草图中创建的曲线,操作方法如下。

① 选择上一步草图绘制的曲线作为拉伸曲线。

② 在"指定矢量"下拉列表中选择"–ZC 轴"选项。

③ 设置开始距离为"18",结束距离为"22"。

④ 在"布尔"下拉列表中选择"合并"选项,如图 8-53 所示。单击"确定"按钮,完成拉伸。

19)在"菜单栏"中选择"插入"→"在任务环境中绘制草图"命令或单击"主页"选项卡中的"草图"按钮,系统弹出"创建草图"对话框,选择 XY 平面,单击"确定"按钮,进入"草图"环境。绘制一个关于 X 轴对称的长圆形,长度为 20mm,宽度为 4mm,左侧直线距离 Y 轴42mm,如图 8-54 所示。

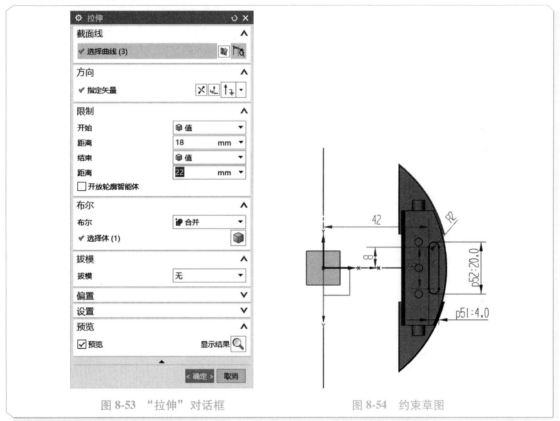

图 8-53 "拉伸"对话框   图 8-54 约束草图

20)在"菜单栏"中选择"插入"→"设计特征"→"拉伸"命令或单击"主页"选项卡"特征"组中的"拉伸"按钮,系统弹出"拉伸"对话框,拉伸草图中创建的曲线,操作方法如下。

① 选择上一步草图绘制的曲线作为拉伸曲线。

② 在"指定矢量"下拉列表中选择"–ZC 轴"选项。

③ 设置开始距离为"14",结束距离为"18"。

④ 在"布尔"下拉列表中选择"减去"选项,如图 8-55 所示。单击"确定"按钮,完成拉伸,生成图 8-56 所示的实体模型。

21)在"菜单栏"中选择"文件"→"新建"命令或单击"文件"选项卡"标准"模块中的"新建"按钮,选择"模型"类型,创建新部件,设置名称为"轴",单击"确定"按钮,开始零件的建模。

22)在"菜单栏"中选择"插入"→"在任务环境中绘制草图"命令或单击"主页"选项卡中的"草图"按钮,系统弹出"创建草图"对话框,选择 XZ 平面,单击"确定"按钮,进入"草图"环境。

23）在"菜单栏"中选择"插入"→"草图曲线"→"圆"命令或单击"主页"选项卡"直接草图"模块中的"圆"按钮，绘制圆心坐标为（0，0），直径为 4.6mm 的圆，如图 8-57 所示。

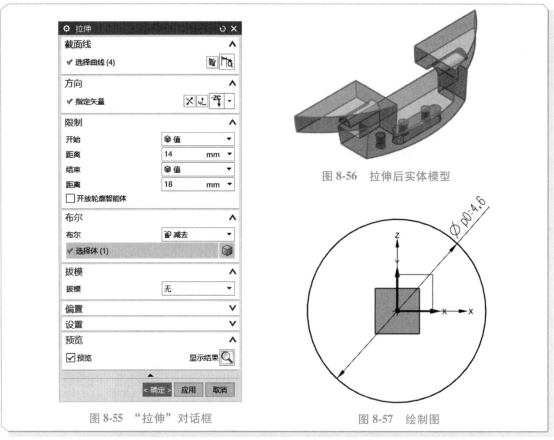

图 8-55　"拉伸"对话框

图 8-56　拉伸后实体模型

图 8-57　绘制图

24）在"菜单栏"中选择"插入"→"设计特征"→"拉伸"命令或单击"主页"选项卡"特征"模块中的"拉伸"按钮，系统弹出"拉伸"对话框，拉伸草图中创建的曲线，操作方法如下。

① 选择上一步草图绘制的曲线作为拉伸曲线。

② 在"指定矢量"下拉列表中选择"YC"选项。

③ 在"结束"下拉列表中选择"对称值"选项，设置距离为"25"。

④ 在"布尔"下拉列表中选择"无"选项，如图 8-58 所示。单击"确定"按钮，完成拉伸，生成图 8-59 所示的实体模型。

25）在"菜单栏"中选择"插入"→"在任务环境中绘制草图"命令或单击"主页"选项卡中的"草图"按钮，系统弹出"创建草图"对话框，选择 XZ 平面，单击"确定"按钮，进入"草图"环境。在选择"菜单"中选择"插入"→"草图曲线"→"矩形"命令或单击"主页"选项卡"草图曲线"模块中的"矩形"按钮，选择第三种绘制方法"从中心"法，如图 8-60 所示，弹出"矩形"对话框，绘制一个中心点坐标为（0，0），长度为 5.6mm、宽度为 5.6mm、旋转角度为 45°的矩形，如图 8-61 所示。

26）在"菜单栏"中选择"插入"→"设计特征"→"拉伸"命令或单击"主页"选项卡"特征"模块中的"拉伸"按钮，系统弹出"拉伸"对话框，拉伸草图中创建的曲线，操作方法如下。

① 选择上一步草图绘制的曲线作为拉伸曲线。

② 在"指定矢量"下拉列表中选择"YC"选项。

③ 在"结束"下拉列表中选择"对称值"选项，设置距离为"12"。

④ 在"布尔"下拉列表中选择"合并"选项，如图 8-62 所示。单击"确定"按钮，完成拉伸，生成图 8-63 所示的实体模型。

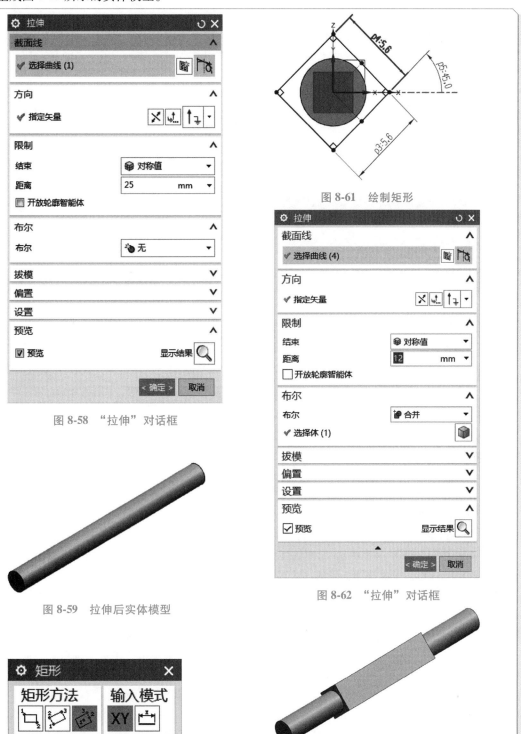

图 8-58　"拉伸"对话框

图 8-61　绘制矩形

图 8-59　拉伸后实体模型

图 8-62　"拉伸"对话框

图 8-60　"矩形"对话框

图 8-63　拉伸后实体模型

8.3.3 薄壁实体——垃圾桶主体的设计

操作步骤如下。

1）在"菜单栏"中选择"文件"→"新建"命令或单击"文件"选项卡"标准"模块中的"新建"按钮，选择"模型"类型，创建新部件，设置名称为"主体"，单击"确定"按钮，开始零件的建模。

2）在"菜单栏"中选择"插入"→"在任务环境中绘制草图"命令或单击"主页"选项卡中的"草图"按钮，系统弹出"创建草图"对话框，如图 8-64 所示，选择 XY 平面，单击"确定"按钮，进入"草图"环境。

3）在"菜单栏"中选择"插入"→"草图曲线"→"圆"命令或单击"主页"选项卡，"直接草图"模块中的"圆"按钮，绘制圆心坐标为（0，0）、直径为 100mm 的圆，如图 8-65 所示。

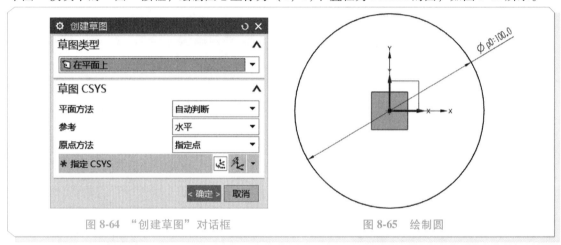

图 8-64 "创建草图"对话框   图 8-65 绘制圆

4）在"菜单栏"中选择"插入"→"设计特征"→"拉伸"命令或单击"主页"选项卡"特征"模块中的"拉伸"按钮，系统弹出"拉伸"对话框，拉伸草图中创建的曲线，操作方法如下。

① 选择上一步草图绘制的曲线作为拉伸曲线。

② 在"指定矢量"下拉列表中选择"-ZC"选项。

③ 设置开始距离为"0"，结束距离为"120"。

④ 在"布尔"下拉列表中选择"自动判断"选项。

⑤ 在"拔模"下拉列表中选择"从开始限制"选项，设置角度为"3.6"，如图 8-66 所示。单击"确定"按钮，完成拉伸，生成图 8-67 所示的实体模型。

5）在"菜单栏"中选择"插入"→"在任务环境中绘制草图"命令或单击"主页"选项卡中的"草图"按钮，系统弹出"创建草图"对话框，选择 XZ 平面，单击"确定"按钮，进入"草图"环境。

6）在"菜单栏"中选择"插入"→"草图曲线"→"圆"命令或单击"主页"选项卡"曲线"模块中的"圆"按钮，绘制圆心坐标为（95，0），直径为 130mm 的圆；在"菜单栏"中选择"插入"→"直线"命令，绘制 4 条长度为 80mm 的水平直线，直线左侧端点坐标分别为：（0，0）、（0，-18）、（0，-22）、（0，-50）；绘制一条竖直直线，端点坐标分别为（80，0）、（80，-50），如图 8-68 所示。在"菜单栏"中选择"编辑"→"草图曲线"→"快速修剪"命令或单击"主页"选项卡"直接草图"模块中的"快速修剪"按钮，系统弹出"快速修剪"对话框，对圆与直线的交叉线进行修剪，如图 8-69 所示。

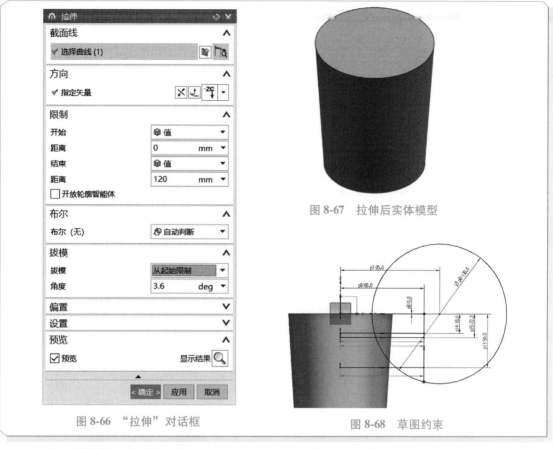

图 8-66　"拉伸"对话框

图 8-67　拉伸后实体模型

图 8-68　草图约束

7）在"菜单栏"中选择"插入"→"设计特征"→"拉伸"命令或单击"主页"选项卡"特征"模块中的"拉伸"按钮，系统弹出"拉伸"对话框，拉伸草图中创建的曲线，操作方法如下。

① 选择上一步草图绘制的曲线作为拉伸曲线。

② 在"指定矢量"下拉列表中选择"YC 轴"选项。

③ 在"结束"下拉列表中选择"对称值"选项，设置距离为"80"。

④ 在"布尔"下拉列表中选择"求差"选项，如图 8-70 所示。单击"确定"按钮，完成拉伸，生成图 8-71 所示的实体模型。

8）在"菜单栏"中选择"插入"→"偏置/缩放"→"抽壳"命令或单击"主页"选项卡"特征"模块中的"抽壳"按钮，系统弹出"抽壳"对话框，如图 8-72

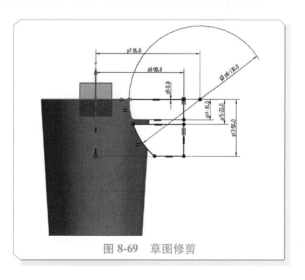

图 8-69　草图修剪

所示。在"类型"下拉列表中选择"移除面，然后抽壳"选项，单击"选择面"按钮，选择零件的上端面，设置厚度为"2"，单击"确定"按钮，完成抽壳，生成图 8-73 所示的实体模型。

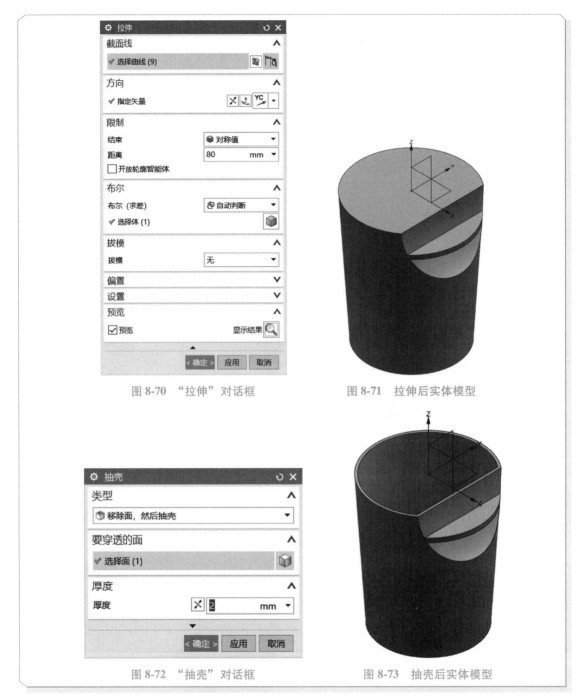

图 8-70 "拉伸"对话框　　　　图 8-71 拉伸后实体模型

图 8-72 "抽壳"对话框　　　　图 8-73 抽壳后实体模型

9）在"菜单栏"中选择"插入"→"在任务环境中绘制草图"命令或单击"主页"选项卡中的"草图"按钮，系统弹出"创建草图"对话框，选择 XZ 平面，单击"确定"按钮，进入"草图"环境。

10）在"菜单栏"中选择"插入"→"草图曲线"→"圆"命令或单击"主页"选项卡"曲线"模块中的"圆"按钮，绘制圆心坐标为（95，0），直径为 130mm 的圆；在"菜单栏"中选择"插入"→"矩形"命令，从右上角绘制一个长度为 29mm、高度为 12mm、旋转角度为 0°的矩形，左上角顶点坐标为（16，-6），如图 8-74 所示；在"菜单栏"中选择"编辑"→"草图曲线"→"快速修剪"命令或单击"主页"选项卡"直接草图"模块中的"快速修剪"按钮，系统弹出"快速修剪"对话框，对圆与直线的交叉线进行修剪，如图 8-75 所示。

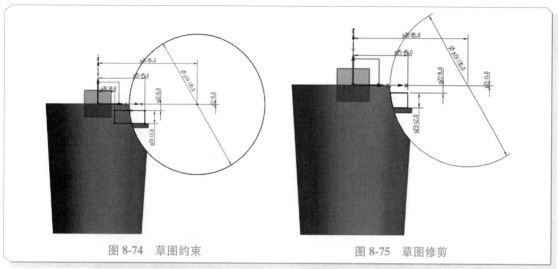

图 8-74　草图约束　　　　　图 8-75　草图修剪

11）在"菜单栏"中选择"插入"→"设计特征"→"拉伸"命令或单击"主页"选项卡"特征"模块中的"拉伸"按钮，系统弹出"拉伸"对话框，拉伸草图中创建的曲线，操作方法如下。

① 选择上一步草图绘制的曲线作为拉伸曲线。

② 在"指定矢量"下拉列表中选择"YC 轴"选项。

③ 设置开始距离为"22"，在结束距离下拉列表中选择"直至延伸部分"选项，在绘图区选择零件的外表面。

④ 在"布尔"下拉列表中选择"合并"选项，如图 8-76 所示。单击"确定"按钮，完成拉伸，生成图 8-77 所示的实体模型。

图 8-76　"拉伸"对话框　　　　　图 8-77　拉伸后实体模型

12）在"菜单栏"中选择"插入"→"关联复制"→"镜像特征"命令或单击"主页"选项卡"特征"模块中的"镜像特征"按钮，系统弹出"镜像特征"对话框，如图 8-78 所示。选择上一步的拉伸实体作为要镜像的特征，选择 XZ 平面作为镜像平面，单击"确定"按钮，完成镜像特征，生成图 8-79 所示的实体模型。

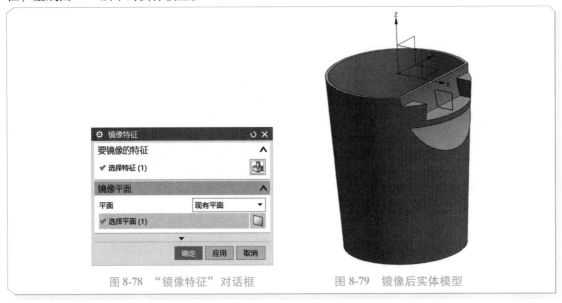

图 8-78 "镜像特征"对话框 　　　图 8-79 镜像后实体模型

13）在"菜单栏"中选择"插入"→"在任务环境中绘制草图"命令或单击"主页"选项卡中的"草图"按钮，系统弹出"创建草图"对话框，选择 XY 平面，单击"确定"按钮，进入"草图"环境。

14）在"菜单"中选择"插入"→"草图曲线"→"圆"命令或单击"主页"选项卡"曲线"模块中的"圆"按钮，绘制 3 个直径为 3mm 的圆，圆心坐标分别为（38, 0）、（38, 10）、（38, -10），如图 8-80 所示。

15）在"菜单栏"中选择"插入"→"设计特征"→"拉伸"命令或单击"主页"选项卡"特征"模块中的"拉伸"按钮，系统弹出"拉伸"对话框，拉伸草图中创建的曲线，操作方法如下。

① 选择上一步草图绘制的曲线作为拉伸曲线。

② 在"指定矢量"下拉列表中选择"-ZC 轴"选项。

③ 设置开始距离为"18"，结束距离为"22"。

④ 在"布尔"下拉列表中选择"减去"选项，单击"确定"按钮，如图 8-81 所示。

16）在"菜单栏"中选择"插入"→"在任务环境中绘制草图"命令或单击"主页"选项卡中的"草图"按钮，系统弹出"创建草图"对话框，选择 XY 平面，单击"确定"按钮，进入"草图"环境，绘制一个关于 X 轴对称的长圆形，长度为 20mm，宽度为 4mm，左侧直线距离 Y 轴 42mm，如图 8-82 所示。

17）在"菜单栏"中选择"插入"→"设计特征"→"拉伸"命令或单击"主页"选项卡"特征"模块中的"拉伸"按钮，系统弹出"拉伸"对话框，拉伸草图中创建的曲线，操作方法如下。

① 选择上一步草图绘制的曲线作为拉伸曲线。

② 在"指定矢量"下拉列表中选择"-ZC 轴"选项。

③ 设置开始距离为"14"，结束距离为"18"。

④ 在"布尔"下拉列表中选择"合并"选项，单击"确定"按钮，如图 8-83 所示。

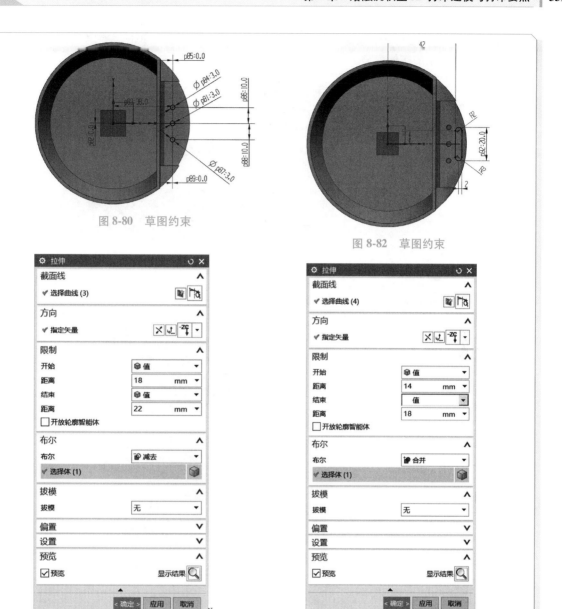

图 8-80　草图约束

图 8-82　草图约束

图 8-81　"拉伸"对话框

图 8-83　"拉伸"对话框

18）在"菜单栏"中选择"插入"→"细节特征"→"边倒圆"命令或单击"主页"选项卡"特征"模块中的"边倒圆"按钮，系统弹出"边倒圆"对话框，如图 8-84 所示。选择上一步拉伸的长圆形实体的边，设置半径 1 为"2"，单击"确定"按钮，生成图 8-85 所示的实体模型。

19）在"菜单栏"中选择"插入"→"在任务环境中绘制草图"命令或单击"主页"选项卡中的"草图"按钮，系统弹出"创建草图"对话框，选择 XZ 平面，单击"确定"按钮，进入"草图"环境，绘制圆心坐标为（38，−6）、直径为 5mm 的圆，如图 8-86 所示。

20）在"菜单栏"中选择"插入"→"设计特征"→"拉伸"命令或单击"主页"选项卡"特征"模块中的"拉伸"按钮，系统弹出"拉伸"对话框，伸草图中创建的曲线，操作方法如下。

① 选择上一步草图绘制的曲线作为拉伸曲线。

② 在"指定矢量"下拉列表中选择"YC 轴"选项。

③ 在"开始"下拉列表中选择"对称值"选项，设置距离为"26"。

④ 在"布尔"下拉列表中选择"减去"选项，如图 8-87 所示。单击"确定"按钮，完成拉伸，生成图 8-88 所示的实体模型。

图 8-84 "边倒圆"对话框   图 8-85 实体模型   图 8-86 绘制圆

图 8-87 "拉伸"对话框   图 8-88 垃圾桶主体实体模型

8.4 无支撑实体——临时停车牌的设计

临时停车牌，即使用各种材质制作的展示牌，把车主联系方式展示出来，为他人及时联系车主提供便利条件。设计的临时停车牌如图 8-89 所示。

操作步骤如下。

1）在"菜单栏"中选择"插入"→"在任务环境中绘制草图"命令或单击"主页"选项卡中的"草图"按钮，系统弹出"创建草图"对话框，选择 XY 平面，单击"确定"按钮，进入"草图"环境。

图 8-89 临时停车牌

2）在"菜单栏"中选择"插入"→"草图曲线"→"矩形"命令或单击"主页"选项卡"草图

曲线"模块中的"矩形"按钮,选择第三种绘制方法"从中心"法,如图 8-90 所示,弹出对话框,约束矩形中心点坐标为 (0,0),长度为 106mm,高度为 40mm,旋转角度为 0°,单击"确定"按钮,完成草图,如图 8-91 所示。

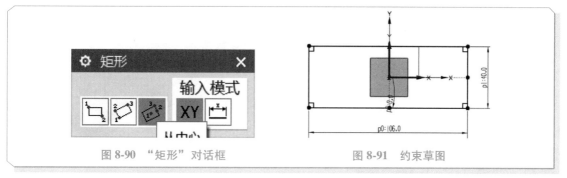

图 8-90　"矩形"对话框　　　　　　　图 8-91　约束草图

3) 在"菜单栏"中选择"插入"→"设计特征"→"拉伸"命令或单击"主页"选项卡"特征"模块中的"拉伸"按钮,系统弹出"拉伸"对话框,拉伸草图中创建的曲线,操作方法如下。

① 选择上一步草图绘制的曲线作为拉伸曲线。

② 在"指定矢量"下拉列表中选择"ZC"选项。

③ 设置开始距离为"0",结束距离为"3"。

④ 在"布尔"下拉列表中选择"无"选项,如图 8-92 所示。单击"确定"按钮,完成拉伸,生成图 8-93 所示的实体模型。

4) 在"菜单栏"中选择"插入"→"基准/点"→"基准平面"命令或单击"主页"选项卡"特征"模块中的"基准平面"按钮,系统弹出"基准平面"对话框,如图 8-94 所示,在"类型"下拉列表中选择"成一角度"选项,平面参考选择 XY 面,选择长方体顶面的前面长边线作为通过轴,设置角度为"135",单击"确定"按钮,完成基准平面的创建,如图 8-95 所示。

图 8-92　"拉伸"对话框　　　　图 8-93　拉伸后实体模型
　　　　　　　　　　　　　　　　图 8-94　"基准平面"对话框

5）在"菜单栏"中选择"插入"→"曲线"→"文本"命令或单击"曲线"选项卡"曲线"模块中的"文本"按钮，系统弹出"文本"对话框，如图 8-96 所示，创建文本曲线，操作方法如下。

① 选择类型为"面上"。

② 文本放置面选择长方体顶面。

③ 选择放置方法为"面上的曲线"，在绘图区选择长方体顶面的前面长边线。

④ 在"文本属性"文本框中输入"临时停靠请多关照"，选择线型为"华文细黑"。

⑤ 在"尺寸"选项区域设置偏置为"6"，长度为"100"，高度为"12"，单击"确定"按钮，完成文本的创建，如图 8-97 所示。

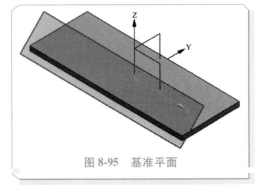

图 8-95　基准平面

6）在"菜单栏"中选择"插入"→"设计特征"→"拉伸"命令或单击"主页"选项卡"特征"模块中的"拉伸"按钮，系统弹出"拉伸"对话框，如图 8-98 所示，拉伸草图中创建的曲线，操作方法如下。

图 8-96　"文本"对话框

图 8-97　创建文本

图 8-98　"拉伸"对话框

① 选择上一步中创建的文字曲线作为拉伸曲线。

② 在"方向"选项区域单击"矢量对话框"按钮，弹出"矢量"对话框，如图 8-99 所示，

在"类型"下拉列表中选择"面/平面法向"选项，选择之前创建的基准平面作为面的选择对象，单击"确定"按钮，返回"拉伸"对话框。

③ 设置开始距离为"0"，在"结束"下拉列表中选择"直至延伸部分"选项，在绘图区选择之前创建的基准平面。

④ 在"布尔"下拉列表中选择"合并"选项，单击"确定"按钮，完成拉伸，生成图 8-100 所示的实体模型。

7）在"菜单栏"中选择"插入"→"曲线"→"文本"命令或单击"曲线"选项卡"曲线"模块中的"文本"按钮，系统弹出"文本"对话框，如图 8-101 所示，创建文本曲线，操作方法如下。

① 选择类型为"面上"。

② 选择长方体顶面作为文本放置面。

③ 在"放置方法"下拉列表中选择"面上的曲线"选项，在绘图区选择长方体顶面的前面长边线。

④ 在"文本属性"文本框中输入"166 2012 1009"，选择线型为"Arial"。

⑤ 在"尺寸"选项区域设置偏置为"22"，长度为"100"，高度为"16"，单击"确定"按钮，完成文本的创建，如图 8-102 所示。

图 8-99　"矢量"对话框

图 8-100　拉伸后实体模型

图 8-102　创建数字文本

图 8-101　"文本"对话框

8）单击"拉伸"按钮，系统弹出"拉伸"对话框，对步骤7）创建的文字进行拉伸，拉伸方向与基准平面垂直，拉伸至基准平面，完成拉伸后，生成图 8-103 所示的实体模型。

9）在"菜单栏"中选择"插入"→"细节特征"→"边倒圆"命令或单击"主页"选项卡"特征"模块中的"边倒圆"按钮，系统弹出"边倒圆"对话框，如图 8-104 所示。选择底板的 4 条棱边，设置半径 1 为"6"，单击"确定"按钮，生成图 8-89 所示的实体模型。

图 8-103　拉伸后实体模型　　　　图 8-104　"边倒圆"对话框

8.5　薄壁实体——花瓶的设计

在日常生活中适时摆放各种植物，可以美化居住环境。玻璃花瓶易碎，采用桌面 FDM 技术，可以方便地打印各种形状的个性化塑料花瓶。本节设计的薄壁花瓶如图 8-105 所示。

操作步骤如下。

1）在"菜单栏"中选择"文件"→"新建"命令或单击"文件"选项卡"标准"模块中的"新建"按钮，选择"模型"类型，创建新部件，设置名称为"花瓶"，单击"确定"按钮，开始零件的建模。

2）在"菜单栏"中选择"插入"→"在任务环境中绘制草图"命令或单击"主页"选项卡中的"草图"按钮，系统弹出"创建草图"对话框，如图 8-106 所示，选择 XY 平面，单击"确定"按钮，进入"草图"环境。

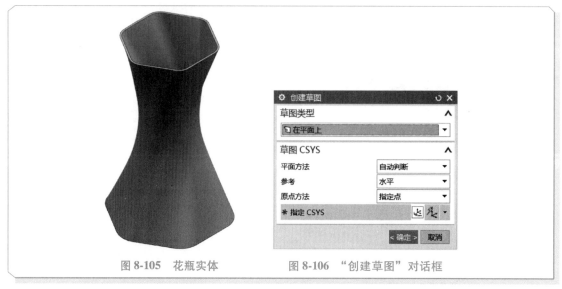

图 8-105　花瓶实体　　　　图 8-106　"创建草图"对话框

3）在"菜单栏"中选择"插入"→"草图曲线"→"多边形"命令或单击"主页"选项卡"直接草图"模块中的"多边形"按钮，弹出"多边形"对话框，如图 8-107 所示。选择中心点为坐标原点，边数为"6"，选择大小为"内切圆半径"，设置半径为"66"，旋转为"0"，单击"关闭"按钮，得到正六边形，如图 8-108 所示。而后进行圆角操作，设置半径为 26mm，完成草图。

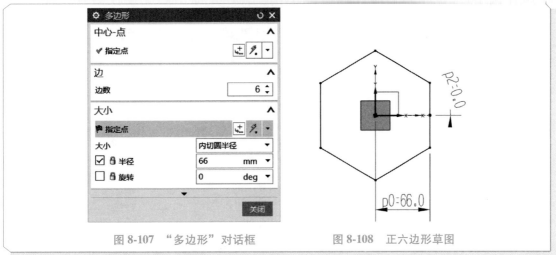

图 8-107　"多边形"对话框　　　　　图 8-108　正六边形草图

4）在"菜单栏"中选择"插入"→"基准/点"→"基准平面"命令或单击"主页"选项卡"特征"模块中的"基准平面"按钮，系统弹出"基准平面"对话框，如图 8-109 所示，选择类型为"按某一距离"，选择平面参考为 XY 面，设置偏置距离为"116"，单击"确定"按钮，完成基准平面的创建，如图 8-110 所示。

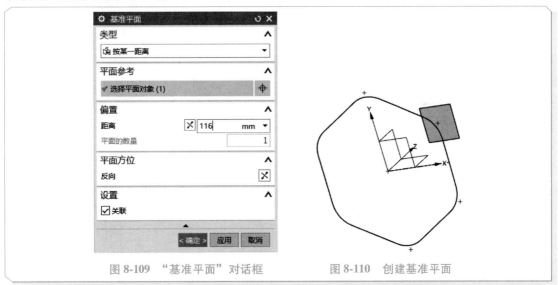

图 8-109　"基准平面"对话框　　　　　图 8-110　创建基准平面

5）在"菜单栏"中选择"插入"→"在任务环境中绘制草图"命令或单击"主页"选项卡中的"草图"按钮，系统弹出"创建草图"对话框，选择上一步创建的基准平面，单击"确定"按钮，进入"草图"环境。

6）在"菜单栏"中选择"插入"→"草图曲线"→"圆"命令或单击"主页"选项卡"直接草图"模块中的"圆"按钮，绘制圆心坐标为（0，0）、直径为 66mm 的圆；在"菜单栏"中选择"插入"→"草图曲线"→"多边形"命令或单击"主页"选项卡"直接草图"模块中的"多边形"按钮，弹出"多边形"对话框，如图 8-107 所示。选择中心点为坐标原点，边数为"6"，选择大小为"外接圆半径"，设置半径为"33"，旋转为"30"，单击"关闭"按钮，完成多边形的绘制，而后将多边形转换为参考曲线，完成草图，如图 8-111 所示。

7）创建距离 XY 平面 216mm 的基准平面，如图 8-112 所示，单击"确定"按钮，完成基准平面的创建，如图 8-113 所示。

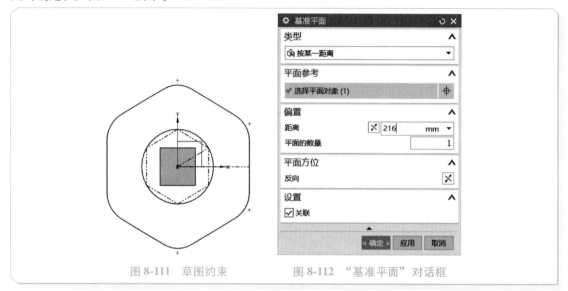

图 8-111　草图约束　　　　　图 8-112　"基准平面"对话框

8）"菜单"中选择"插入"→"在任务环境中绘制草图"命令或单击"主页"选项卡中的"草图"按钮，系统弹出"创建草图"对话框，选择上一步创建的基准平面作为草绘平面，单击"确定"按钮，进入"草图"环境。

9）在"菜单栏"中选择"插入"→"草图曲线"→"多边形"命令或单击"主页"选项卡"直接草图"模块中的"多边形"按钮，弹出"多边形"对话框，如图 8-107 所示。选择中心点为坐标原点，边数为"6"，选择大小为"内切圆半径"，设置半径为"50"，旋转为"0"，单击"关闭"按钮，得到正六边形，而后进行圆角操作，设置半径为 16mm，完成草图，如图 8-114 所示。

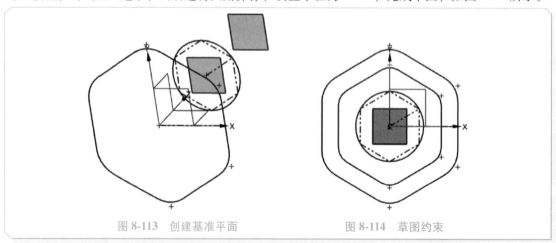

图 8-113　创建基准平面　　　　　图 8-114　草图约束

10）在"菜单栏"中选择"插入"→"圆弧/圆"命令或单击"曲线"选项卡"曲线"模块中的"圆弧/圆"按钮，系统弹出"圆弧/圆"对话框，如图 8-115 所示，选择类型为"三点画圆弧"，选择距离 XY 平面 216mm 草图中倒圆角正六边形下方圆角的中点作为圆弧起点，选择 XY 面草图中倒圆角正六边形左上方圆角的中点作为圆弧终点，选择距离 XY 面 116mm 草图中正六边形左下角顶点作为圆弧中点，单击"确定"按钮，完成圆弧的绘制，如图 8-116 所示。

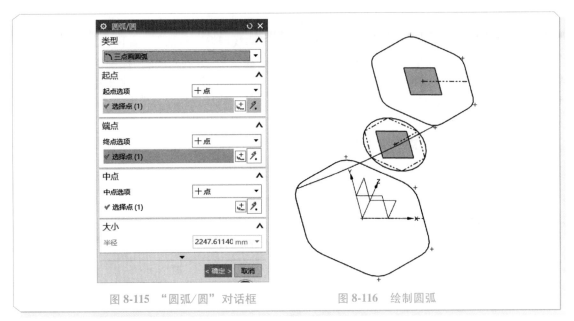

图 8-115 "圆弧/圆" 对话框　　　　　　图 8-116 绘制圆弧

11）在"菜单栏"中选择"插入"→"关联复制"→"整列特征"命令或单击"主页"选项卡"特征"模块中的"阵列特征"按钮，弹出"阵列特征"对话框，如图 8-117 所示，选择上一步绘制的圆弧曲线作为要阵列的特征，在"布局"下拉列表中选择"圆形"选项，指定旋转轴为 Z 轴，在"间距"下拉列表中选择"数量和间隔"选项，设置数量为"6"，节距角为"60"，单击"确定"按钮，完成圆弧曲线的阵列，如图 8-118 所示。

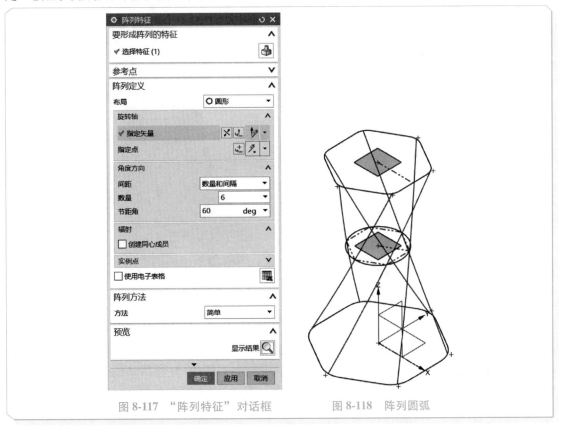

图 8-117 "阵列特征" 对话框　　　　　　图 8-118 阵列圆弧

12）在"菜单栏"中选择"插入"→"网格曲面"→"通过曲线网格"命令或单击"主页"选项卡"曲面"模块中的"通过曲线网格"按钮，弹出"通过曲线网格"对话框，如图 8-119 所示。选择 XY 平面内的倒圆角正六边形作为第一条主曲线，选择高度为 116mm 平面内的圆作为第二条主曲线，选择高度为 216mm 平面内的倒圆角正六边形作为第三条主曲线。交叉曲线依次选取圆弧曲线，选择的第一条交叉曲线最后要重复选取一次，即 7 条交叉曲线。选择体类型为"实体"，单击"确定"按钮，生成图 8-120 所示的实体模型。

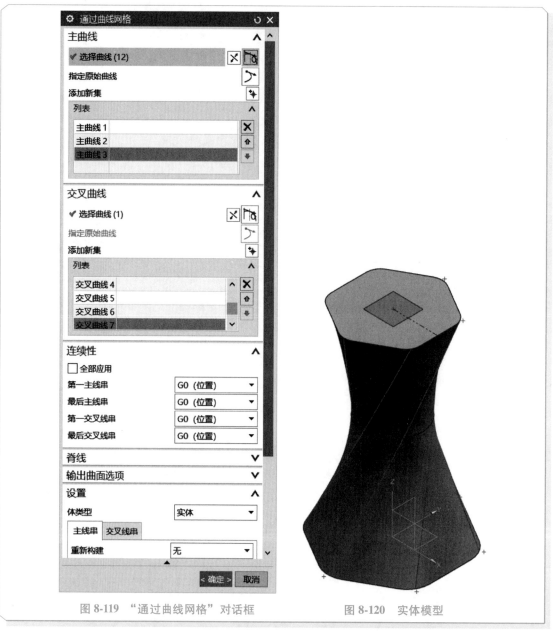

图 8-119 "通过曲线网格"对话框   图 8-120 实体模型

13）在"菜单栏"中选择"插入"→"偏置/缩放"→"抽壳"命令或单击"主页"选项卡"特征"模块中的"抽壳"按钮，系统弹出"抽壳"对话框，如图 8-121 所示。在"类型"下拉列表中选择"移除面，然后抽壳"选项，单击"选择面"按钮，在绘图区选择零件的上端面，设置厚度为"2"，单击"确定"按钮，完成抽壳，生成图 8-105 所示的实体模型。

图 8-121　"抽壳"对话框

【拓展训练】

1. 市面上有的马克杯没有杯盖，放在桌面上很容易落入灰尘。为此，设计师带来了一个小小的改动，他们把杯子的把手设计成 90°直角，让把手变成支架，使得杯身可以呈 45°倾斜放置，让灰尘没那么容易落入。另外，这样的设计还让清洗更加简单，清洗之后倾斜倒置，杯子积水会慢慢流出。请自定尺寸，设计一款与图 8-122 所示样式类似的马克杯。

2. 市面上有的肥皂盒就没考虑排水问题，肥皂很容易被水泡，造成浪费；有的肥皂盒有两层，带孔的上层用来放置肥皂，下层用来收集从肥皂上流下来的水，但是需要记得及时把水倒掉。图 8-123 所示肥皂盒，造型简洁美观，只需将其固定在墙上，便可在重力的作用下自行排水。请自定尺寸，设计一款类似的肥皂盒。

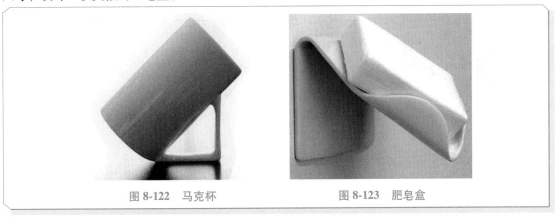

图 8-122　马克杯　　　　　　　　图 8-123　肥皂盒

参 考 文 献

［1］陈国清. 选择性激光熔化 3D 打印技术［M］. 西安：西安电子科技大学出版社，2016.

［2］王运赣，王宣. 黏结剂喷射与熔丝制造 3D 打印技术［M］. 西安：西安电子科技大学出版社，2016.

［3］王晓燕，朱琳. 3D 打印与工业制造［M］. 北京：机械工业出版社，2010.

［4］宗学文，屈银虎，王小丽. 光固化 3D 打印复杂零件快速铸造技术［M］. 武汉：华中科技大学出版社，2019.

［5］班德亚帕德耶，博斯. 3D 打印技术与应用［M］. 王文先，葛亚琼，崔泽琴，等译. 北京：机械工业出版社，2017.

［6］涂承刚，王婷婷. 3D 打印技术实训教程［M］. 北京：机械工业出版社，2019.

［7］车顺强，景宗梁. 熔模精密铸造实践［M］. 北京：化学工业出版社，2015.

［8］刘静，王磊. 液态金属 3D 打印技术原理及应用［M］. 上海：上海科学技术出版社，2019.

［9］吴怀宇. 3D 打印三维智能数字化创造［M］. 北京：电子工业出版社，2014.

［10］展迪优. UG NX8.5 机械设计教程［M］. 北京：机械工业出版社，2013.

［11］夏江梅. 塑料成型模具与设备［M］. 北京：机械工业出版社，2005.

［12］CAX 应用联盟. UG NX11.0 中文版模具设计从入门到精通［M］. 北京：清华大学出版社，2017.

［13］北京兆迪科技有限公司. UG NX11.0 模具设计实例精解［M］. 北京：机械工业出版社，2017.

［14］石世铫. 注塑模具设计与制造教程［M］. 北京：化学工业出版社，2017.

［15］辛志杰. 逆向设计与 3D 打印实用技术［M］. 北京：化学工业出版社，2017.

［16］孙水发，李娜，董方敏，等. 3D 打印逆向建模技术及应用［M］. 南京：南京师范大学出版社，2016.

［17］袁锋. UG 机械工程范例教程［M］. 北京：机械工业出版社，2018.

［18］成思源. 逆向工程技术［M］. 北京：机械工业出版社，2017.

［19］陈雪芳，孙春华. 逆向工程与快速成型技术应用［M］. 北京：机械工业出版社，2015.